机电专业群平台课创新型精品教材

机 械 基 础

主 编 刘德强 孙志刚

北京理工大学出版社
BEIJING INSTITUTE OF TECHNOLOGY PRESS

图书在版编目（CIP）数据

机械基础 / 刘德强，孙志刚主编. —北京：北京理工大学出版社，2020.8
（2022.1 重印）

ISBN 978 – 7 – 5682 – 8835 – 4

Ⅰ. ①机⋯ Ⅱ. ①刘⋯ ②孙⋯ Ⅲ. ①机械学 – 高等学校 – 教材 Ⅳ. ①TH11

中国版本图书馆 CIP 数据核字（2020）第 142689 号

出版发行 / 北京理工大学出版社有限责任公司

社　　址 / 北京市海淀区中关村南大街 5 号

邮　　编 / 100081

电　　话 / （010）68914775（总编室）

　　　　　（010）82562903（教材售后服务热线）

　　　　　（010）68948351（其他图书服务热线）

网　　址 / http：//www.bitpress.com.cn

经　　销 / 全国各地新华书店

印　　刷 / 涿州市新华印刷有限公司

开　　本 / 787 毫米 × 1092 毫米　1/16

印　　张 / 18　　　　　　　　　　　　　　　　　责任编辑 / 多海鹏

字　　数 / 423 千字　　　　　　　　　　　　　　文案编辑 / 多海鹏

版　　次 / 2020 年 8 月第 1 版　2022 年 1 月第 4 次印刷　责任校对 / 周瑞红

定　　价 / 49.00 元　　　　　　　　　　　　　　责任印制 / 李志强

本书从分析工程中的实际需求入手，以生产实际所需的基本知识、基本技能为基础，以项目为载体，以任务为驱动，进而使学生熟悉、掌握各部分知识在生产实际中的具体应用。

本书打破了传统教材的编写方式，以工程实际中具体应用范畴划分项目，并设定学习目标，使学习、培养过程工作化；内容选取注重理论结合实践，采用任务驱动方式整合教学内容、组织教材，将理论与实践操作有机地组织起来，摒弃复杂的理论推导和计算，遵循"必需、够用"的原则；在加强针对性与实用性的同时，重点突出学以致用，根据所学内容，使学生能够掌握在工程中解决实际问题的能力，做到举一反三。

全书共分为五个项目，包括工程材料选用、金属材料加工成形方法分析、构件基本变形分析、工程常用机构识别、工程常用机械传动方式识别。在每一个项目中包含项目描述、学习目标、相关知识、知识拓展、知识归纳整理以及自测题等内容。相关知识中每一个任务都有相应的任务目标，并按照任务配备自测题，供学生进一步深入研究和领会相关知识。通过知识归纳整理、知识拓展等内容的学习，使学生尽早明确学习的意义，并具备在工程实际中对知识点的应用能力。

本书既可作为高等院校机械类、近机械类专业的教学用书，也可作为其他类别院校相关专业师生及从事相关工程技术人员的参考用书。

本书编写人员分工如下：项目一由吉林铁道职业技术学院的刘德强老师编写；项目二由吉林铁道职业技术学院的孙志刚老师编写；项目三相关知识部分由吉林工程职业学院张铮老师编写；项目四相关知识部分由吉林铁道职业技术学院王颜明老师编写；项目五任务一由长春信息技术职业学院孙佰欣老师编写，任务二由吉林铁道职业技术学院侯晓音老师编写；项目三～项目五的知识拓展等部分由吉林铁道职业技术学院王瑞玲、邵学智老师编写。

全书由刘德强、孙志刚老师担任主编，并负责统稿。全书自测题由刘德强老师审核。

本书在编写过程中参考了一些教材，借鉴和学习了同行们的研究成果，并从中引用了一些例题、自测题等内容，在此深表感谢。限于编者水平，书中欠妥之处敬请广大读者批评指正。

编 者

项目一　工程材料选用

任务一　材料的性能分析 ……………………………………………… 2
任务二　金属材料力学性能的改善方法 ……………………………… 17
任务三　工程上常用有色金属与合金识别 …………………………… 39

项目二　金属材料加工成形方法分析

任务一　热加工工艺基础知识认知 …………………………………… 57
任务二　机械加工工艺基础知识认知 ………………………………… 76

项目三　构件基本变形分析

任务一　构件基本变形受力分析 ……………………………………… 112
任务二　构件承载能力分析 …………………………………………… 126

项目四　工程常用机构识别

任务一　平面机构的知识储备 ………………………………………… 167
任务二　常用机构的识别 ……………………………………………… 175

项目五　工程常用机械传动方式识别

任务一　工程常用传动方式识别 ……………………………………… 199
任务二　工程上常用的机械零部件识别 ……………………………… 223

参考文献 …………………………………………………………………… 278

项目一　工程材料选用

【项目描述】

材料是人类社会发展和经济建设的物质基础，机械设备上每个零部件无一不是由材料制成的，各行业的工程技术人员在设计选材、加工制造和使用维修等方面都必须懂得工程材料的选用。通过本项目的学习，可以帮助学员们在选用工程材料前了解各种材料的分类、不同材料各自的特点、材料的性能，以及为满足不同场合的使用要求如何获得材料的不同性能。

【学习目标】

1. 了解金属材料的力学性能；
2. 了解金属材料的物理和化学性能；
3. 掌握金属的工艺性能及了解金属材料在工程上的选用方式；
4. 了解非金属材料及其性能；
5. 学会钢的热处理的相关概念及掌握钢的热处理方式；
6. 掌握工程上铁碳合金的选用方式；
7. 掌握工程上铝、铜及其合金的使用；
8. 了解滑动轴承合金的使用；
9. 通过完成本项目的学习，使学生了解到，在工程上要从实际情况出发，全面考虑材料的使用性能、工艺性能和经济性能等，以达到合理选择工程材料的能力。

任务一 材料的性能分析

【任务目标】
1. 能够通过对各种材料力学性能的认知，合理选用金属材料；
2. 了解各种力学性能的代表参数；
3. 能够根据金属材料的工艺性能选取不同加工成形方法；
4. 能够选用合适的非金属材料替代工程上的金属材料。

工程中使用材料分为金属材料、非金属材料以及复合材料三大类，使用较多的主要是金属材料。金属材料的性能包括使用性能以及工艺性能两大类。使用性能是指金属材料在使用过程中所表现出来的性能，主要包含力学性能、物理性能和化学性能等；工艺性能是指金属材料在各种加工过程中表现出来的性能，主要包括铸造性能、锻造性能、焊接性能、热处理和切削加工性能等。接下来主要介绍金属材料的性能。

一、金属材料的力学性能

工程中的各种机器设备都是由各种零件组装而成的。在运行过程中这些零部件不可避免地会受到各种外力的作用，这些外力作用对金属材料有一定的破坏性，这就要求材料具有抵抗外力作用而不被破坏的能力，即材料的力学性能。力学性能是衡量材料性能的重要性指标，主要有强度、塑性、硬度、冲击韧性和刚度。

1. 零件的受力与变形

机械零件在使用过程中会受到不同形式外力的作用，通常把这种外力称为载荷。根据载荷的性质，可将其分为静载荷和动载荷。静载荷是指大小不变或变化很慢的载荷。静载荷又可分为拉伸、压缩、扭转、剪切和弯曲载荷等。动载荷包括冲击载荷和交变载荷等。冲击载荷是指突然增加的载荷，如车辆在拖车时车钩连接处的载荷等；交变载荷是指大小或方向做周期性变化的载荷，如机车车辆上曲轴、齿轮、连杆、弹簧等承受的载荷，在这种载荷的作用下，金属零件很容易失效。

在材料受外力作用而不被破坏的条件下，其内部产生与外力相平衡的力称为内力。材料单位截面上的内力称为应力，用 σ 表示。

材料在载荷作用下引起的形状和尺寸改变，称为变形。去掉载荷后可恢复到原来形状和尺寸的变形称为弹性变形，而不能恢复到原来形状和尺寸的变形称为塑性变形。

2. 强度

强度是指材料在载荷（外力）作用下抵抗变形和破坏的能力。材料的强度越高，所能承受的载荷就越大。由于所受载荷的形式不同，金属材料的强度可分为抗拉强度、抗压强度、抗弯强度、抗扭强度和抗剪强度等，各强度之间有一定的联系。力学性能是衡量材料性能极其重要的指标。

工程上材料强度指标是通过试验测定的，主要包括拉伸试验强度指标和疲劳试验强度指标。其中拉伸试验强度指标通常用抗拉强度、屈服点和弹性极限表示，而疲劳试验强度指标通常用疲劳极限表示。

（1）拉伸试验强度指标

1）抗拉强度是指材料在断裂前所能承受的最大应力，是通过拉伸试验测定的。拉伸试验的方法是用静拉伸力对标准试样进行轴向拉伸，同时连续测量力和相应的伸长，直至断裂，根据测得的数据，即可求出试样有关的力学性能。抗拉强度用 σ_b 表示。抗拉强度 σ_b 代表材料抵抗大量均匀塑性变形的能力，它是机械零件设计和选用材料的主要依据之一。

为便于比较试验结果，须按照国家标准（GB/T 6397—2006）将试验所用金属材料加工成标准试样。常用的圆截面拉伸标准试样如图 1-1 所示。试样中间直杆部分为试验

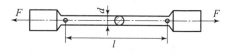

图 1-1 标准拉伸试件

段，其长度 l 称为标距；试样较粗的两端是装夹部分。按照标距 l 与直径 d 之比，分为长试样（取 $l=10d$）和短试样（$l=5d$）两种。

2）材料保持弹性变形时所能承受的最大应力，称为弹性极限，用 σ_e 表示。

3）在载荷不增加的情况下仍能产生明显塑性变形时的应力，称为屈服点，用 σ_s 表示。它是选用材料时非常重要的力学性能指标。机械零件所受的应力一般都小于屈服点，否则会产生明显的塑性变形。例如内燃机气缸盖螺栓所受的载荷不应高于它的屈服点，否则会因螺栓变形而使气缸盖松动、漏气。

工业上使用的某种金属材料（如高碳钢和某些经热处理后的钢等），在拉伸试验中没有明显的屈服现象发生，故无法确定其屈服点 σ_s。按国家标准 GB/T 228—2010 规定，可用屈服强度 $\sigma_{0.2}$ 来表示该材料开始产生明显塑性变形时的最低应力值。

（2）疲劳试验强度指标

许多机器零件，如各种轴、齿轮、连杆、弹簧等，都是在交变载荷作用下工作的。交变载荷可以是力的大小交变、力的方向交变，或同时改变力的大小和方向。这种载荷常使金属材料在小于抗拉强度，甚至小于弹性极限的情况下，经多次循环后并无显著的塑性变形而突然断裂，这种现象叫作金属的疲劳。抵抗这种断裂的最大应力叫作疲劳极限，用 σ_{-1} 表示。金属材料在发生疲劳断裂前一般都不产生明显的塑性变形，断裂是突然发生的，因此具有很大的危险性，常常会造成严重事故。据统计，约有80%的零件失效是由材料疲劳造成的。

金属材料的 σ_{-1} 与 σ_b 之间存在着一定的关系，如碳素钢为 $\sigma_{-1} \approx (0.45 \sim 0.55) \sigma_b$，灰铸铁为 $\sigma_{-1} \approx 0.4\sigma_b$。可见，金属材料的疲劳极限随其抗拉强度的增高而增高。

疲劳极限由疲劳试验机试验确定。对于钢铁材料，规定试验的循环周次为 10^7 次，而对有色金属及高合金钢，规定循环周次为 10^8 次，不引起断裂的应力即为该材料的疲

劳极限值。

金属的疲劳极限受到很多因素的影响，主要有工作条件、表面状态、材料本质、材料使用的时间及残余内应力等。改善零件的结构形状、降低零件表面粗糙度以及采取各种表面强化的方法，都能提高零件的疲劳极限。

3. 塑性

金属材料在载荷作用下产生塑性变形而不被破坏的能力称为塑性。例如，铜、铝、锡、铅等金属的塑性良好，可以制成线或轧制成板等。塑性可以通过拉伸试验的方法测定，试样拉断后，弹性变形消失，但塑性变形保留下来。在工程中，常用试样拉断后残留的塑性变形来表示材料的塑性性能。常用的塑性指标有以下两个。

（1）伸长率

伸长率是试样拉断后，标定长度的伸长量与原始标定长度之比值的百分数，用 δ 表示。

$$伸长率 \qquad \delta = \frac{l_1 - l}{l} \times 100\% \qquad (1-1)$$

（2）断面收缩率

断面收缩率是试样断口面积的缩减量与原截面面积之比值的百分数，用 ψ 表示。

$$断面收缩率 \qquad \psi = \frac{S - S_1}{S} \times 100\% \qquad (1-2)$$

在式（1-1）和式（1-2）中，l 是标距原长；l_1 是拉断后标距的长度；S 为试样初始横截面积；S_1 为拉断后缩颈处的最小横截面积，如图 1-2 所示。

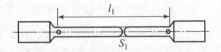

图 1-2　试件拉断后的变形

伸长率和断面收缩率的数值越大，表示金属材料的塑性越好。金属材料塑性的好坏对零件的加工和使用都具有十分重要的意义。塑性好的材料容易进行轧制、锻压、冲压等加工，而且所制成的零件在使用时万一超载，也能由于塑性变形而避免突然断裂，从而增加了金属材料使用时的安全可靠性。

应当指出，塑性指标不能直接用于零件的设计计算，只能根据经验选定材料的塑性。对金属材料，一般来说伸长率达5%或断面收缩率达10%，即可满足绝大多数零件的要求。

4. 硬度

硬度是指金属材料抵抗其他更硬物体压入其表面的能力，即抵抗局部塑性变形的能力。它是金属材料的重要性能之一，也是检验模具和机械零件质量的一项重要指标。由于测定硬度的试验设备比较简单，操作方便、迅速，又不损坏零件，所以无论是在生产上还是在科研中，应用都十分广泛。硬度值是通过硬度试验测定的，常用硬度试验方法有布氏硬度和洛氏硬度。

（1）布氏硬度

布氏硬度是在布氏硬度试验机上测定的。布氏硬度是用一定的载荷，把一定直径的硬质合金球压头压入金属材料表面，保持一定时间，然后除去载荷，使金属表面留下一个压痕，用所加载荷除以压痕表面积，得出的结果就是布氏硬度值，如图1-3所示。

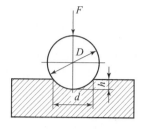

图1-3　布氏硬度实验原理

布氏硬度用符号HBW（HBS）表示，淬火钢球作压头测得的硬度值以符号HBS表示，硬质合金作压头测得的硬度值以符号HBW表示。习惯上只写明硬度的数值而不标出单位。一般硬度符号HBW前面的数值为硬度值，符号后面的数值表示实验条件的指标，依次表示球体直径、试验力大小及试验力保持时间（保持时间为10~15 s时不标注）。

例如，500HBW5/750/20表示用直径为5 mm的硬质合金球，在7.355 kN（750 kgf）试验力的作用下保持20 s测得的布氏硬度值为500。

布氏硬度试验法的优点是测定的数据准确、稳定，数据重复性强，常用于测定退火、正火或调质钢、铸铁及有色金属的硬度。其缺点是压痕较大，易损坏成品的表面，不能测定太薄的试样。

（2）洛氏硬度

洛氏硬度是在洛氏硬度试验机上测得的，如图1-4所示。根据压头与载荷的不同，洛氏硬度可分为HRA、HRB、HRC三种，它们的试验条件和应用范围见表1-1，其中以HRC应用最广。HRA、HRC是用120°的金刚石圆锥体，HRB是用直径为1.588 mm（1/16 in）的淬火钢球做压头，在一定载荷的作用下，压入材料表面，除去载荷

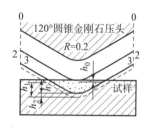

图1-4　洛氏硬度实验原理

后，根据材料表面留有压痕的深度来确定的。洛氏硬度试验操作简单、迅速，可直接从表盘上读出硬度值，无须计算。它没有单位，测量范围大，试件表面压痕小，可直接测量成品或较薄工件的硬度。但由于压痕较小，对内部组织和硬度不均匀的材料，测量结果不够准确，故需在试件不同部位测定3个点取其算术平均值。洛氏硬度与布氏硬度（当>220 HBS时）近似关系为1 HRC=10 HBS。

根据GB/T 230—2004规定，硬度数值写在符号的前面，HR后面写使用的标尺，如45HRC表示用C标尺测定的洛氏硬度值为45。

表1-1　常用洛氏硬度的试验条件和应用范围

硬度符号	所用压头	测量范围（硬度）	总荷载/N	应用举例
HRA	金刚石圆锥	70~85	588.4	碳化物、硬质合金、淬火工具钢、深层表面硬化钢
HRB	φ1.587 5 mm钢球	25~100	980.7	软钢、铜合金、铝合金
HRC	金刚石圆锥	25~67	1 471.1	淬火钢、调质钢、深层表面硬化钢

（3）维氏硬度

维氏硬度试验原理与布氏硬度相似，以顶角为136°的金刚石正四棱锥体作为压头，在规定试验力作用下压入被测试金属表面，保持一段时间后卸除试验力，然后用试验

力除以压痕表面积所得的商作为被测试金属的硬度值。维氏硬度用符号 HV 表示。

维氏硬度试验法的优点是压痕轮廓清晰，测量范围广，从很软的材料到很硬的材料都可以测量，测量准确性高，尤其适用于零件表面层硬度的测量，如渗碳层、氮化层的硬度等。其缺点是操作麻烦，对表面质量要求高及组织不均匀的材料不适用。

5. 冲击韧度

材料抵抗冲击载荷作用而不致破坏的能力称为冲击韧度。许多机器零件在工作过程中往往受到冲击载荷的作用，如机车变速器的齿轮、轴，内燃机的活塞销与连杆等。对于这种承受冲击载荷作用的零件，不仅要满足在静载荷作用下的力学性能指标，还应具有足够的冲击韧度。

金属材料冲击韧度可通过冲击试验测定，用冲击韧度值来表示。冲击韧度值是在冲击韧度试验机上测定的。冲断试样消耗的功与试样断口处横断面积的比值即为冲击韧度，用 α_K 表示。冲击韧度值越大，则材料的冲击韧度越好。

冲击功的测定方法：把按规定制作的标准冲击试样的缺口背向摆锤方向放在冲击试验机支座 C 处，如图 1-5 所示，令一定重量 G 的摆锤自高度 h_1 自由落下，冲断试样后摆锤升高到高度 h_2，则冲断试样所消耗的冲击功 $W_k = G(h_1 - h_2)$，这可在冲击试验机的刻度盘上指示出来。

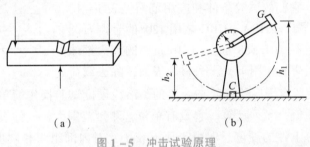

（a）　　　　　　　　　　（b）

图 1-5　冲击试验原理

(a) 冲击试样；(b) 冲击试验示意

金属材料的冲击韧度除了与成分、组织及试样的形状、尺寸和表面粗糙度等因素有关外，还受到温度的影响。冲击韧度随温度的降低而减小，当试验温度降低到某一温度范围时，其冲击韧度急剧降低，这个温度范围称为冷脆转变温度范围。冷脆转变温度越低，材料的低温冲击性能就越好，这对于在寒冷地区作业的机械与车辆的正常工作和运行具有重要意义。

6. 刚度

材料在受力时抵抗弹性变形的能力称为刚度，它表示材料弹性变形的难易程度。在弹性变形阶段，如果外力一样，则刚度越大，变形越小。

衡量材料刚度大小的指标是弹性模量 E。E 为弹性变形范围内应力与应变的比值，E 值越大，材料在一定应力下产生的弹性变形越小。

一般机器零件在使用中均处于弹性状态。对要求弹性变形小的零件，如内燃机车柴油机曲轴，应选用 E 值较大的材料。具体零件的刚度，除决定于材料的 E 值外，还与零件断面形状和尺寸有关，如同一材料制造的两个零件，E 值虽然相同，但断面尺寸大的不易发生变形，而断面尺寸小的易发生变形。

二、金属材料的物理性能和化学性能

1. 金属的物理性能

材料的物理性能指的是材料在物理方面的特性，主要技术指标有密度、熔点、导电性、导热性、热膨胀性和磁性等。

（1）密度

金属的密度是指单位体积金属的质量，单位符号是 g/cm^3，它直接关系到所制造设备的自重和效能。如发动机要求质量和惯性小的活塞，常用密度小的铝合金制造。在机车车辆工作中，为了增加有效载荷质量，钢铁占整车质量的 80% 左右。而某些高速运动的零件（如活塞），要求尽量减少质量，以减少其惯性力，故宜采用强度较高、密度较小的金属材料（如铝合金）来制造。在航空工业领域中，密度更是选材的关键性能指标之一。

（2）熔点

金属在加热过程中由固体熔化为液体的温度称为熔点，常以摄氏度（℃）来表示。熔点高的金属称为难熔金属（钨、铝、钒等），可以用来制造耐高温零件，在火箭、导弹、燃气轮机和喷气飞机等方面得到广泛应用；熔点低的铅、锡可以用来制造熔体等。

（3）导电性

金属能够传导电流的性能称为导电性。所有金属都是导电体，其中以银的导电性最好，其次是铜和铝，而且铜、铝价格较低，因此在工业上常用纯铜、纯铝作为导电材料。合金的导电性比纯金属差，某些合金如镍－铬合金具有很高的电阻率，常用作机车仪表中的电阻元件。

（4）导热性

金属传导热量的性能称为导热性。所有金属都是导热体，其中以银的导热性最好，铜、铝次之。导热性好且具有较好耐蚀性的材料（如铜或铝）常用来制造机车的热交换器和散热器中的零件。在制定焊接、铸造、锻造和热处理工艺时，也必须考虑金属的导热性，防止金属材料在加热或冷却过程中形成过大的内应力，造成金属材料变形或开裂。

（5）热膨胀性

金属在温度升高时体积胀大的现象称为热膨胀性。在实际工作中，考虑热膨胀性的地方颇多。例如，工业上经常利用金属的热膨胀性来配合组合件或拆卸组合件。铺设钢轨时在两根钢轨衔接处应留有一定的空隙，以便使钢轨在长度方向有膨胀的余地；轴与轴瓦之间要根据膨胀系数来控制其间隙尺寸。

（6）磁性

金属在磁场中被磁化而呈现磁性强弱的性能称为磁性。磁性对电动机、变压器和电器元件特别重要，如制造电动机和变压器铁芯，就需要用硬磁材料（钨钢、铬钢）或软磁材料（硅钢片或铁镍合金）。在检修时，利用钢铁能被磁化的特性，还可以进行电磁探伤，以检查机车车辆各种零件表面是否存在裂纹等缺陷。

2. 金属材料的化学性能

金属材料的化学性能，是指在化学介质作用下表现出来的性能，如耐蚀性、抗氧化性等。它反映了金属在常温或高温时，抵抗各种化学作用的能力。

（1）耐腐蚀性

金属在常温下抵抗氧、水及其他化学介质腐蚀破坏作用的能力，称为耐腐蚀性。金属耐腐蚀性是一个重要的性能指标，尤其对在腐蚀介质（如酸、碱、盐、有毒气体等）中工作的零件，其腐蚀现象比在空气中更为严重。在选择材料制造这些零件时，应特别注意金属的耐腐蚀性，并采用耐腐蚀性良好的金属或合金制造。

（2）抗氧化性

金属在加热时抵抗氧化作用的能力，称为抗氧化性。金属的氧化随温度升高而加速，如钢在进行铸造、锻造、热处理和焊接等热加工作业时，氧化比较严重，这不仅会导致金属材料过量的损失，也会形成各种缺陷，为此常采取措施避免金属材料发生氧化。

（3）化学稳定性

化学稳定性是金属的耐腐蚀性与抗氧化性的总称。金属在高温下的化学稳定性称为热稳定性。在高温条件下工作的设备（如锅炉、加热设备、汽轮机、喷气飞机等），其部件需要选择热稳定性好的金属材料来制造。

三、金属材料的工艺性能

工艺性能是指金属材料是否易于加工成形等，它是金属材料的物理、化学、力学性能的综合。按工艺方法不同，工艺性能可分为铸造性能、锻压性能、焊接性能和切削加工性能等。这里简要介绍一下，具体将在以后各章中分别介绍。

1. 铸造性能

铸造性能是指金属能否用铸造方法制造出优良的铸件的性能，它包括金属的液态流动性、冷却时的收缩率和偏析倾向等。

2. 锻压性能

金属能否用锻造方法制造优良锻件的性能叫作锻压性能。锻压性能一般与材料的塑性变形抗力有关，塑性好的材料，锻压性能好。低碳钢的锻压性能比中碳钢和高碳钢好。铸铁是脆性材料，不能锻造。

3. 焊接性能

金属能否用一般焊接方法焊成优良接头的性能叫作焊接性能。焊接性好的金属材料，可以获得没有裂纹和气孔等缺陷的焊缝，并且焊接接头具有一定的力学性能。低碳钢的焊接性能优良，高碳钢和铸铁则较差。

4. 切削加工性能

金属是否容易被刀具切削的性能，叫切削加工性能。切削加工性能良好的金属材料，在切削时，切屑易折断、脱落，切削后表面光亮、切削量大、刀具寿命长。

综上所述，了解和掌握金属材料的性能，在工业生产中有着重要的意义。在零件设计上，它是选材和确定结构尺寸等的主要依据；在制造上，它是确定制造方法及具体工艺的主要依据；在维修保养中，它是确定检修技术标准和要求及修理方法和工艺的主要依据。

四、非金属材料及其性能简介

1. 高分子材料

高分子化合物是相对分子质量大于 5 000 的有机化合物的总称，也叫聚合物或高聚物。机车车辆中主要应用的是人工合成有机高分子聚合物，简称高聚物，此类材料主要包括塑料、橡胶、胶黏剂等。

（1）高分子材料的分类

1）按用途，可分为塑料、橡胶、纤维、胶黏剂和涂料等。

2）按聚合物反应类型，可分为加聚物和缩聚物。

3）按聚合物的热行为，可分为热塑性聚合物和热固性聚合物。

4）按主链上的化学组成，可分为碳链聚合物、杂链聚合物和元素有机聚合物。

（2）高分子材料的命名

高分子材料的命名，常用的有以专用名称命名，如纤维素、蛋白质、淀粉等；有许多是商品名称，如有机玻璃（聚甲基丙烯酸甲酯）、尼龙（聚酰胺）等。对于加聚物，通常在其单体原料名称前加一个"聚"字即为高聚物名称，如聚乙烯、聚氯乙烯；对缩聚物，则在单体名称后加"树脂"或"橡胶"两字，如酚醛树脂、丁苯橡胶。此外，还有以英文字母表示的，如 ABS 等。

在当前机械工业中，塑料是应用最广泛的高分子材料。

（3）高分子材料的应用

高分子材料可用作结构材料，电绝缘材料，耐腐蚀材料，减摩、耐磨、自润滑材料，密封材料，胶黏材料及各种功能材料。

塑料不仅可用于制作各种日用品，还可用于制作各种机械零件、容器、管道、仪器仪表、电子通信中各种功能器件；橡胶除广泛用于车辆轮胎外，也是高压软管、减振弹性零件、动静密封件的理想材料；胶黏剂可胶接种类不同、厚薄不一、大小不同的材料及制品；涂料广泛应用于结构物与机械装备的防腐蚀及外观装饰上；有机纤维柔韧性好、单向强度高，广泛应用于绳索、网布和复合材料中；高分子功能材料广泛用于制造光传导、光致变色、导电、导磁、声电和压电换能元器件。

2. 常用工程塑料

（1）塑料的组成

1）合成树脂。合成树脂即人工合成线型高聚物，是塑料的主要成分（占 40% ~ 100%），对塑料的性能起着决定性作用，故绝大多数塑料以树脂的名称命名。合成树脂受热时呈软化或熔融状态，因而塑料具有良好的成形能力。

2）添加剂。添加剂是为改善塑料的使用性能或成形工艺性能而加入的其他辅助组分，其主要组成包括：

①填充剂。主要起增强作用，还可使塑料具有所要求的性能。

②增塑剂。为提高塑料的柔软性和可成形性而加入的物质，主要是一些低熔点的低分子有机化合物。

③固化剂。将固化剂加入某些树脂中可使线型分子链间产生交联，从而由线型结构变成体型结构，固化成刚硬的塑料。

④防老化剂。其作用是提高树脂在受热、光、氧等作用时的稳定性。此外，还有为防止塑料在成形过程中粘在模具上并使塑料表面光亮、美观而加入的润滑剂，为使塑料具有美丽的色彩加入的染料等着色剂，以及发泡剂、抗静点剂、阻燃剂等。总之，根据不同的塑料品种和性能要求，可加入不同的添加剂。

（2）塑料的分类

1）按使用范围可分为通用塑料和工程塑料和特种塑料3大类。

①通用塑料。通用塑料产量大、用途广、价格和强度较低，目前主要有聚乙烯、聚丙烯聚氯乙烯、聚苯乙烯、酚醛塑料和氨基塑料，它们约占塑料产量的75%以上，广泛用于日常生活用品、包装材料，以及一般小型机械零件。

②工程塑料。工程塑料可作为结构材料，常见的品种有聚甲醛、聚酰胺、聚碳酸酯、聚苯醚、ABS、聚砜、聚四氟乙烯、有机玻璃、环氧树脂等。这类塑料具有较强的强度（$\sigma_b = 60 \sim 100$ MPa），弹性模量、韧性、耐磨性、耐蚀和耐热性较好，故在汽车、机械、化工等部门用来制造机械零件及工程结构。

③特种塑料。特种塑料是指具有某些特殊性能的塑料，如耐高温、耐腐蚀的塑料，这类塑料产量少、价格贵，只用于特殊需要的场合。

2）按树脂的热性能可分为热塑性塑料和热固性塑料两大类。

①热塑性塑料通常为线型结构，能溶于有机溶剂。这类塑料强度较高，遇热软化或熔融，冷却后又变硬，成形工艺性能良好，可反复成形、再生使用，典型品种有聚乙烯、聚氯乙烯、聚苯乙烯、聚酰胺（尼龙）、有机玻璃（聚甲基丙烯酸甲酯）等。但其耐热性与刚度较差。

②热固性塑料。通常为网状结构，固化后重复加热不再软化和熔融，亦不溶于有机溶剂，不能再成形使用，常用的有酚醛塑料、环氧树脂塑料等。这类塑料具有较高的耐热性与刚性，但脆性大，不能反复成形与再生使用，广泛用于制作各种电信器材和电木制品（如插座、开关等）及耐热绝缘部件。

（3）塑料的性能特点

与金属材料相比，塑料的性能有以下特点。

1）密度小、比强度高。塑料的密度为 $0.9 \sim 2.2$ g/cm³，只有钢铁材料的1/8～1/4，铝的1/2。泡沫塑料的密度约为 0.01 g/cm³，这对减轻产品自重具有重要意义。由于密度低，故比强度（单位质量的强度）高。

2）化学稳定性好。塑料能耐大气、水、酸、碱、有机溶液等的腐蚀。聚四氟乙烯能耐"王水"腐蚀。

3）电绝缘性好。多数塑料都有很好的电绝缘性，可与陶瓷、橡胶等绝缘材料相媲美。

4）减摩、耐磨性好。塑料的硬度比金属低，多数塑料的摩擦系数小。另外有些塑料（如聚四氯乙烯、尼龙等）本身就有自润滑能力。

5）消声和隔热性好。

6）成形加工性好。大多数塑料都可直接采用注射或挤出工艺成形，方法简单，生产效率高。

7）耐热性低。塑料的不足之处是耐热性差，多数塑料只能在100 ℃左右使用，少数塑料可在200 ℃左右使用；塑料在室温下受载荷后容易产生蠕变现象，载荷过大时甚至会发生蠕变断裂；易燃烧、易老化（因光、热、载荷、水、酸、碱、氧等长期作用，使塑料变硬、变脆、开裂等现象，称为老化）；导热性差，为金属的1/200～1/600；热膨胀系数大，为金属的3～10倍。

（4）塑料在机车车辆上的应用

在机车车辆上塑料主要应用于结构件和内外装饰件以及软装饰件。目前许多通用塑料、工程塑料及其增强塑料都能在不同程度上代替钢、铜、不锈钢、铝合金等材料。其中，又以聚丙烯、聚氯乙烯、ABS等最为常用。

工程塑料的品种很多，常见工程塑料的性能和用途如表1-2所示。

表1-2　常见工程塑料的性能和用途

塑料名称	符号	性能	用途
聚乙烯	PE	质地坚硬，耐寒性好，化学稳定性高，吸水性小，电气性能好，密度小	水底电线电缆绝缘层，无线电支架，食品容器，包装袋，可代替钢和不锈钢
聚甲酸	POM	有很高的刚性、硬度、拉伸强度，优良的耐疲劳性和减摩性，吸水性低，尺寸稳定，有较小的蠕变性、较好的电绝缘性。但密度较大，耐酸性和阻燃性不够理想	可代替金属制作各种结构零部件，如汽车工业中各种轴承、齿轮、汽车钢板、弹簧衬套等
聚碳酸酯	PC	密度较小，具有优异的冲击韧度，耐热性及尺寸稳定性好	在电气、机械、建筑、医疗等方面有广泛的应用，如制造高压蒸汽下蒸煮消毒的医疗手术器械和人工内脏
ABS树脂	ABS	具有坚韧、硬质、刚性的特征，良好的耐磨性和耐腐蚀性。低温抗冲击性好，使用温度为-40～100 ℃，易于成形和机械加工。但在有机溶剂中能溶解、溶胀或应力开裂	在机械工业中，用来制造齿轮、轴承及各类仪表外壳等。在汽车工业中可制作挡泥板、扶手、加热器以及转向盘等。此外，也可制作纺织器材、电器零件、乐器和家具等
有机玻璃	PMMA	优良的透光性、耐电弧性。但机械强度一般，表面硬度低	在飞机、汽车上作为透明的窗玻璃罩盖，在建筑、电气、机械等领域可制造光学仪器、电器、医疗器械

续表

塑料名称	符号	性能	用途
环氧树脂	EP	环氧树脂本身为热性树脂，但在各种固化剂作用下能交联而变线型为体型结构。其强度较高，韧性较好，具有优良的绝缘性能，尺寸稳定性及化学稳定性好，耐寒、耐热，可在 -80~155 ℃的温度范围内长期工作	可制作磨具、量具、电子仪表装置，以及各种复合材料。此外，环氧树脂是很好的胶黏剂

3. 橡胶材料

（1）工业橡胶的组成

橡胶是以生胶为主要原料，加入适量配合剂而制成的高分子材料。

1）生胶。生胶是指未加配合剂的天然胶或合成胶，它也是将配合剂和骨架材料粘成一体的胶黏剂。

2）配合剂。配合剂是指为改善和提高橡胶制品性能而加入的物质，如硫化剂、活性剂、软化剂、填充剂、防老化剂和着色剂等。常用硫黄作硫化剂，经硫化处理后可提高橡胶制品的弹性、强度、耐磨性、耐蚀性和抗老化能力。软化剂可增强橡胶塑性，改善黏附力，降低硬度和提高耐寒性。填充剂可提高橡胶强度，减少生胶用量，降低成本和改善工艺性。防老化剂可在橡胶表面形成稳定的氧化膜以抵抗氧化作用，防止和延缓橡胶发黏、变脆和性能变坏等老化现象。为减少橡胶制品的变形，提高其承载能力，可在橡胶内加入骨架材料。

3）骨架材料。由于橡胶的弹性大，在外力作用下极易发生变形，因此很多橡胶制品都必须用纺织材料或金属材料作骨架材料，以增大制品的强度和抗变形能力。常用的骨架材料有金属丝、纤维织物等。

（2）橡胶材料的性能特点

橡胶是在室温下处于高弹态的高分子材料，最大的特性是高弹性，其弹性模量很低，弹性变形量很大，在较小的外力作用下能产生很大的弹性变形（如伸长、压缩和弯曲等），去掉外力后能在非常短的时间内恢复到原来的形状；可吸收一部分机械能，并将其转变为热能。此外，橡胶还具有良好的耐蚀性、耐磨性、隔声性（橡胶越软、越厚，隔声性能越好）、绝缘性和足够的强度。

橡胶件的硬度是决定橡胶制品抵抗剪切、拉伸压缩变形能力的关键，橡胶件的剪切模量与橡胶的品种、成本以及胶质无关。橡胶材料在光、热作用下产生的主要缺陷是老化。

（3）常用橡胶材料

按原料来源不同，橡胶分为天然橡胶和合成橡胶；根据应用范围的宽窄，分为通用橡胶和特种橡胶。合成橡胶是用石油、天然气、煤和农副产品为原料制成的。

1）天然橡胶。天然橡胶可从近五百种不同的植物中获得，但主要是从热带植物三叶橡胶树中取得。天然橡胶广泛用于制造轮胎，还可用于制造胶带、胶管、制动皮碗，以及不要求耐油和耐热的垫圈、衬垫、胶鞋等。

2）合成橡胶。合成橡胶是人工合成的类似天然橡胶的高分子弹性体。合成橡胶的种类很多，主要有丁苯橡胶、顺丁橡胶、异戊橡胶和乙丙橡胶等，应用最广泛的是丁苯橡胶和顺丁橡胶等。

①丁苯橡胶。丁苯橡胶简称 SBR，是丁二烯和苯乙烯的共聚物，是一种综合性能较好的通用橡胶。丁苯橡胶是浅黄色的弹性体，略有苯乙烯气味。丁苯橡胶的耐磨、耐自然老化、耐臭氧、耐水及气密性等性能都比天然橡胶好，但强度、塑性、弹性、耐寒性则不如天然橡胶。

②顺丁橡胶。顺丁橡胶（BR）是以丁二烯为原料，经聚合反应而制得的高分子弹性体。顺丁橡胶的原料来源丰富，具有良好的耐磨性、耐低温性、耐老化性，弹性高，动态负荷下发热小，并能与天然橡胶、氯丁橡胶、丁腈橡胶等并用，彼此取长补短。可用于制造轮胎，特别是作胎面材料时，掺用顺丁橡胶可改善耐磨性和延长使用寿命，也常用于耐寒制品。

③异戊橡胶。异戊橡胶是以异戊二烯为单体，应用配位聚合方法制得的高分子弹性体。由于其分子结构和性能类似于天然橡胶，是天然橡胶最好的代用品，故有"合成天然橡胶"之称，占合成橡胶第三位。因为其物理性能、力学性能和加工工艺性能与天然橡胶非常接近，故在制造载重汽车外胎时可以完全代替天然橡胶。

④乙丙橡胶。乙丙橡胶简称 EPR，是以乙烯、丙烯为主要单体共聚合成的高分子弹性体。其中由乙烯和丙烯两种单体合成的橡胶称为二元乙丙橡胶，代号为 EPR 或 EPM。在聚合时，加入第三单体（非共轭双烯）即可得到三元乙丙橡胶 EPT 或 EPDM。

乙丙橡胶是一种半透明 – 透明、白色 – 琥珀色的固体，在空气中储存，化学性质稳定，即使长期放置在自然环境中或低温条件下，也无冻结或结晶现象，被誉为"无裂纹橡胶"。它的耐气候性、耐老化性和耐化学药品性突出，可在严寒、炎热、干燥、潮湿的环境下长期使用而无明显变化，其正常使用温度为 80 ~ 130 ℃，在 180 ~ 260 ℃下相当长的时间内仍能保持其稳定性；对强酸、强碱、盐类有机酸、强氧化剂都有很强的抵抗性能。乙丙橡胶的体积电阻高达 $10^{16} ~ 10^{17}\ \Omega \cdot cm$，用它制作的电缆可耐 160 kV 的高电压。乙丙橡胶在电气、交通、建筑、机械、化工、国防等各个部门得到了极其广泛的应用，如可以用来制作海洋电缆、橡胶水坝、汽车船舶部件、野外帐篷、耐热运输带、耐寒制品、建筑防水材料、胶管和海绵制品等。

（4）橡胶的应用

橡胶在工业上应用相当广泛，可用于制作轮胎、动静态密封件、减振件、防振件、传动件、运输胶带和管道、电线、电缆和电工绝缘材料、制动件等。机车车辆上用于制作减震器的橡胶垫具有缓和并吸收振动的功能。

（5）橡胶的老化

生胶和橡胶制品，在储存和使用过程中会出现变色、发黏、发脆及龟裂等现象，使橡胶失去原有的性能，以致失去使用价值，这种现象称为橡胶的老化。橡胶的老化是影响橡胶制品使用寿命的一个突出问题。

4. 胶黏剂

胶黏剂（简称胶）是一种能将同种或不同种材料黏合在一起，并在胶接面有足够强度的物质，它能起胶接、固定、密封、浸渗、补漏和修复的作用。胶接已与铆接、焊接并列为三种主要连接工艺。

（1）胶黏剂的分类

胶黏剂的品种多，组成各异，按胶黏剂基料的化学成分（黏结剂使用的材料）可分为有机胶黏剂和无机胶黏剂两大类，其中每一大类又可细分为多种。按胶黏剂的主要用途分类，可分为非结构胶、结构胶、密封胶、导电胶、耐高温胶、水下胶、点焊胶、医用胶、应变片胶和压敏胶等。按照被胶接材料分类，可分为金属胶黏剂和非金属胶黏剂（塑料胶黏剂和橡胶胶黏剂）。胶黏剂以流变性质分类，可分为热固性胶黏剂、热塑性胶黏剂和合成橡胶胶黏剂。

（2）胶黏条件

利用胶黏剂把彼此分离的物件胶接在一起，形成牢固接头的必要条件是：胶黏剂必须能很好地浸润被胶物的表面，固化硬结后胶层应有足够的内聚力，胶黏剂与被胶接物件之间应有足够的黏附力。所以胶黏剂中的"万能胶"并不是什么都能粘，必须满足一定的胶黏条件。

（3）胶黏剂的选用

每种胶黏剂均有各自适应的胶接材料和使用环境条件，因此选用胶黏剂时必须考虑以下几点：

1）胶接材料的种类和性质。例如胶接热塑性塑料可以用熔剂、热熔黏剂；胶接热固性塑料可用与胶接金属同类的胶黏剂；而聚乙烯、聚丙烯、聚四氟乙烯等难胶接塑料，未经特殊的表面处理则不能胶接。

2）各种胶接结构和胶接接头所承受的载荷特点及温度、介质等环境影响因素。

3）胶接的目的与用途。除连接目的之外，密封、固定、修补、堵漏、防腐及某种电、磁、热、光等特殊功能等。

4）胶黏剂的性能和使用成本。如环氧树脂对各种材料具有良好的黏结性能，得到了广泛应用。

（4）胶黏剂的应用

1）设备维修。黏结修复法是利用胶黏剂将金属和非金属材料牢固地黏结在一起，或填补裂缝，以达到密封、堵漏、修复零件的目的。如修补铸件表面缩孔、气孔、砂眼及其他小洞以及修复机床导轨的磨损。在表面进行清洗后，涂上瞬干胶，撒上铁粉，反复进行，直至填满为止；然后在室温固化，固化后用刮刀刮平。亦可选用胶接强度较高的环氧树脂胶。

2）改进机械安装工艺。有的零件轴和孔采用压配合，加工精度要求比较高，采用胶黏剂胶接可以降低加工要求，节省工时。图1-6所示为齿轮与轴由压配合改为胶接接头设计的剖面图，可采用环氧胶黏剂。图1-7所示为涡轮镶配青铜轮缘，用胶接代替螺钉连接的胶接接头。

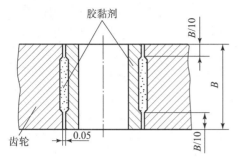

图 1-6 轴和齿轮的胶接

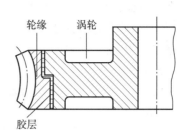

图 1-7 涡轮与青铜轮缘的胶接

5. 复合材料

（1）复合材料的组成

由两种或两种以上化学成分不同或组织结构不同的物质，经人工合成获得的多相材料称复合材料。

高强度纤维不仅可与高聚物基体复合，还可与金属、陶瓷等基体复合，如碳纤维、棚纤维、碳化硅纤维、氧化铝纤维、氮化硼纤维及有机纤维等。这些高级复合材料是制造飞机、火箭、卫星、飞船等航空、宇航飞行器构件的理想材料。

（2）复合材料的分类

复合材料的分类至今尚不统一，目前主要采用以下几种分类方法：

1）按材料的用途分类，可分为结构复合材料和功能复合材料两大类。结构复合材料主要是利用其力学性能（如强度、硬度、韧性等），用以制作各种结构和零件。功能复合材料主要是利用其物理性能（如光、电、声、热、磁等），如雷达用玻璃钢天线罩就是具有很好透过电磁波性能的磁性复合材料，常用的电器元件上的钨银触点就是在钨的晶体中掺入银的导电功能材料，双金属片就是利用不同膨胀系数的金属复合在一起的具有热功能性质的材料。

2）按增强材料的物理形态分类，可分为纤维增强复合材料，例如纤维增强橡胶（如橡胶轮胎、传动皮带）、纤维增强塑料（如玻璃钢）等；颗粒增强复合材料，例如金属陶瓷、烧结弥散硬化合金等；层叠复合材料，例如双层金属（巴氏合金-钢双金属滑动轴承材料）等。

3）按基体类型分类，可分为非金属基体（如高聚物、陶瓷等）及金属基体两大类。目前大量研究和使用的是以高聚物材料为基体的复合材料。

（3）复合材料的性能

1）比强度和比模量高。由于复合材料的增强相一般都采用高强度纤维，密度都比较小，因此比强度和比模量高。

2）抗疲劳性能好。由于复合材料基体中密布着大量纤维，疲劳断裂时裂纹的扩展常要经历非常曲折和复杂的路径，因此抗疲劳强度很高。

3）减振性能好。由于复合材料的比模量高，自振频率很高，不易产生共振，同时纤维与基体间的界面具有吸振能力，故振动阻尼高。

4）高温性能好。一般铝合金升温到 400 ℃时，强度只有室温时的 1/10，弹性模量大幅度下降并接近于零。如用碳纤维或硼纤维增强的铝材，400 ℃时强度和模量几乎可保持室温下的水平。耐热合金最高工作温度一般不超过 900 ℃，陶瓷粒子弥散型复合材料的最高工作温度可达到 1 200 ℃以上，石墨纤维复合材料瞬时高温可达 2 000 ℃。

5）工作安全性好。由于纤维增强复合材料基体中有大量独立的纤维，使这类材料的构件一旦超载并发生少量的纤维断裂时，载荷会重新迅速分布在未破坏的纤维上，从而使这类结构不致在短时间内有整体破坏的危险，因而提高了工作的安全可靠性。

（4）常用复合材料

复合材料因具有强度高、刚度大、密度小、隔声、隔热、减振、阻燃等优良的物理和力学性能，故在航空、航天、交通运输、机械工业、建筑工业、化工及国防工业等部门起着重要的作用。

1）纤维增强复合材料。纤维增强复合材料是使纤维增强材料均匀分布在基体材料内所组成的材料。纤维增强复合材料是复合材料中最重要的一类，应用最为广泛。它的性能主要取决于纤维的特性、含量和排布方式，其在纤维方向上的强度可超过垂直纤维方向的几十倍。

纤维增强材料按化学成分可分为有机纤维和无机纤维。有机纤维，如聚酯纤维、尼龙纤维、芳纶纤维等；无机纤维，如玻璃纤维、碳纤维、碳化硅纤维、硼纤维及金属纤维等。

2）粒子增强复合材料。粒子增强复合材料是由一种或多种颗粒均匀分布在基体材料内所组成的材料。粒子增强复合材料的颗粒在复合材料中的作用，随粒子的尺寸大小不同而有明显的差别。颗粒直径小于 $0.01 \sim 0.1 \ \mu m$ 的称为弥散强化材料，直径在 $1 \sim 50 \ \mu m$ 的称为颗粒增强材料。一般来说，颗粒越小，增强效果越好。

按化学组分的不同，颗粒主要分为金属颗粒和陶瓷颗粒。不同金属颗粒具有不同的功能。例如，需要导电、导热性能时，可以加银粉、铜粉；需要导磁性能时，可加入磁粉；加入 MoS_2 可提高材料的减摩性。

陶瓷颗粒增强金属基复合材料具有高强度、耐热、耐磨、耐腐蚀和热膨胀系数小等特性，用来制作高速切削刀具、重载轴承及火焰喷管的喷嘴等高温工作零件。

3）层叠复合材料。层叠复合材料是由两层或两层以上材料叠合而成的材料，其中各个层片既可由各层片纤维位向不同的相同材料组成（如层叠纤维增强塑料复合），也可由完全不同的材料组成（如金属与塑料的多层复合），从而使层叠材料的性能与各组成物性能相比有较大的改善。层叠复合材料广泛应用于要求高强度、耐蚀、耐磨的装饰及安全防护等。

层叠复合材料有夹层结构复合材料、双层金属复合材料和塑料-金属多层复合材料 3 种。

①夹层结构复合材料。由两层具有较高强度、硬度、耐蚀性及耐热性的面板和具有低密度、低导热性、低传声性或绝缘性好等特性的芯部材料复合而成。其中，芯部材料有实心和蜂窝格子两类。这类材料常用于制作飞机机翼、船舶外壳、火车车厢、运输容器、面板和滑雪板等。

②双层金属复合材料。将性能不同的两种金属，用胶合或熔合等方法复合在一起，以满足某种性能要求的材料。如将两种具有不同热膨胀系数的金属板胶合在一起的双层金属复合材料，常用来作为测量和控制温度的简易恒温器。

③塑料－金属多层复合材料。以钢为基体、烧结铜网为中间层、塑料为表面层的塑料－金属多层复合材料，具有金属基体的力学、物理性能及塑料的耐摩擦、磨损性能。这种材料可用于制造机械、车辆等的无润滑或少润滑条件下的各种轴承，并在汽车、矿山机械、化工机械等部门得到广泛应用。

（5）复合材料在机车车辆上的应用

复合材料在机车车辆上应用最多的为纤维增强型复合材料，纤维增强型复合材料之所以在机车车辆工业中应用广，是由于它能减轻机车车辆质量，降低能耗，提高载重能力。如玻璃纤维－塑料复合材料制作的车身、顶篷、车体结构件等；无机纤维－塑料制作的制动片、离合器片、电热水箱等。

层叠复合材料在机车车辆中也有应用，如机车车辆前窗玻璃一般要求用夹层玻璃。夹层玻璃是由两层玻璃中间夹一层透明的塑料薄层制得的复合材料。

任务二　金属材料力学性能的改善方法

【任务目标】

（1）能够根据工程实际需要正确通过退火、正火、淬火和回火改善钢的性能；

（2）能够正确利用表面淬火和化学热处理等方法改善金属材料的性能；

（3）根据工程实际需要，合理选用合金；

（4）能够合理选择并利用工程铸铁。

不同的金属材料具有不同的力学性能，即使是同一种金属材料，在不同的条件下其力学性能也是不同的。金属材料力学性能的这些差异，从本质上来说是由其内部结构所决定的。因此，掌握金属的内部结构及其对金属性能的影响，对于选用和加工金属材料具有非常重要的意义。

一、钢的热处理

热处理是将固态金属或合金在一定介质中加热、保温和冷却，以改变材料的整体或表面组织，从而获得所需性能的工艺。

进行热处理可以改变钢的结构和组织，以改善与提高钢的使用性能和可加工性，而且还能提高加工质量，发挥钢铁材料的潜力，延长工件的使用寿命。因此，凡是重要的机械零件都要进行热处理。例如，在汽车、拖拉机行业中，需要进行热处理的零件占 70% ~ 80%；在机床行业中，占 60% ~ 70%；轴承及各种模具，则达到 100%；飞机上的几乎所有零件都要进行热处理。

根据应用特点以及加热和冷却方法的不同，常用的热处理方法大致分类如下：

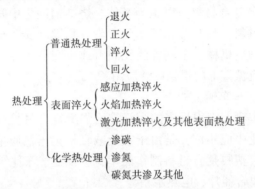

热处理的方法虽然很多，但任何一种热处理工艺都是由加热、保温和冷却三个阶段所组成的。图 1 - 8 所示为最基本的热处理工艺曲线。因此，要了解各种热处理方法对钢的组织与性能的改变情况，就必须首先研究钢在加热（包括保温）和冷却过程中的相变规律。

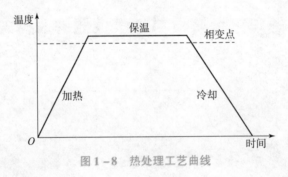

图 1 - 8　热处理工艺曲线

1. 钢在加热时的组织转变

钢的热处理主要是利用钢在加热和冷却时内部组织发生转变的基本规律，选择合适的加热温度、保温时间和冷却介质等有关参数，来达到改善钢的性能的目的。

（1）纯铁的同素异构转变

纯铁是同素异构体，从液态冷却结晶后具有 δ - Fe（1 394 ~ 1 538 ℃，体心立方晶格）、γ - Fe（912 ~ 1 394 ℃，面心立方晶格）、α - Fe（0 ~ 912 ℃，体心立方晶格）3 种结构，如图 1 - 9 所示。

钢铁是以铁和碳两种基本元素组成的合金，称为铁碳合金。铁碳合金的基本组织有铁素体、奥氏体、渗碳体、珠光体和莱氏体。铁素体是指碳溶于 α - Fe 中的间隙固溶体，用符号 F 表示；奥氏体指碳溶于 γ - Fe 中的间隙固溶体，用符号 A 表示；渗碳体是铁和碳形成的金属化合物，用符号 Fe_3C 表示；珠光体是铁素体和渗碳体组成的机械混合物，用符号 P 表示；莱氏体是奥氏体和渗碳体组成的机械混合物，用符号 L 表示。

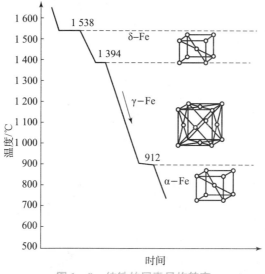

图 1 - 9　纯铁的同素异构转变

（2）碳钢的相变

钢的大多数热处理工艺都要将钢加热到临界温度以上，获得全部奥氏体组织，即进行奥氏体化。根据 $Fe - Fe_3C$ 相图，共析钢加热超过 A_1 时，组织全部转变为奥氏体，而亚共析钢和过共析钢则需要加热到 A_3 和 Ac_m 以上才能获得单相奥氏体。A_1、A_3 和 Ac_m 是在极其缓慢的加热和冷却条件下的平衡转变温度。而在实际生产中，加热速度和冷却速度都比较快，故其相变点在加热时要高于平衡相变点，在冷却时要低于平衡相变点，且加热和冷却的速度越大，其相变点偏离得越大。为了区别于平衡相变点，通常用 Ac_1、Ac_3、Ac_m 表示钢在实际加热条件下的相变点，而用 Ar_1、Ar_3、Ar_{cm} 表示钢在实际冷却条件下的相变点，如图 1 - 10 所示。一般热处理手册中的数值都是以 30 ~ 50 ℃/h 加热或冷却速度所测得的结果。

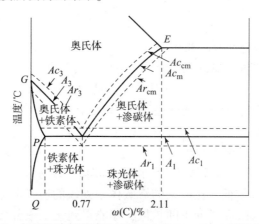

图 1 - 10　加热和冷却时碳钢的相变点在 $Fe - Fe_3C$ 相图上的位置

（3）奥氏体的形成

钢进行热处理时首先要加热，任何成分的碳钢加热到 A_1 点以上时，其组织中的珠光体均转变为奥氏体。这种加热到相变点以上从而获得奥氏体组织的过程称为"奥氏体化"。

共析钢是指 $\omega(C) = 0.77\%$ 的铁碳合金，亚共析钢是指 $\omega(C) < 0.77\%$ 的铁碳合金，过共析钢是指 $\omega(C) = 0.77\% \sim 2.11\%$ 的铁碳合金。相是指合金中具有同一化学成分且结构相同的均匀部分。

加热是热处理的第一道工序，任何成分的碳钢加热到 Ac_1 线以上时，都将发生珠光体向奥氏体的转变。把钢加热到相变点以上获得奥氏体组织的过程称为奥氏体化。钢只有处在奥氏体状态下才能通过不同的冷却方式转变为不同的组织，从而获得所需的性能。

奥氏体的转变过程，包括奥氏体晶核的形成、奥氏体晶体的长大、残留渗碳体的溶解和奥氏体成分的均匀化等 4 个基本过程，如图 1-11 所示。

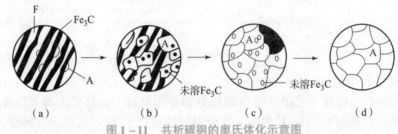

图 1-11 共析碳钢的奥氏体化示意图

(a) 奥氏体晶核形成；(b) 奥氏体晶核长大；(c) 残余渗碳体溶解；(d) 奥氏体均匀化

1）奥氏体晶核的形成和长大。钢加热到 A_1 时，奥氏体的晶核是在铁素体和渗碳体的相界面处优先形成的。这是因为相界面上的原子排列较紊乱，处于能量较高状态。此外，因奥氏体的含碳量介于铁素体和渗碳体之间，故在两相的相界面上，为奥氏体的形核提供了良好的条件。

2）奥氏体的长大过程。奥氏体晶核形成后，一面与渗碳体相接，另一面与铁素体相接。它的碳含量是不均匀的，与铁素体相接处碳含量较低，而与渗碳体相接处碳含量较高。所以碳在奥氏体中会不断地从高浓度向低浓度扩散，破坏了碳浓度原来的平衡，引起铁素体向奥氏体的转变及渗碳体的溶解。这样，碳浓度破坏平衡和恢复平衡的反复循环过程，使奥氏体逐渐向渗碳体和铁素体两方面长大，直至铁素体全部转变为奥氏体。

3）残余渗碳体的溶解。由于渗碳体的晶体结构和含碳量都与奥氏体差别很大，故渗碳体向奥氏体的溶解必然落后于铁素体向奥氏体的转变，即在铁素体全部消失后，仍有部分渗碳体尚未溶解，这部分未溶的残余渗碳体将随着时间的增长，继续不断地向奥氏体溶解，直至全部消失为止。

4）奥氏体的均匀化。奥氏体转变结束时，其化学成分处于不均匀状态，在原来铁素体之处碳的质量分数较低，在原来的渗碳体之处碳的质量分数较高。因此，只有继续延长保温时间，通过碳原子的不断扩散，才能得到化学成分均匀的奥氏体组织，以便在冷却后得到良好的组织与性能。

亚共析钢与过共析钢加热到 Ac_1 点以上时，珠光体转变成奥氏体，得到的组织为奥氏体和先析出的铁素体或渗碳体，称为不完全奥氏体化。只有加热到 Ac_3 或 Ac_m 以上，先析出相继续向奥氏体转变或溶解，获得单相的奥氏体组织，才是完全奥氏体化。

钢的奥氏体晶粒大小会直接影响冷却后所得的组织和性能。奥氏体晶粒细小时，冷却后的组织也细小，强度、塑性和韧性较好；反之，则性能较差。因此，控制奥氏体晶粒的大小是热处理时必须注意的问题，一般应控制钢的加热温度和保温时间。

2. 钢在冷却时的组织转变

（1）冷却方式

热处理后钢的组织与性能取决于奥氏体冷却转变后所获得的组织，这与冷却方式及冷却速度有关。钢的热处理工艺有两种冷却方式，即等温冷却和连续冷却。

1）等温冷却。将奥氏体化的钢快速冷却到 Ar_1 以下某一温度，等温停留一段时间，使奥氏体发生转变，然后再冷却到室温。

2）连续冷却。把奥氏体化的钢以某一速度连续冷却到室温，使奥氏体在连续冷却过程中发生转变。

（2）共析钢奥氏体的冷却转变

奥氏体在 A_1 点以下处于不稳定状态，必然要发生相变。但过冷到 A_1 以下的奥氏体并不是立即发生改变，而是要经过一个孕育期后才开始转变，这种在孕育期内暂时存在的、处于不稳定状态的奥氏体称为过冷奥氏体。

1）共析钢奥氏体的等温冷却转变

共析钢加热获得均匀的奥氏体，只有冷却到 A_1 线以下才发生转变。随着冷却速度的加快、转变温度的降低，所得到的产物和性能见表 1-3。

表 1-3　共析钢过冷奥氏体等温冷却转变产物的形成温度区及硬度

转变区	组织名称	表示符号	形成温度/℃	硬度（HRC）
高温转变 （珠光体转变区）	珠光体	P	$A_1 \sim 550$	<25
	索氏体	S	$550 \sim 600$	$25 \sim 35$
	屈氏体	T	$600 \sim 550$	$35 \sim 40$
中温转变 （贝氏体转变区）	上贝氏体	B_x	$550 \sim 350$	$40 \sim 45$
	下贝氏体	B_F	$350 \sim M_1$	$45 \sim 55$

珠光体是铁素体和渗碳体的机械混合物，渗碳体呈片层状分布在铁素体机体上。转变温度越低，获得的珠光体组织片层间距越小，层片状较粗的称为珠光体，较细层片状珠光体称为索氏体，极细层片状珠光体称为屈氏体。珠光体的片间距越小，则珠光体的硬度越高，且强度高、塑性好。

贝氏体由过量碳浓度的铁素体和微小弥散分布的渗碳体混合而成，其硬度比珠光体更高。转变温度不同，则其产物分别为上、下贝氏体。由于引起上贝氏体的铁素体条比较宽，抗塑性变形能力比较低，渗碳体分布在铁素体条之间容易引起脆断，所以上贝氏体的强度和韧性较差，生产上极少采用；下贝氏体中的铁素体呈针状，细小且无方向性，碳的过饱和度大，所以它不仅强度和硬度高，而且塑性和韧性也好，是一种很有实用价值的组织，生产中常用等温淬火来获得综合性能良好的下贝氏体。

2）共析钢奥氏体的连续冷却转变

过冷奥氏体在 $M_s \sim M_f$ 之间的连续冷却转变产物为马氏体（M_s、M_f 分别为马氏体转变的开始、结束温度）。马氏体是碳在 $\alpha - Fe$ 中的过饱和固溶体，用符号 M 表示，是在转变温度小于 240 ℃时得到的。马氏体的形态和性能与含碳量有关：当 $\omega(C) < 0.2\%$ 时，钢中马氏体的形态几乎全部为板条状马氏体；当 $\omega(C) > 1.0\%$ 时，几乎全部为片状马氏体；当 $0.2\% < \omega(C) < 1.0\%$ 时，为两种马氏体的混合组织。随着含碳量的增加，马氏体的强度和硬度随之增高，但塑性与韧性随之降低。板条状马氏体塑性与韧性比较好，是强度和韧性很好的组织，其工程应用广泛。

在实际生产中，奥氏体多数情况下是在连续冷却中发生转变的，如炉冷、空冷、油冷、水冷等，转变产物分别为珠光体、索氏体、屈氏体 + 马氏体、马氏体。

由于过冷奥氏体连续冷却转变图测定比较困难，而且有些使用较广泛的钢种，其连续冷却转变图至今尚未被测出，所以在目前生产技术中，常应用过冷奥氏体等温转变图定性、近似地来分析奥氏体在连续冷却中的转变，分析的结果可作为制定热处理工艺的参考。由此可见，等温冷却转变图与连续冷却转变图虽有区别，但本质上还是一致的。

二、钢的整体热处理

1. 退火

退火是将金属或合金加热到适当的温度，保持到一定时间，然后缓慢冷却（一般为随炉冷却），以获得接近平衡状态组织的热处理工艺，主要用来处理钢制毛坯件，为以后切削加工和最终热处理做组织准备。

根据处理的目的和要求不同，钢的退火可分为完全退火、等温退火、球化退火、去应力退火、扩散退火和再结晶退火等。

（1）完全退火

完全退火是将钢完全奥氏体化后随炉冷却，以获得接近平衡状态组织的退火工艺。完全退火是将工件加热到 Ac_3 以上 30～50 ℃，保温一定时间，随炉冷却至 500 ℃以下再空冷。

完全退火主要适用于亚共析钢，包括中碳钢及中碳合金钢的铸件、锻件、轧制件及焊接件，一般作为不重要件的最终热处理或重要件的预先热处理。完全退火的目的是使钢件通过完全重结晶细化晶粒，均匀组织，以提高性能，同时能降低硬度、改善加工性能。

（2）等温退火

等温退火是将钢件或毛坯加热到高于 Ac_3（或 Ac_1）的温度，保温适当时间后，较快地冷却到珠光体转变温度区间的某一温度并保持等温，使奥氏体转变为珠光体组织，然后缓慢冷却至室温的热处理工艺。

等温退火主要适用于高碳钢、中碳合金钢、经过渗碳处理后的低碳合金钢和某些高合金钢的大型铸、锻件及冲压件等。等温退火的目的与完全退火相同。

（3）球化退火

球化退火是使钢中的碳化物球状化的热处理工艺。球化退火是将工件加热到 Ac_1 以上 10～20 ℃，经适当保温后随炉冷却后再空冷，使钢中未溶碳化物球状化的热处理工艺。球化退火主要用于过共析钢、工具钢和轴承钢等。球化退火的目的是降低硬度，提高塑性，改善切削加工性，并为最终热处理做组织准备。

（4）去应力退火

去应力退火又称低温退火，是指为消除铸造、锻造、焊接、冷变形等造成的残余内应力而进行的低温退火。去应力退火的加热温度在 Ac_1 以下 100～200 ℃，对于钢铸件为 600～650 ℃、铸件为 500～550 ℃，保温后随炉冷却。由于加热温度低，故只用于消除内应力，没有结构和组织的变化。

（5）扩散退火

扩散退火又称均匀化退火，是为了减少钢锭、铸件或锻坯的化学成分和组织不均匀性，将其加热到 Ac_3 以上 150～200 ℃，保温 10～15 h，使晶内偏析通过充分扩散达到均匀化，以提高性能。一般碳钢的加热温度为 1 100～1 200 ℃，合金钢为 1 200～1 300 ℃。扩散退火主要用于重要的合金钢铸锻件，以消除化学成分偏析和组织的不均匀性。扩散退火由于成本高，故一般很少采用。

（6）再结晶退火

再结晶退火是将经过冷变形的钢加热至再结晶温度以上 150～250 ℃，一般为650～700 ℃，适当保温后缓慢冷却的一种操作工艺，主要用于冷拔、冷拉和冷冲压等冷变形，使冷变形被拉长、破碎的晶粒重新生核和长大成为均匀的等轴晶粒，从而消除形变强化状态和残余应力，为下道工序做准备，属于中间退火。再结晶退火过程中没有结构的变化，但有组织的变化。一般冷轧钢板、钢和冷拔钢丝、棒及冷轧和冷拔无缝钢管的软化处理，都采用再结晶退火，可增大铁素体晶粒尺寸，以改善其电磁性能。

2. 正火

正火是将钢加热到 Ac_3 或 Ac_{cm} 以上 30～50 ℃，保温适当时间后，在空气中冷却的热处理工艺。正火的冷却速度比退火快，得到的组织是较细小的珠光体，能细化晶粒、改善组织、消除应力，防止变形和开裂。正火后的强度、硬度、韧性都高于退火，且塑性基本不降低，为淬火、切削加工等后续工序做组织准备。正火主要有以下几种应用：

1）作为普通结构件的最终热处理，对一些受力不大、性能要求不高的普通结构零件可将正火作为最终热处理，正火可使组织细化、均匀化。例如，45 钢经过正火后可得到细小而均匀的铁素体和珠光体晶粒，使钢的性能得到改善和提高。

2）作为重要零件的预先热处理，例如，半轴、凸轮轴等零件，为改善切削加工性能要进行正火处理。

3）对于过共析钢、轴承钢和工具钢等，常用正火消除网状碳化物，以利于球化退火，提高球化退火质量。

3. 淬火

淬火是把工件加热到 Ac_3 或 Ac_{cm} 以上某一温度，保持一定时间后快速冷却以获得马氏体或下贝氏体组织的一种热处理工艺。淬火后可使钢获得马氏体组织，并得到了强化，它是钢的最重要的一种强化手段。淬火时的临界冷却速度是指钢材获得马氏体的最低冷却速度。

（1）碳钢淬火的加热温度

如图 1-12 所示，亚共析钢的淬火加热温度为 Ac_3 以上 30~50 ℃，淬火后的组织是马氏体。共析钢和过共析钢的淬火加热温度为 Ac_1 以上 30~50 ℃，淬火后的组织为马氏体、颗粒状的二次渗碳体，这时可使钢的强度、硬度和耐磨性达到较好的效果。如果将过共析钢加热到 Ac_m 以上，二次渗碳体溶入奥氏体中，使其碳含量增加，降低了钢的 M_s 和 M_f 点，结果使钢的晶粒粗大，同时又使残余奥氏体量增加。在一般情况下，它们都会使钢的性能变差，有软点和脆性增加的现象，也会增加钢件变形和开裂的倾向。

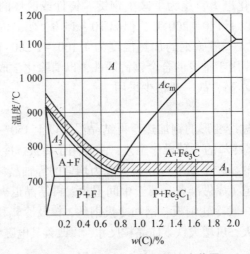

图 1-12 碳钢淬火的加热温度范围

（2）淬火的冷却介质

在生产上，淬火时常用的冷却介质有水、盐水、碱水、油和熔融盐碱等。水的冷却能力比较强，但要注意温度，水温不能超过 30~40 ℃，主要用于尺寸较小的碳钢工件。5%~10%NaCl 的盐水溶液冷却能力比水强，主要用于形状简单、硬度要求较高、表面要求光洁、变形要求不严的碳钢零件，如螺钉、销、垫圈等。油是一种应用比较广泛的冷却介质，主要是各种矿物油，如机油、锭子油、变压器油和柴油等。油在 300~200 ℃ 范围内冷却能力比较弱，但有利于降低零件的变形与开裂，在 650~500 ℃ 范围内不利于碳钢的淬火。

为了减少零件淬火时的变形和开裂，常用盐浴和碱浴作为冷却介质（熔融盐碱），其冷却能力介于油和水之间，特点是在高温区有较强的冷却能力。它们的冷却特性能可大大降低工件变形和开裂倾向，主要用于截面不大、形状复杂、变形要求严格的碳钢和合金钢工件等。

（3）常用的淬火方法

1）单液淬火。把奥氏体化的工件投入一种淬火冷却介质中一直冷却至室温，称为单液淬火法。例如，一般碳钢在水或水溶液中淬火、合金钢在油中淬火等均属单液淬火法。

单液淬火操作简便，易实现机械化与自动化。但由于水和油对钢的冷却性能都不理想，所以它常用于形状简单的工件淬火。

2）双液淬火。先把奥氏体化的工件投入冷却能力较强的介质中，冷却到稍高于 M_s 温度，再立即转入另一冷却能力较弱的介质中，使之发生马氏体转变，称为双液淬火。碳钢通常采用先水淬后油冷，合金钢通常采用先油淬后空冷。

3）分级淬火。把奥氏体化的工件先投入温度在 M_s 附近的盐浴或碱浴中，停留适当时间，待钢件的内外层都达到介质温度后取出空冷，以获得马氏体组织的淬火，称为分级淬火。分级淬火能够减小工件中的热应力，并能缓和相变时产生的组织应力，减少淬火变形。分级淬火适用于尺寸较小、形状复杂的工件。

4）等温淬火。把奥氏体化的工件投入温度稍高于 M_s 的盐浴或碱浴中，保温足够时间，使其发生下贝氏体转变后取出空冷，这种方法称为等温淬火。钢在等温淬火后形成的组织是下贝氏体，故又称为贝氏体等温淬火。贝氏体等温淬火的特点是工件在淬火后，工件的淬火应力与淬火变形较小，工件具有较高的韧性、塑性、硬度和耐磨性。贝氏体等温淬火常用于处理各种中碳钢、高碳钢和合金钢制造的小型复杂工件。

5）局部淬火。有些工件其工作条件只是要求局部高硬度，故可对工件需要硬化的部位进行加热淬火，这种工艺称为局部淬火。

6）冷处理。冷处理是钢件淬火冷却到室温后，继续在 0℃ 以下的介质中冷却的热处理工艺。冷处理应紧接淬火操作之后进行。

（4）钢的淬透性和淬硬性

钢的淬透性是指钢在淬火时能获得淬硬深度的能力，它是钢材本身固有的属性，主要取决于合金元素。钢的淬硬性是指钢在理想条件下经过淬火所能达到最高硬度的能力，它主要取决于马氏体的含碳量。淬透性好的钢，它的淬硬性不一定高。钢的淬透性和钢的淬硬性是两个完全不同的概念，如低碳合金钢的淬透性相当好，但它的淬硬性却不高；再如高碳工具钢的淬透性较差，但它的淬硬性很高。

4. 回火

将淬火后的钢件重新加热到 Ac_1 以下某一温度，经适当保温后冷却到室温的热处理工艺，称为回火。回火通常也是零件进行热处理的最后一道工序。回火的主要目的是：降低脆性，消除或降低残留应力；通过适当的回火配合，调整硬度；获得合理的稳定组织，使工件在使用过程中不再发生变形。

（1）回火的种类及应用

根据工件性能要求的不同，按其回火温度范围可将回火分为以下几种：

1）低温回火。低温回火的温度为 150～250 ℃。低温回火获得的组织是回火马氏体（用 $M_回$ 表示），其目的是尽可能保持淬火后的高硬度和高耐磨性，同时降低淬火应力以提高韧性。经低温回火后钢的硬度一般为 58～62HRC，主要用于高碳钢和合金钢制作的各种刀具、模具、滚动轴承、渗碳及表面淬火的零件。

2）中温回火。中温回火的温度为 350～500 ℃。中温回火获得的组织为回火屈氏体（用 $T_{回}$ 表示），其目的是获得较高的弹性极限和屈服强度，同时改善塑性和韧性。经中温回火后钢的硬度一般为 35 ~ 50 HRC，主要用于各种弹簧的热处理。

3）高温回火。高温回火的温度为 450 ~ 650 ℃。高温回火获得的组织为回火索氏体（层片状珠光体，用 $S_{回}$ 表示），其目的是得到具有高强度、高塑性和高韧性的性能。经高温回火钢的硬度一般为 200 ~ 330 HBW，适用于各种中碳钢结构的零件，如连杆、螺栓和轴类等。

淬火后高温回火的热处理方法称为调质，大多数承受冲击、疲劳等动载荷的零件采用调质处理，而不能用正火代替，例如轴类、连杆、螺栓、齿轮等。钢件经过调质处理后，不仅具有较高的强度和硬度，而且塑性和韧性也明显比经正火处理后高。进行调质处理的钢大多数是中碳结构钢。因为考虑淬透性，工件在进行调质处理时，首先要粗车成形，然后调质，即粗车加工—调质—精加工，以免较大直径的工件由于淬透性较浅，在粗车时可能把调质层车去，而没有真正起到调质作用。

调质处理一般作为最终热处理，由于调质处理后便于切削加工，并能得到较好的表面质量，故也作为表面淬火和化学热处理的预备热处理。

（2）回火脆性

淬火钢回火时，随着回火温度的升高，通常强度、硬度降低，而塑性、韧性提高。但在某些温度范围内回火时，钢的韧性不仅没有提高，反而显著降低，这种脆化现象称为回火脆性。从上述各种回火方法的温度范围中可以看出，一般不在 250 ~ 350 ℃ 进行回火，这是因为淬火钢在这个温度范围内回火时要发生回火脆性，这种回火脆性称为第一类回火脆性或低温回火脆性。产生第一类回火脆性的原因，一般认为是沿马氏体片或马氏体板条的界面析出硬脆的薄片碳化物所致。某些合金钢在 450 ~ 650 ℃ 进行回火时，又会产生第二次回火脆性，称为第二类回火脆性或高温回火脆性。

三、钢的表面热处理

在弯曲、扭转等变动载荷、冲击载荷以及摩擦条件下工作的机械零件，如齿轮、凸轮、曲轴、活塞销等，表层承受的应力比芯部高，而且表面还要不断地被磨损。因此，这种零件的表层必须强化，使其具有高的强度、硬度、耐磨性和疲劳强度，而芯部为了能承受冲击载荷，仍应保持足够的塑性与韧性。在这种情况下，要达到上述要求，单从材料方面去解决是很困难的。如果选用高碳钢，淬火后虽然硬度很高，但芯部韧性不足，不能满足特殊需要；如果采用低碳钢，虽然芯部韧性好，但表面硬度和耐磨性均较低，也不能满足特殊需要。解决的途径是采用表面热处理或化学热处理等表面强化处理。

只对钢件表层进行加热、冷却，以改变其组织和性能的热处理工艺称为表面热处理，分为表面淬火和化学热处理两类。

1. 表面淬火

表面淬火是通过快速加热将表层奥氏体化后快速冷却，使表面层获得具有一定硬度的马氏体组织的方法。它不改变钢的化学成分，只改变钢的表面层的组织和性能。按加热方法的不同，表面淬火方法主要有感应加热表面淬火、火焰加热表面淬火、接触电阻加热表面淬火及电解液加热表面淬火等。这里仅讨论目前生产中应用最广泛的感应加热表面淬火。

（1）感应加热表面淬火的特点

感应加热表面淬火示意图如图 1 - 13 所示。感应加热表面淬火具有加热时间短、工件基本无氧化和脱碳现象、工件变形小的优点。零件形状与感应圈有关，如形状复杂的零件不宜采用感应加热表面淬火。工件表面经感应加热淬火后，在淬硬的表面层中存在较大的残余压应力，可以提高工件的疲劳强度。该法生产率高，易实现机械化、自动化，适于大批量生产。

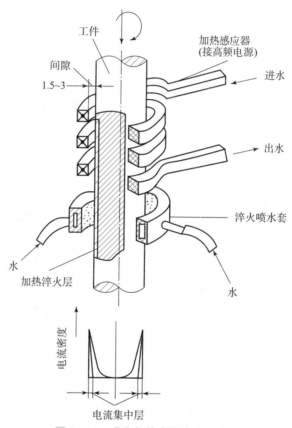

图 1 - 13　感应加热表面淬火示意图

（2）感应加热表面淬火用钢

用作表面淬火最适宜的钢种是中碳钢和中碳合金钢，如 40、45、40Cr、40MnB 等。若含碳量过高，则会增加淬硬层脆性，降低芯部塑性和韧性，并增加淬火开裂倾向；若含碳量过低，则会降低零件表面淬硬层的硬度和耐磨性。在某些条件下，感应加热表面淬火也应用于高碳工具钢、低合金工具钢及铸铁等工件。

（3）感应加热表面淬火的应用

根据对表面淬火淬硬深度的要求，应选择不同的电流频率和感应加热设备。淬火时工件表面加热深度主要取决于电流频率，电流频率越大，则加热深度越薄。生产上通常通过调节不同的电流频率来满足不同要求的淬硬层深度。根据电流频率不同，感应加热表面淬火分为三类：高频感应加热表面淬火、中频感应加热表面淬火和工频感应加热表面淬火。

感应加热表面淬火后，需要进行低温回火。生产中有时采用自回火法，即当淬火冷至200 ℃左右时，停止喷水，利用工件中的余热达到回火的目的。

2. 化学热处理

化学热处理是将工件置于适当的活性介质中加热、保温，使一种或几种元素渗入到它的表层，以改变其化学成分、组织和性能的热处理工艺。化学热处理与表面淬火相比，其特点是表层不仅有组织的变化，而且有化学成分的变化。

化学热处理方法很多，通常以渗入元素来命名，如渗碳、渗氮、碳氮共渗、渗硼、渗硅、渗金属等。由于渗入元素的不同，工件表面处理后获得的性能也不相同。渗碳、渗氮和碳氮共渗是以提高工件表面硬度和耐磨性为主；渗金属的主要目的是提高耐蚀性和抗氧化性等。

化学热处理由分解、吸收和扩散三个基本过程组成，即渗入介质在高温下通过化学反应进行分解，形成渗入元素的活性原子；渗入元素的活性原子被钢件表面吸附，进入晶格内形成固溶体或形成化合物；被吸附的渗入原子由钢件表层逐渐向内扩散，形成一定深度的扩散层。目前在机械制造业中，最常用的化学热处理是渗碳、渗氮和碳氮共渗。

（1）渗碳

为提高工件表层碳的质量分数并在其中形成一定的碳含量梯度，将工件在渗碳介质中加热、保温，使碳原子渗入的化学热处理工艺称为渗碳。

1）渗碳的目的及用钢。在机器制造工业中，有许多重要零件（如机车变速器齿轮、活塞销、摩擦片及轴类等），它们都是在变动载荷、冲击载荷、很大接触应力和严重磨损条件下工作的，因此要求零件表面具有高的硬度、耐磨性及疲劳极限，而芯部具有较高的强度和韧性。

为了满足上述零件使用性能的要求，可选用碳的质量分数为 $\omega(C) = 0.1\%$ ~ 0.25% 的低碳钢或低碳合金钢，如 15 钢、20 钢、20Cr 钢、20CrMnTi 钢等，经渗碳处理后零件表层的 $\omega(C) = 0.85\%$ ~ 1.05%。表层在经淬火和低温回火后，具备了高的硬度（58~64 HRC）及耐磨性和疲劳强度，而芯部又保持良好的塑性、韧性。其主要用于表面受磨损严重，并承受较大冲击载荷和交变载荷的零件，如齿轮、活塞销、套筒及要求很高的喷油器偶件等。

2）渗碳方法。渗碳由分解、吸收和扩散 3 个过程组成。根据渗碳介质的物理状态不同，渗碳可分为气体渗碳、固体渗碳和液体渗碳。其中气体渗碳应用最广泛。气体渗碳是工件在气体渗碳介质中进行的渗碳工艺，它是将工件放入密封的加热炉中（如井式气体渗碳炉），通入气体渗碳剂进行渗碳的。

①气体渗碳法。如图 1 - 14 所示，将工件放在密封的炉内，加热至 900 ~ 950 ℃，向炉内滴入液体渗碳剂（煤油、甲苯、甲醇、丙酮等），或直接通入渗碳气体（煤气、液化石油气、天然气等），在高温下发生分解形成 CO。CO 与工件表面接触，生成活性碳原子（$2CO \rightarrow CO_2 + [C]$）。活性碳原子被工件表面吸收而融入奥氏体中，并向内部

扩散而形成一定深度（0.5 ~ 2 mm）的渗碳层。工件渗碳后必须进行淬火和低温回火。

该方法的优点是：生产率高，渗碳层质量好，渗碳过程容易控制，容易实现机械化、自动化，适于大批量生产。缺点是：碳量和渗碳层深度不易精确控制，消耗能量大。

②固体渗碳法。将工件埋在填充粒状的固体渗碳剂的密封箱内，然后送入炉中加热到 900 ~ 950 ℃，并保温一定时间后出炉。常用的固体渗碳剂是碳粉和碳酸盐（$BaCO_3$ 或 $NaCO_3$）的混合物，加热时可得到活性碳原子。

该方法的优点是：设备简单，费用低。缺点是：生产率低，劳动条件差，质量不易控制，所以适于小批量生产。

3）渗碳后的热处理。工件渗碳后必须进行热处理，才能有效地发挥渗碳层的作用。

一般渗碳零件的加工工艺路线是：毛坯锻造（或轧材下料）—正火—粗加工、半精加工—渗碳—淬火—低温回火—精加工（磨削加工）。

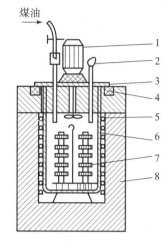

图 1 - 14 气体渗碳法示意图
1—风扇电动机；2—废气火焰；3—炉盖；
4—砂封；5—电阻丝；6—耐热罐；
7—工件；8—炉体

（2）渗氮（氮化）

在一定温度下于一定介质中，使氮原子渗入工件表层的化学热处理工艺称为渗氮。渗氮的目的是提高工件表层的硬度、耐磨性、热硬性、耐腐蚀性和疲劳强度。常见的渗氮方法有气体渗氮、液体渗氮和离子渗氮等，其中气体渗氮法应用最广。

气体渗氮是将脱脂净化后的工件放在渗氮炉内加热，并通入氨气，氨被加热到 380℃以上后分解出活性氮原子 ［N］（$2NH_3 \rightarrow 3H_2 + 2$ ［N］），活性氮原子 ［N］ 被工件表面吸收并向内扩散，形成一定深度的渗氮层。

由于氮在铁素体中有一定的溶解能力，无须加热到高温，因此常用的气体渗氮温度为 550 ~ 570℃，远低于渗碳温度，故氮化零件的变形较小。渗氮时间取决于渗氮层的厚度，一般渗氮层的深度为 0.4 ~ 0.6 mm，渗氮时间为 20 ~ 50 h，所以生产周期比较长。

常用的氮化用钢主要有 38CnMoAlA、35CrAlA、38CrMo 等。氮化前工件要进行调质处理，渗氮后不必回火。氮化后工件的硬度相当于 65 ~ 72 HRC。渗氮通常用于耐磨性和尺寸精度要求较高的零件，如发动机气缸、排气阀、精密机床丝杠和汽轮机阀门等。

零件不需要渗氮的部分应镀锡或镀铜保护，也可留 1 mm 的余量，在渗氮后磨去。

一般渗氮工件的加工工艺路线是：毛坯锻造—退火—粗加工—调质处理—精加工—去应力退火—粗磨—锁锡（非渗氮面）—渗氮—精磨或研磨。

（3）碳氮共渗

碳氮共渗是指向钢的表面同时渗入碳和氮原子的过程，也称氰化处理，主要有液体碳氮共渗和气体碳氮共渗，其中液体碳氮共渗的介质有毒，污染环境，劳动条件差，所以很少采用。气体碳氮共渗应用较为广泛，其又分为高温气体碳氮共渗和低温气体碳氮共渗两类。

1）高温气体碳氮共渗。实质上是以渗碳为主的共渗工艺，介质即渗碳和渗氮用的混合体。由于氮的渗入使碳的浓度很快提高，故可降低共渗温度和缩短时间。碳氮共渗温度为 800~850 ℃，共渗后还需要进行淬火和低温回火才能提高表面硬度和芯部强度，常用于处理汽车、机床的各种齿轮、蜗轮、蜗杆和轴类零件。

2）低温气体碳氮共渗。实质上是以渗氮为主的共渗工艺，故又称为气体氮碳共渗，生产上习惯称为软氮化。常用的介质有氨加醇类液体，以及尿素、甲酰胺和三乙醇胺等。共渗温度一般为 540~570 ℃，时间为 2~3 h，共渗后要采用油冷或水冷。目前低温氮碳共渗主要用于刀具、模具、量具、曲轴、齿轮、气缸套等耐磨件的处理，但由于表层碳氮化合物层太薄，仅有 0.01~0.02 mm，故不宜用于重载条件下工作的零件。

四、铁碳合金及选用

钢铁材料是工程中最常用的金属材料。以铁或以铁为主而形成的物质，如铸铁和钢，在工程上称为黑色金属；除此以外的其他金属材料，如铜和铝等，称为有色金属。

1. 铁碳合金概述

由两种或两种以上的金属元素或金属与非金属元素熔合在一起，构成具有金属特性的物质称为合金，组成合金的元素简称组元，如铁、碳是钢和铸铁的组元。铁碳合金中，含有质量分数为 0.10%~0.20% 杂质的称为工业纯铁。工业纯铁的塑性和导磁性良好，但强度不高，不适宜制作结构零件。为了提高纯铁的强度、硬度，常在纯铁中加入少量碳元素。钢是以铁为主要元素，是碳含量在 2.11% 以下（碳的质量分数 $\omega(C) \leqslant 2.11\%$）并含有其他元素的铁碳合金。

含碳量的高低对碳钢的机械性能有着直接的影响。当碳含量（质量分数）小于 0.9% 时，随着含碳量的增加，碳钢的强度与硬度都随之增加，塑性和韧性随之下降。当碳含量超过 0.9% 时，碳钢的强度也开始下降。

（1）钢中常存杂质元素对钢性能的影响

钢铁的组成元素是铁和碳，但由于冶炼过程中原材料成分及冶炼工艺方法等的影响，钢中常有少量其他元素存在，如硅、锰、硫、磷等。这些并非有意加入或保留的元素一般称为杂质，它们的存在对钢铁的性能有较大的影响。

1）硅的影响。硅在钢中能溶于铁素体，形成固溶体，以提高钢的强度和硬度，但会使钢的塑性和韧性下降。一般硅含量小于 0.40%。

2）锰的影响。锰在钢中大部分溶于铁素体，形成固溶体，以提高钢的强度和硬度。锰还能和硫生成 MnS，消除硫的有害作用，并能起到断屑作用，改善钢的切削加工性能。

3）硫的影响。硫是钢中的有害元素，在固态下不溶于铁，而是与铁生成 FeS，FeS 又与 Fe 生成低熔点（985 ℃）的共晶体分布在晶界上。当钢加热至 800~1 200 ℃ 进行压力加工时，共晶体会熔化，从而使钢沿晶界处开裂，这种现象称为热脆。

4）磷的影响。磷在钢中也是有害元素，它能溶入铁素体，提高钢的强度和硬度，降低钢的塑性和韧性。特别是在低温时，磷会使钢的脆性急剧增加，这种现象称为冷脆。

（2）钢的分类

我国通常按钢的用途、钢的质量和钢的化学成分3个方面对钢进行分类。

1）按钢的用途分为结构钢、工具钢、特殊性能钢。

2）按钢的质量分为普通质量钢、优质钢、高级优质钢和特殊优质钢。

3）按钢的化学成分分为碳素钢、合金钢。其中，碳素钢又细分为低碳钢、中碳钢、高碳钢，合金钢又细分为低合金钢、中合金钢和高合金钢。

2. 碳素钢基础知识

碳素钢是指 $\omega(C) \leqslant 2.11\%$，并含少量硅、锰、磷、硫等杂质元素的铁碳合金。碳素钢具有一定的力学性能和良好的工艺性能，且价格低廉，在工业中被广泛应用。

（1）碳素钢的分类及牌号

1）碳素钢的分类

碳素钢的种类很多，按用途可分为碳素结构钢、碳素工具钢，按钢的含碳量可分为低碳钢（$0.0218\% < \omega(C) < 0.25\%$）、中碳钢（$0.25 \leqslant \omega(C) \leqslant 0.60\%$）、高碳钢（$0.60\% < \omega(C) \leqslant 2.11\%$），按主要质量等级可分为普通质量碳素钢（$\omega(S) \leqslant 0.050\%$，$\omega(P) \leqslant 0.045\%$）、优质碳素钢（$\omega(S) \leqslant 0.35\%$，$\omega(P) \leqslant 0.035\%$）、特殊质量碳素钢（$\omega(S) \leqslant 0.020\%$，$\omega(P) \leqslant 0.020$）。其中，$\omega(S)$ 为硫的质量分数，$\omega(P)$ 为磷的质量分数。

2）碳素钢的牌号

①碳素结构钢由代表屈服点的字母"Q" +屈服点数（MPa） +质量等级（A，B，C，D，E）+脱氧方法符号（F，Z，b，TZ）组成。例如，Q235AF 表示屈服点为235 MPa、质量等级为 A 级的沸腾钢。

②优质碳素结构钢由两位阿拉伯数字与特征符号组成。两位数表示钢的平均含碳量的万分数，沸腾钢和半镇静钢在牌号尾部加符号"F"和"b"，镇静钢一般不标符号。高级优质碳素结构钢在牌号后加符号"A"，特级优质碳素结构钢在牌号后加符号"E"。例如，45 表示平均含碳量为 0.45% 的优质碳素结构钢，60E 表示平均含碳量为0.60% 的特级优质碳素结构钢。

③碳素工具钢由表示碳的符号"T"与阿拉伯数字组成，数字表示钢的平均含碳量的千分数。例如，T8A 表示平均含碳量为 0.8% 的高级优质碳素工具钢。

（2）碳素钢的主要成分、性能与应用

1）普通碳素结构钢。普通碳素结构钢是建筑及工程用结构钢，普通碳素钢的硫、磷杂质含量较优质钢多，在相同含碳量及热处理条件下塑性、韧性较低，故一般不进行热处理，大多在热轧状态下直接使用。这类钢通常轧制成钢板和各种型材（圆钢、方钢、扁钢等）供应，其价格低廉，是碳素钢中用量最大的一类。

Q195 钢、Q215 钢、Q235 钢塑性较高，强度较低，焊接性好，通常轧制成各种钢板和型钢，主要用作工程结构，如制造桥梁和金属构件等，或制造机器中受力不大的零件，如铆钉、螺钉、螺母、垫圈、轴套等。Q255 钢、Q275 钢的强度比较高，可用于制作承受中等应力的普通零件，如链轮、活塞销、拉杆、小轴、轻轨鱼尾板等。普通碳钢虽然一般不进行热处理，但根据需要有时低碳钢也可进行渗碳，用来制造不重要的渗碳零件；中碳钢也可进行正火、调质等热处理，以进一步提高零件的性能。

2）优质碳素结构钢。优质碳素结构钢主要用来制造各种机械零件，钢中有害杂质硫、磷和非金属夹杂物含量较少，品质较高，塑性和韧性都比普通碳素钢好，一般须经热处理后使用，以充分发挥其性能潜力，这类钢在供应时，既可保证化学成分，又能保证力学性能，常用于制造比较重要的零件。

优质碳素结构钢按含 Mn 的含量的不同，分为普通含锰量（$\omega(Mn) = 0.35\% \sim 0.8\%$）和较高含锰量（$\omega(Mn) = 0.7\% \sim 1.2\%$）两组。含锰量较高的一组，在牌号数字后面加 "Mn" 字，以示区别，如 15Mn、45Mn 等。

3）铸造碳素钢。在实际生产中，有许多形状复杂的零件，如机车车架、水压机横梁、轧钢机机架以及大齿轮等，很难用锻压等方法成形，用铸铁铸造又难以满足性能要求。这时常选用工程用铸造碳素钢，采用铸造方法成形。工程用铸造碳素钢广泛用于制造重型机械的某些零件，如机车车辆上的车架、摇枕、车钩以及车轮等。工程用铸造碳素钢碳的质量分数一般为 $0.20\% \sim 0.60\%$，若碳的质量分数过高，则钢的塑性差，铸造时易产生裂纹。

工程用铸造碳素钢的牌号是用 "铸钢" 两字的汉语拼音字首 "ZG" 后面加两组数字组成，第一组数字代表屈服点最低值，第二组数字代表抗拉强度最低值，如 ZG230 - 450 表示屈服点大于 230 MPa、抗拉强度大于 450 MPa 的工程用铸钢。

4）碳素工具钢。碳素工具钢用于制造刃具、模具或量具。按照钢的品质，碳素工具钢可分为优质碳素工具钢（简称为碳素工具钢）与高级优质碳素工具钢两类。碳素工具钢化学成分的特点是含碳量最高（$\omega(C) = 0.65\% \sim 1.35\%$），硫、磷杂质含量相对较少，高的含碳量保证淬火后有足够的硬度和耐磨性，但塑性低。对硫、磷限制较严是为了提高碳素工具钢的可锻性，并减少淬裂倾向。碳素工具钢生产成本较低，常用的碳素钢有 T7、T7A、T8、T8A、T9、T9A、T10、T10A、T12、T12A。

碳素工具钢一般要经锻造，使碳化物细化并均匀分布，此外，还需球化退火降低硬度，以改善切削加工性并为淬火做好组织准备，通常在淬火 + 低温回火（提高硬度和耐磨性）后使用。

3. 合金钢基础知识

为了改善碳素钢的力学性能、工艺性能或某些特殊的物理、化学性能，在冶炼时，有选择地向钢液中加入一些合金元素，如锰、硅、铬、镍、铝、钨、钒、钛、铌、锆、稀土元素等，这类钢称为合金钢。

（1）合金钢的作用

合金元素在钢中的作用主要表现在以下几方面：

①对合金钢力学性能的影响。大多数合金元素溶于铁素体或奥氏体，固溶强化使合金强度、硬度不同程度的提高，但冲击韧度急剧下降。

②合金元素对钢加热转变的影响。大多数合金元素（Mn 和 B 除外）有阻碍奥氏体晶粒长大的作用，而且合金元素阻碍奥氏体晶粒长大的过程是通过合金碳化物实现的，作用显著的元素有 V、Ti、Nb 等。

③合金元素对钢冷却转变的影响。除 Co 以外，所有合金元素溶于奥氏体后，都能增大其稳定性和延长转变的孕育期，使 C 曲线右移。C 曲线右移的结果，降低了钢的马氏体临界冷却速度，增大了钢的淬透性，特别是多种元素同时加入，对钢淬透性的提高效果更大。作用显著的元素有 Cr、Mn、Ni、Si、B 等，因而采用合金钢制造大截面零件时，可保证整个截面具有高强度和高韧性，而且可使用较缓慢的淬火介质，以减小淬火时的变形和开裂倾向。

④合金元素对钢回火转变的影响。合金元素对淬火钢的回火转变一般起阻碍作用，主要影响为提高淬火钢的回火稳定性（耐回火性），在回火温度为 500～600 ℃时产生二次硬化，在回火温度为 450～650 ℃时产生第二类回火脆性。

（2）合金钢的分类及编号

1）合金钢的分类

①按质量等级分为优质合金钢和特殊质量合金铜。优质合金钢，如一般工程结构用合金钢、耐磨钢、硅锰弹簧钢等；特殊质量合金钢，如合金结构钢、轴承钢、合金工具钢、高速工具钢、不锈钢、耐热钢等。优质合金钢分为优质钢、高级优质钢和特级优质钢，其质量等级间的区别在于硫、磷含量的高低。

②按合金元素总量分为低合金钢（$\omega(Me) < 5\%$）、中合金钢（$\omega(Me) = 5\% \sim 10\%$）、高合金钢（$\omega(Me) > 10\%$）。

③按合金元素分为铬钢、锰钢、硅锰钢、铬镍钢等。

④按主要性能和使用特性主要分为工程结构用合金钢，机械结构用合金钢，轴承钢，工具钢，不锈、耐蚀和耐热钢，特殊物理性能钢等。

2）合金钢牌号的编号

合金钢牌号的编号是由钢中碳的含碳量（质量分数 $\omega(C)$）、合金元素的种类和合金元素合金含量（质量分数 $\omega(Me)$）的组合来表示的。

①当钢中合金元素的平均含量 $\omega(Me) < 1.5\%$ 时，钢中只标出元素符号，不标明合金元素的平均含量；

②当钢中的合金含量 $\omega(Me) \geqslant 1.5\%$，$2.5\%$，$3.5\%$，…时，在元素符号的后面相应地标出 2，3，4，…；

③高级优质合金钢在牌号后面加"A"，如 60Si2MnA，表示钢中平均含碳量 0.60%、含硅量为 2%、含锰量小于 1.5% 的优质合金钢；

④特级优质合金钢加"E"，如 30CrMnSiE。

（3）合金钢的成分、性能和应用

1）合金结构钢。

碳素结构钢的冶炼及加工工艺均比较简单，成本低，所以这类钢的生产量在全部结构钢中占有很大比重。但在形状复杂、截面较大、要求淬透性较好，以及机械性能较高的情况下，就必须采用合金结构钢。合金结构钢是在碳素结构钢的基础上，适当地加入一种或数种合金元素，如 Cr、Mn、Si、Ni、Mo、W、V、Ti 等。

合金结构钢主要包括普通低合金钢、易切削钢、调质钢、渗碳钢、弹簧钢和滚动轴承钢等几类。

①普通低合金钢。

普通低合金钢是一种低碳结构用钢，合金元素含量较少，钢的强度显著高于相同含碳量的碳素钢，具有较好的韧性和塑性及良好的焊接性和耐蚀性。采用普通低合金钢的目的主要是减轻结构质量，保证使用可靠、耐久；得到机械性能，因其具有较高的屈服强度，故便于冲压成形；获得更低的冷脆临界温度，对在北方高寒地区使用的构件及运输工具有十分重要的意义。

普通低合金钢使用性能主要依靠加入少量 Mn、Ti、V、Nb、Cu、P 等合金元素来提高。Mn 是强化的基本元素，其含量一般在 1.8% 以下，含量过高，将显著降低钢的塑性和韧性，也会影响焊接性能。Ti、V、Nb 等元素在钢中形成微细碳化物，能起到细化晶粒和弥散强化的作用，从而提高钢的屈服极限、强度极限以及低温冲击韧性。Cu、P 可提高钢对大气的抗蚀能力，比普通碳素钢高 2～3 倍。

②合金渗碳钢。

用于制造渗碳零件的合金钢称为合金渗碳钢。需要渗碳的重要零件（如轴、活塞销、机车用齿轮等）要求表面具有高硬度（55～65 HRC）和高耐磨性，芯部具有较高的强度和足够的韧性。而合金渗碳钢中 $\omega(C) = 0.10\% \sim 0.25\%$，低含碳量保证了淬火后零件芯部有足够的塑性和韧性。

合金渗碳钢的合金元素 Cr、Mn、Si、Ni、B 等，主要是提高钢的淬透性。由于淬透性的提高可以用较慢的速度淬火，从而可制造截面较大和形状复杂的零件。V、Ti、Nb、W 有细化晶粒的作用，可使合金渗碳钢比碳素钢具有更好的力学性能。

渗碳钢在渗碳后必须进行淬火和低温回火，以达到表面硬度高、芯部韧性好的目的。常用的合金渗碳钢有 20Cr、20CrMnTi、20CrMnMo、18Cr2Ni4WA 等。

③合金调质钢。

合金调质钢是指通常经调质后使用的钢，主要用于制造承受很大变动载荷与冲击载荷或各种复合应力的零件（如机器中传递动力的轴、连杆、齿轮等）。这类零件要求钢材具有较高的综合力学性能，即强度、硬度、塑性、韧性有良好的配合。

合金调质钢的 $\omega(C) = 0.25\% \sim 0.50\%$。含碳量过低，不易淬硬，回火后强度不高；若含碳量高，则韧性不足。通常加入 Cr、Mn、Si、Ni、B 等元素可提高淬透性，加入 Mo 或 W 可防止第二类回火脆性，加入 V 可阻止晶粒长大。

合金调质钢的预先热处理一般采用正火或退火，以改善其切削加工性能，最终热处理一般采用淬火后进行 500～650 ℃ 的高温回火处理，以获得回火索氏体，使钢件具有高的综合力学性能。常用的调质钢有 40Cr、35CrMo、40CrMnMo、38CrMoAl 等。

如果零件除了要求具有较高的强度、韧性和塑性配合外，还在其某些部位（如轴类零件的轴颈和花键部分）要求具有良好的耐磨性，则可在调质处理后再进行表面淬火处理。对耐磨性有更高要求的还可进行化学热处理（如 38CrMoAl 钢调质后再渗氮处理）。为提高疲劳强度，带有缺口的零件调质后，在缺口附近采用喷丸或滚压强化。

④合金弹簧钢。

弹簧钢是用于制造弹簧等弹性元件的钢种，因此弹簧钢除要有高的弹性极限和屈强比外，还应具有足够的疲劳强度和韧性，才能承受交变载荷和冲击载荷的作用。

弹簧钢含碳量高于调质钢，一般为 $\omega(C) = 0.50\% \sim 0.70\%$；合金元素主要有硅、锰等，主要作用是提高弹簧钢的淬透性，并提高弹性极限。硅使弹性极限提高的效果很突出，但也使钢加热时易表面脱碳；锰能增加淬透性，但也使钢的过热和回火脆性的倾向加大。弹簧钢中还可以加入钨、铝、钒等，它们可以减少硅锰弹簧钢脱碳和过热的倾向，同时可进一步提高弹性极限、耐热性和耐回火性。

弹簧钢热处理一般是淬火和中温回火，所得回火托氏体组织弹性极限和屈服强度高。常用的弹簧钢有 55SiMn6、60Si2CrA、50CrVA、65Mn。

⑤滚动轴承。

滚动轴承钢是指制造各种滚动轴承内外套圈及滚动体（滚珠、滚柱、滚针）的专用钢种。另外还可以用于制造冷冲模、冷轧棍、精密量具、机床丝杠、球磨机磨球等。滚动轴承钢的牌号前冠以"G"字，其后以铬（Cr）加数字来表示。数字表示平均铬的质量分数的千倍，碳的质量分数不予标出。若还含其他元素，则表示方法同合金结构钢。

滚动轴承工作时，内外套圈与滚动体在滚道面上均受变动载荷作用，因套圈和滚动体之间呈点或线接触，接触应力很大，易使轴承工作表面产生接触疲劳破坏与磨损，因而要求轴承材料具有高的接触疲劳抗力、高的硬度和耐磨性及一定的韧性。

为获得上述性能，轴承钢碳的质量分数一般为 $\omega(C) = 0.95\% \sim 1.15\%$。其主要合金元素是铬，铬的加入量为 $\omega(Cr) = 0.40\% \sim 1.65\%$，其作用是提高淬透性，形成合金渗碳体；提高硬度和耐磨性。对于大型轴承用钢，还需加入 Si、Mn 等合金元素进一步提高滚动轴承钢的淬透性。

对滚动轴承钢的热处理主要是锻造后进行球化退火，制成零件后进行淬火和低温回火，得到回火马氏体及碳化物组织，其硬度不小于 62HRC。常用的滚动轴承钢有 GCr15、GCr9、GCr15SiMn 等。

2）合金工具钢。

合金工具钢牌号表示方法与合金结构钢相似，但当其平均 $\omega(C) > 1\%$ 时，碳的质量分数不标出；当 $\omega(C) < 1\%$ 时，则牌号前数字表示平均碳质量分数的千倍。合金元素的表示方法与合金结构钢相同。由于合金工具钢都属于高级优质钢，故不在牌号后标出"A"字。合金工具钢包括刃具钢、量具钢、冷热磨具钢及塑料磨具钢等。

①刃具钢。

刃具钢用于制造各种刀具，如车刀、铣刀等。合金刃具钢刃具工作时，刃部产生摩擦使之磨损和产生高温（可达 500 ~ 600 ℃），此外，刃部还承受冲击和振动。这要求材料具有高的硬度和耐磨性、高的热硬度、足够的强度和韧性等性能。

合金刃具钢的合金元素的质量分数一般不超过 5%，$\omega(C) = 0.75\% \sim 1.50\%$，它相当于在碳素刃具钢的基础上适量加入合金元素。加入的合金元素主要有 Cr、Si、Mn、W 等。Cr、Si、Mn 的主要作用是提高钢的淬透性，Si 除了增加钢的淬透性以外，还能提高钢的回火稳定性，改善刃具的热硬性；W 在钢中形成较稳定的碳化物，阻止奥氏体晶粒粗化，并提高钢的耐磨性。

合金刃具钢的热处理与碳素工具钢基本相同。刃具毛坯锻压后的预先热处理采用球化退火，机械加工后的最终热处理采用淬火（油淬、分级淬火或等温淬火）和低温回火。合金刃具钢经球化退火及淬火、低温回火后，组织应为细回火马氏体、粒状合金碳化物及少量残留奥氏体，一般硬度为 60~65 HRC。常用的合金刃具钢有 9SiCr、CrWMn、9Mn2V、Cr06 和 Cr2 等。

②模具钢。

用于制造模具，如冷冲模、冷挤模、热锻模的钢材称为模具钢。根据工作条件的不同，模具钢可分为冷作模具钢、热作模具钢及塑料模具用钢等。

a. 冷作模具钢用于制作使金属冷塑性变形的模具，如冷冲模、冷墩模、冷挤压模等，工作时承受大的弯曲应力、压力、冲击及摩擦。因此，冷作模具钢与刃具用钢相似，要求具有高硬度、高耐磨性及足够的强度和韧性。

低合金的冷作模具钢主要有 9Mn2V、CrWMn 等，目前最常用的冷作模具钢主要还是 Cr12 型钢，Cr12 型钢成分特点是高碳高铬（$\omega(C) = 1.45\% \sim 2.30\%$、$\omega(Cr) = 11\% \sim 13\%$），冷作模具钢的热处理为球化退火、淬火和低温回火，硬度可达到 62~64 HRC。

b. 热作模具钢用于制作使金属在高温下塑变成形的模具，如热锻模、热挤压模、压铸模等。这就要求模具钢在高温下具有足够的强度、硬度、耐磨性和韧性，以及良好的耐热疲劳性，即在反复的受热、冷却循环中，表面不易热疲劳（龟裂）。此外，还应具有良好的导热性及高淬透性。

为满足上述性能要求，热作模具钢的含碳量 $\omega(C) = 0.30\% \sim 0.60\%$，以保证回火后获得良好的强度和韧性。加入合金元素 Cr、Ni、Mn、Si 可提高淬透性，Ni 还能改善韧性和热疲劳性能；加入 W、Mo 可防止回火脆性并改善回火稳定性和耐磨性。

热作模具钢的预备热处理通常是退火，目的是消除锻造应力，改善切削加工性。最终热处理是淬火和回火，获得回火托氏体或回火索氏体组织。常用的热作模具钢有 5CrNiMo、5CrMnMo、3Cr2W8V、6SiMnV 等。

c. 塑料模具钢。塑料模具包括塑料模和胶木模等，它们都是用来在不超过 200 ℃ 的低温加热状态下，将细粉或颗粒状塑料压制成形。塑料模具在工作时持续受热、受压，并受到一定程度的摩擦和有害气体的腐蚀，因此，塑料模具钢主要要求在 200 ℃ 时具有足够的强度和韧性，并具有较高的耐磨性和耐蚀性。

目前常用的塑料模具钢主要为 3Cr2Mo，这是我国自行研制的专用塑料模具钢。$\omega(C) = 0.30\%$ 可保证热处理后获得良好的强、韧配合及较好的硬度和耐磨性；加入铬可提高钢的淬透性，并能与碳形成合金碳化物，提高模具的耐磨性；少量的铝可细化晶粒，减少变形，防止产生第二类回火脆性。

③量具钢。

用于制造各种量具（如块规、千分尺等）的钢称为量具钢。量具的工作部位应具有高硬度（62~65 HRC）、高耐磨性、高的尺寸稳定性和足够的韧性。此外应具有良好的加工性。量具钢的含碳量较高，一般为 $\omega(C) = 0.90\% \sim 1.50\%$，以保证高硬度和耐磨性。

对碳素工具钢、低合金工具钢要采用球化退火，最终热处理为淬火 + 低温回火。在保证硬度的前提下，要尽量降低淬火温度，以减少应力和残余奥氏体量。为了减小淬火应力，一般要长时间回火，回火温度为 150 ~ 160 ℃。为了提高量具的尺寸稳定性，量具淬火后应立即在 -80 ℃下进行停留 0.5 ~ 3 h 的冷处理，然后再回火。低温回火后还应进行一次人工时效，即在 110 ~ 150 ℃下保留 24 ~ 36 h，尽量使淬火组织转变为较稳定的回火马氏体和消除淬火应力。精磨后在 120 ℃下人工时效 2 ~ 3 h，以消除磨削应力。

通常碳素工具钢（如 T10A、T12A）、合金工具钢（如 9SiCr、CrWMn）和滚动轴承钢（如 GCr15）等都可用来制造各种量具。

3）高速工具钢。

高速工具钢（简称高速钢）用于制造高速切削刃具，如车刀、铣刀、铰刀、拉刀等。在高速切削时，其温度高达 600 ℃，而硬度仍无明显下降，切削时能长期保持刃口锋利，故俗称为"锋钢"，其强度也比碳素工具钢提高 30% ~ 50%。

为了获得高速工具钢硬度、韧性、耐磨性和热硬性的性能要求，需要高速工具钢的 $\omega(C) = 0.75\% \sim 1.60\%$，高速工具钢中加入质量分数总和在 10% 以上的钨、铝、铬、钠等合金元素，以便提高高速钢的热硬性和淬透性，并控制好退火，以及经正确的淬火和多次回火才能发挥出来。

高速钢的牌号表示方法类似合金工具钢，但在高速钢牌号中，不论碳的质量分数为多少，都不予标出。常用的高速钢牌号有 W18Cr4V（18 - 4 - 1）、W6Mo5Cr4V2（6 - 5 - 4 - 2）、W18Cr4V2Co8 和 W9Mo3Cr4V 等。

4. 特殊性能钢

特殊性能钢是指因具有某些特殊的物理、化学、力学性能，能在特殊的环境工作条件下使用的钢。工程中常用的有：耐磨钢，如 ZGMn13 - 1、ZGMn13 - 4；耐热钢，如 1Crl3、1Cr11MoV、1Crl8Ni9Ti、4Cr14Nil4W2Mo 等；不锈钢，如 1Crl7、1Cr13、3Cr13 等。

五、工程铸铁

铸铁是含碳量大于 2.11% 的铁碳合金。工业上常用铸铁的成分范围是：$\omega(C)$ 为 2.5% ~ 4.0%，$\omega(Si)$ 为 1.0% ~ 3.0%，$\omega(Mn)$ 为 0.5% ~ 1.4%，$\omega(P)$ 为 0.01% ~ 0.50%，$\omega(S)$ 为 0.02% ~ 0.20%。除此之外，有时也含有一定量的合金元素，如 Cr、Mo、V、Cu 等。可见，在成分上铸铁与钢的主要不同是：铸铁含碳和硅量较高，杂质元素硫、磷较多。

铸铁的强度、塑性和韧性较差，不能进行锻造，但具有良好的铸造性、减磨性和切削加工性，生产设备和工艺简单、价格低廉，因此在机械制造上得到了广泛的应用。铸铁在工业中应用量较大，按质量百分比，一般机械中，铸铁件占 40% ~ 70%，在机床和重型机械中达 60% ~ 90%。

1. 铸铁的分类

根据碳在铸铁中存在的形式不同，可以把铸铁分为以下几种。

（1）灰口铸铁

灰口铸铁中的碳大部分或全部以石墨的形式析出，断口呈暗灰色。在灰口铸铁中，还可按石墨形态的不同将其分为灰铸铁、球墨铸铁、可锻铸铁和蠕墨铸铁。工业上所用铸铁几乎全部都属于这类铸铁。

（2）白口铸铁

白口铸铁中的碳主要以游离碳化物的形式析出，断口呈白色。由于大量硬而脆的渗碳体存在，白口铸铁硬度高、脆性大，因而难以切削加工，在工业上很少应用，主要作炼钢原料。

（3）麻口铸铁

麻口铸铁组织介于白口与灰口之间，含有不同程度的莱氏体，莱氏体是奥氏体和渗碳体的机械混合体，也具有较大的脆性，工业上也很少用。

2. 灰口铸铁

（1）灰铸铁

由于灰铸铁的组织相当于在钢的基体中加上片状石墨，因此抗拉强度和疲劳强度较低，塑性和韧性很差。但具有优良的铸造性能，其铁水流动性好，可以铸造形状非常复杂的零件，且铸件凝固后不易形成缩孔。铸铁中的石墨使其具有良好的耐磨性和减振性。

灰铸铁的牌号以 HT + 数字表示，"HT"表示灰铁，数字表示直径为 30 mm 的试棒的最小抗拉强度值。

（2）球墨铸铁

球墨铸铁是通过铁液的球化处理获得的。由于石墨呈球状，故使其强度、塑性与韧性都大大地优于灰铸铁，可与相应组织的铸钢相媲美。球墨铸铁同样有灰铸铁的一系列优点，如有良好的铸造性、减振性、减摩性、切削加工性和低的缺口敏感性等。但其凝固收缩性较大，易出现缩松与缩孔，熔化工艺要求高。

球墨铸铁的牌号由 QT + 两位数字组成，"QT"表示球铁，两组数字分别表示最低抗拉强度和最低延伸率，如常用的球墨铸铁有 QT400 – 15、QT500 – 7 和 QT600 – 3 等。

（3）可锻铸铁

可锻铸铁由白口铸铁经石墨化退火而获得。石墨呈团絮状，大大减弱了对基体的割裂作用，与灰铸铁相比具有较高的力学性能、较高的塑性和韧性，被称为可锻铸铁，但其实际上并不能锻造。按基体组织可分为铁素体可锻铸铁和珠光体可锻铸铁。

可锻铸铁牌号由 "KT" + "H" 或 "Z" + 两组数字组成，"KT"表示"可铁"，"H"表示"黑芯"，"Z"表示"珠光体"，两组数字分别表示最低抗拉强度和最低伸长率，常用的可锻铸铁有 KTH350 – 10 和 KTZ600 – 3。

（4）蠕墨铸铁

蠕墨铸铁的组织可看成碳素钢的基本体加蠕虫状石墨。在蠕墨铸铁中，石墨形态介于片状与球状之间，这决定了其力学性能介于相同基本组织的灰铸铁和球墨铸铁之间。它的铸造性能、减振性和导热性都优于球墨铸铁，与灰铸铁相近。

蠕墨铸铁的牌号由"RuT"＋数字组成，分别表示蠕铁和最低抗拉强度，如常用的蠕墨铸铁有 RuT260、RuT300 和 RuT380 等。

3. 特殊性能铸铁

随着工业的发展，对铸铁性能的要求也越来越高，不但要求它具有更高的机械性能，有时还要求它具有某些特殊的性能，如耐热、耐蚀及高耐磨性等，为此可向铸铁（灰口铸铁或球墨铸铁等）中加入一定量的合金元素，以获得特殊性能铸铁（或称合金铸铁）。这些铸铁与在相似条件下使用的合金钢相比，熔铸简便、成本低廉，具有良好的使用性能。但它们大多具有较大的脆性，机械性能较差。特殊性能铸铁主要分为以下几种：

（1）耐磨铸铁

它按工作条件可分两种，一种是在润滑条件下工作的，如机床导轨、气缸套、活塞环和轴承等；另一种是在无润滑的干摩擦条件下工作的，如犁铧、轧棍及球磨机零件等。

（2）耐热铸铁

它具有良好的耐热性，可代替耐热钢用于制作加热炉炉底板、马弗罐、坩埚、废气管道、换热器及钢锭模等。

（3）耐蚀铸铁

它广泛用于化工部门，可用于制作管道、阀门、泵类及反应锅等。

任务三　工程上常用有色金属与合金识别

【任务目标】

（1）熟悉铝和铜金属及其合金的性能；

（2）能够合理选用；

（3）了解轴承合金和粉末合金材料的相关知识。

在工业生产中，通常把钢铁及其合金称为黑色金属，把除钢铁以外的其他金属称为非铁金属，也称为有色金属。有色金属的产量和用量不如黑色金属多，但由于其具有许多优良的特性，如特殊的电、磁、热性能，耐蚀性能及高的比强度（强度与密度之比）等，已成为现代工业中不可缺少的金属材料。本章简单介绍目前广泛应用的铝、铜、轴承合金和粉末冶金材料。

一、铝及其合金

1. 工业纯铝

工业上，铝的含量 $\omega(Al)$ 为 99%～99.99% 时称为纯铝。纯铝的主要性能特点是：密度较小（约 $2.9\ g/cm^3$），熔点为 660 ℃，具有面心立方晶格结构，无同素异形转变。因此纯铝的导电性、导热性很高，仅次于银、铜、金。在室温下，铝的导电能力为铜的 62%。但按单位质量导电能力计算，则铝的导电能力约为铜的 200%。

纯铝是非磁性、无火花材料，而且反射性能好，既可反射可见光，也可反射紫外线。纯铝的强度很低（σ_b 仅 45 MPa），但塑性很高（$\delta=35\%～50\%$），通过加工硬化，可使纯铝的硬度提高，但塑性下降。在空气中铝的表面可生成致密的氧化膜，隔绝了空气，故铝在大气中具有良好的耐蚀性。

工业纯铝分为纯铝（$99\%<\omega(Al)<99.85\%$）和高纯铝（$\omega(Al)>99.85\%$）两类。纯铝又分为铸造纯铝和变形铝两种。

纯铝的主要用途是代替贵重的铜合金制作导线、配制各种铝合金，以及制作要求质轻、导热或耐大气腐蚀但强度要求不高的器具。

纯铝的牌号中数字表示纯度高低。旧牌号有 L1、L2、L3 等，符号"L"表示铝，后面的数字越大则纯度越低，对应新牌号为 1A99、1A97、1A85 等。

2. 铝合金

由于纯铝强度低，故不适合制作工程结构。在纯铝中加入适量的 Si、Cu、Mg、Zn、Mn 等主加元素和 Cr、Ti、Zr、B、Ni 等辅加元素，生成铝合金，则可以大大提高铝的强度，且保持纯铝的特性。其中，主加元素具有高溶解度，能起显著的强化作用；辅加元素具有改善铝合金某些工艺性能（如细化晶粒、改善热处理性能等）的作用。

（1）铝合金的强化途径

1）不可热处理强化的变形铝合金。

这类铝合金在固态范围内加热、冷却无相变，因而不能进行热处理强化，其常用的强化方法是冷变形，如冷轧、压延等。

2）可热处理强化变形铝合金

这类铝合金不但可变形强化，还能够通过热处理进一步强化，其工艺是先进行固溶处理，然后进行时效处理。在室温下进行的时效称为自然时效，加热到 200 ℃ 以下进行的时效称为人工时效。铝合金固溶处理温度必须严格控制，温度过高将使合金材质变脆。

3）铸造铝合金

铸造铝合金组织中有一定比例的共晶体，若采用变质处理则能使共晶体细化，并在一定程度上强化和韧化铸造铝合金。

（2）铝合金分类

铝合金可分为变形铝合金和铸造铝合金两类。

1）变形铝合金。

变形铝合金塑性好，易于压力加工。变形铝合金按其主要性能特点分为防锈铝、硬铝、超硬铝和锻铝等，它们常由冶金厂加工成各种规格的型材、板、带、线、管等。

①防锈铝。防锈铝的工艺特点是塑性及焊接性能好，常用拉延法制造各种高耐蚀性的薄板容器（如油箱等）、防锈蒙皮，以及受力小、质轻、耐蚀的制品与结构件（如管道、窗框、灯具等）。常用的防锈铝有 5A02、5A05、3A21 等。

②硬铝。硬铝中如含铜、镁量多，则强度、硬度高，耐热性好（可在 200℃ 以下工作），但塑性、韧性低。常用的硬铝有 2A01、2A10、2A11、2A12、2A16 等。2A01（铆钉硬铝）有很好的塑性，常用来制造铆钉；飞机上常用铆钉材料为 2A10；2A11 常用来制造形状较复杂、载荷较低的结构零件及仪器（如光学仪器中目镜框等）；2A12 是目前最重要的飞机结构材料，广泛用于制造飞机翼肋、翼架等受力构件。

③超硬铝。超硬铝常用于制造飞机上受力大的结构零件，如起落架、大梁等，以及光学仪器中要求质量轻而受力较大的结构零件。常用的超硬铝有 7A04、2A09 等。

④锻铝。锻铝主要用作航空及仪表工业中各种形状复杂、要求比强度较高的锻件或模锻件，如各种叶轮、框架、支杆等。常用的锻铝有 2A50、2A14、2A70 等。

2）铸造铝合金。

铸造铝合金力学性能不如变形铝合金，但其铸造性能好，可进行各种成形铸造，主要有 Al – Si 系、Al – Cu 系、Al – Mg 系和 Al – Zn 系 4 类，其中以 Al – Si 系应用最广泛。

①Al – Si 系代号为：ZL1 + 两位数字顺序号（合金顺序号）。顺序号不同者，化学成分也不同。例如，ZL102 表示 2 号铝 – 硅系铸造铝合金。若为优质合金，则在代号后面加 "A"。Al – Si 系铸造铝合金的铸造性能好，具有优良的耐蚀性、耐热性和焊接性能，用于制造飞机、仪表、电动机壳体、气缸体、风机叶片和发动机活塞等。

②Al – Cu 系代号为：ZL2 + 两位数字顺序号。这类合金的耐热性好、强度较高，但密度大，铸造性、耐蚀性差，强度低于 Al – Si 系合金，常用代号有 ZL201（ZA1Cu5Mn）、ZL203（ZA1Cu4）等，主要用于制造在较高温度下工作的高强零件，如内燃机气缸头、汽车活塞等。

③Al – Mg 系代号为：ZL3 + 两位数字顺序号。这类合金的耐蚀性好、强度高、密度小，但铸造性能差、耐热性低，常用代号为 Z3L01（ZAlMg10）、ZL303（ZAlMg5Sil）等，主要用于制造外形简单、承受冲击载荷、在腐蚀性介质下工作的零件，如舰船配件、氨用泵体等。

④Al – Zn 系代号为：ZL4 + 两位数字顺序号。这类合金的铸造性能好，强度较高，可自然时效强化，但密度大、耐蚀性较差，常用代号为 ZL041（ZAlZn11Si7）、ZL402（ZAlZn6Mg）等，主要用于制造形状复杂、受力较小的汽车、飞机、仪器零件。

二、铜及其合金

1. 工业纯铜

铜是一种有色金属，其产量仅次于铁和铝。工业上使用的纯铜是玫瑰红色的金属，表面形成氧化亚铜（Cu_2O）膜层后呈紫色，故又称紫铜。纯铜的密度为 8.96 g/cm^3，熔点为 1 083 ℃，具有导电性、抗磁性、导热性（仅次于银）及良好的耐蚀性（抗大气及海水腐蚀）。纯铜的强度不高，硬度很低，塑性却很好，易于进行冷、热加工，冷塑性变形后可以使铜的强度提高到 400～500 MPa，但伸长率急剧下降到 2% 左右。

纯铜一般不作结构材料使用，纯铜的主要用途是制作各种导电材料、导热材料及配制各种铜合金。工业纯铜代号有 T1、T2、T3 等 3 种，代号中数字越大，表示杂质含量越多，则其导电性越差。

2. 铜合金

铜合金中的常加元素有 Zn、Sn、Al、Mn、Ni、Fe、Be、Ti、Zr、Cr 等，既提高了强度，又保持了纯铜特性。按化学成分，铜合金可分为黄铜、青铜及白铜（铜镍合金 3）类；按生产方法，铜合金可分为压力加工铜合金和铸造铜合金两类。常用的铜合金是黄铜和青铜。

（1）黄铜

以铜和锌为主组合的铜合金称为黄铜。按化学成分，可分为普通黄铜和特殊黄铜；按工艺，可分为加工黄铜和铸造黄铜。

1）普通黄铜。铜与锌的二元合金称为普通黄铜，分为单相黄铜和两相黄铜两种。单相黄铜塑性好，常用牌号有 H80、H70、H68，适于制造冷变形零件，如弹壳、冷凝器管等；两相黄铜热塑性好、强度高，常用牌号有 H59、H62，适于制造受力件，如垫圈、弹簧、导管和散热器等。

加工普通黄铜的牌号为：H（"黄"的汉语拼音字母）加表示铜平均百分含量的数字。例如 H68，表示铜的质量分数为 68%、余量为锌的黄铜。

2）特殊黄铜。在普通黄铜的基础上加入 Al、Fe、Si、Mn、Pb、Sn、Ni 等元素形成特殊黄铜。特殊黄铜的强度、耐蚀性比普通黄铜好，铸造性能有所改善，常用牌号有 HPb63－3、HSn62－1、ZCuZn38Mn2Pb2、ZCuZn16Si4 等，主要用于船舶及化工零件，如冷凝管、齿轮、螺旋桨、轴承、衬套及阀体等。

加工特殊黄铜的牌号为：H（黄）＋主加元素符号（Zn 除外）＋铜平均百分含量＋主加元素平均百分含量。例如 HPb59－1，表示铜的质量分数为 59%、铅的质量分数为 1%、余量为锌的加工黄铜。

3）铸造黄铜。铸造黄铜的牌号为：Z＋铜元素符号＋主加元素符号及平均百分含量＋其他合金元素化学符号及含量（质量分数×100）。例如 ZCuZn38，表示锌的质量分数为 38%、余量为铜的铸造普通黄铜。

（2）青铜

青铜原指铜锡合金，因呈青黑色而得名，通常将除黄铜和白铜外的其他铜合金统称为青铜。常用青铜有铝青铜、铍青铜、硅青铜、铅青铜等，它们常作为锡青铜的代用材料。

加工青铜的牌号为：Q（"青"的汉语拼音字母）＋主加元素符号及其平均百分含量＋其他元素平均百分含量。例如 QSn4－3，表示平均锡的质量分数为 4%、锌的质量分数为 3%、余量为铜的加工青铜。

1）锡青铜。锡青铜是以锡为主加元素的铜合金，锡含量一般为 3%～14%。锡青铜铸造流动性差，铸件密度低，易渗漏，但体积收缩率在有色金属中最小。锡青铜耐蚀性良好，在大气、海水及无机盐溶液中的耐蚀性比纯铜和黄铜好，但在硫酸、盐酸和氨水中的耐蚀性较差。

锡青铜的常用牌号有 QSn4 – 3、QSn6.5 – 0.4、ZCuSn10Pb1 等，主要用于耐蚀承载件，如弹簧、轴承、齿轮轴、蜗轮、垫圈等。

2）铝青铜。铝青铜是以铝为主加元素的铜合金，铝含量为 5% ~ 11%，强度、硬度、耐磨性、耐热性及耐蚀性高于黄铜和锡青铜，铸造性能好，但焊接性能差。

常用牌号有 QAlS、QA17、ZCuAl8Mn13Fe3Ni2 等，主要用于制造船舶、飞机及仪器中的高强、耐磨、耐蚀件，如齿轮、轴承、涡轮、轴套、螺旋桨等。

3）铍青铜。铍青铜是以铍为主加元素的铜合金，铍含量为 1.7% ~ 2.5%，具有高的强度、弹性极限、耐磨性、耐蚀性、良好的导电性、导热性、冷热加工及铸造性能，但价格较贵。

常用牌号有 QBe2、QBe1.7、QBe1.9 等，主要用于重要的弹性件、耐磨件，如精密弹簧、膜片，高速、高压轴承及防爆工具、航海罗盘等重要机件。

三、滑动轴承合金

制造滑动轴承的轴瓦及其内衬的耐磨合金称为轴承合金。滑动轴承是许多机器设备中对旋转轴起支承作用的重要部件，由轴承体和轴瓦两部分组成。与滚动轴承相比，滑动轴承具有承载面积大、工作平稳、无噪声，以及拆装方便等优点，应用广泛。

1. 组织性能要求

当轴高速旋转时，轴瓦与轴颈发生强烈摩擦，承受轴颈施加的交变载荷和冲击力。对轴承合金的性能要求如下：

（1）足够的强韧性，以承受轴颈施加的交变冲击载荷。

（2）较小的热膨胀系数、良好的导热性和耐蚀性，以防止轴与轴瓦之间咬合。

（3）较小的摩擦系数、良好的耐磨性和磨合性，以减少轴颈磨损，保证轴与轴瓦良好的咬合。

当轴旋转时，软的基体（或质点）磨损而凹陷，减少了轴颈与轴瓦的接触面积，有利于储存润滑油及轴与轴瓦间的磨合；而硬的基体（质点）则支承着轴颈，起承载和耐磨的作用。软基体（或质点）还能起嵌藏外来硬杂质颗粒的作用，以避免擦伤轴颈。软的基体有较好的磨合性与抗冲击、抗振动能力，但这类组织难以承受高的载荷，属于这类组织的轴承合金有巴氏合金和锡青铜等。

对高转速、高载荷轴承，为了保证强度，要求轴承有较硬的基体（硬度低于轴的轴颈）组织来提高单位面积上所能够承受的压力。这类组织也具有低的摩擦系数，但其磨合性较差。属于这类组织的轴承合金有铝基轴承合金和铝青铜等。

2. 常用的轴承合金

工业上常用的轴承合金有锡基轴承合金、铅基轴承合金、铜基轴承合金和铝基轴承合金等。

（1）锡基轴承合金（锡基巴氏合金）

锡基轴承合金是以锡为主并加入少量锑、铜等元素组成的合金，熔点较低，是软基体硬质点组织类型的轴承合金，典型牌号为 ZSnSb11Cu6。

锡基轴承合金具有较高的耐磨性、导热性、耐蚀性和嵌藏性，摩擦系数和热膨胀系数小，但疲劳强度较低，工作温度不超过 150 ℃，价格高，广泛用于重型动力机械，如汽轮机、涡轮机和内燃机等大型机器的高速轴瓦。

（2）铅基轴承合金（铅基巴氏合金）

铅基轴承合金是以铅为主加入少量锑、锡、铜等元素的合金，也是软基体硬质点型轴承合金，典型牌号为 ZPbSb16Snl6Cu2。

铅基轴承合金的强度、硬度、耐蚀性和导热性都不如锡基轴承合金，但其成本低、高温强度好，有自润滑性，常用于低速、低载条件下工作的设备，如汽车、拖拉机曲轴的轴承等。

（3）铜基轴承合金

铜基轴承合金是硬基软质点型轴承合金，主要有锡青铜和铅青铜。

锡青铜常用的有 ZCuSn10PI 与 ZCuSn5Pb5Zn5 等，广泛用于中等速度及承受较大固定载荷的轴承，如电动机、泵、金属切削机床轴承。锡青铜可直接制成轴瓦，但与其配合的轴颈应具有较高的硬度（300 ~ 400 HBS）。

铅青铜常用的是 ZCuPb30。与巴氏合金相比，其具有高的疲劳强度和承载能力，同时还有高的导热性（约为锡基巴氏合金的 6 倍）和低的摩擦系数，并可在较高温度（如 250 ℃）以下工作。铅青铜适宜制造高速、高压下工作的轴承，如航空发动机、高速柴油机及其他高速机器的主轴承。铅青铜的强度较低（仅 60 MPa），因此也需要在轴瓦上挂衬，制成双金属轴承。

此外，常用的铜基轴承合金还有铝青铜（ZCuAl10Fe3）。

（4）铝基轴承合金

铝基轴承合金是以铝为基体元素、锡为主加元素所组成的合金，也是硬基体软质点型轴承合金。其特点是原料丰富、价格便宜、导热性好，疲劳强度与高温硬度较高，能承受较大的压力与速度。但它的膨胀系数较大，抗咬合性不如巴氏合金。目前常用的铝基轴承合金有 ZAlSn6Cu1Ni1 和 ZAlSn20Cu 两种合金，适于制造高速度、重载荷的发动机轴承，已在汽车、拖拉机、内燃机车上广泛使用。

知识拓展

一、我国新材料产业现状

材料是人类一切生产和生活的物质基础，历来是生产力的标志，对材料的认识和利用的能力决定着社会形态和人们的生活质量，新材料则是战略新兴产业发展的基石。我国新材料产业现状简介如下。

1. 我国新材料生产情况

几乎所有的新材料我国都能够生产并且正在生产。

1）高性能工程材料包括 POK 聚酮、PPO 聚苯醚、PPS 聚苯硫醚、聚醚醚酮

（PEEK）、聚醚砜（PES）、聚碳酸酯（PC）、POM、聚酰亚胺（PI）、PA（6、66、11、1010、56、46、12…）、PMMA、PET、PBT等。

2）电子化学品包括光刻胶、导电高分子材料、电子封装材料、电子特种气体、平板显示（FPD）专用化学品、印制电路板材料及配套化学品、混成电路用化学品、电容器用材料、电器涂料、导电聚合物等。

3）新型弹性体包括TPU、POE、SBS、SEBS、SEPS、TPEE、丙烯基弹性体、尼龙弹性体等。

4）新型纤维包括氨纶、芳纶、超高分子量聚乙烯纤维等。

2. 强大的应用支撑我国新材料的发展

我国拥有庞大的工业用户，是庞大的造船大国、强国；世界最大的手机生产国；汽车产销量第一的国家；地铁、动车和高铁质量和数量第一的国家；冰箱、洗衣机等家电全球产量第一的国家。因此，从严格意义上来说，强大的下游应用产业给我国新材料产业的发展提供了巨大的推动力。

3. 国家政策推动我国新材料的发展

1）中华人民共和国国家发展和改革委员会、中华人民共和国商务部发布《鼓励外商投资产业目录（2019年版)》，重点提及的化学原料和化学制品制造业包括：差别化、功能性聚酯（PET）；聚甲醛；聚苯硫醚；聚醚醚酮；聚酰亚胺；聚砜；聚醚砜；聚芳酯（PAR）；聚苯醚；聚对苯二甲酸丁二醇酯（PBT）；聚酰胺（PA）及其改性材料；液晶聚合物等。

2）中华人民共和国国家发展和改革委员会《增强制造业核心竞争力三年行动计划(2018—2020年)》重点化工新材料关键技术产业化项目包括：聚苯硫醚；聚苯醚；芳族酮聚合物（聚醚醚酮、聚醚酮、聚醚酮酮）、聚芳醚醚腈；聚芳酰胺；聚芳醚；热致液晶聚合物；新型可降解塑料等。

3）中国石油和化学工业联合会《石油和化学工业"十三五"发展规划指南》将高分子材料作为战略新兴产业列为优先发展的领域，明确高分子材料"十三五"发展的目的是：以提高自主创新能力为核心，以树脂专用料、工程塑料、新型功能材料、高性能结构材料和先进复合材料为发展重点，开发工程塑料、改性树脂、高端热固性树脂及其树脂基复合材料，以及可降解塑料等新材料制备技术。

4）中国石油和化学工业联合会关于"'十四五'化工新材料产业发展的战略和任务"的重点工作指导：开发5G通信基站用核心覆铜板所使用的树脂材料（LCP、PI、环氧树脂等）；聚砜、聚苯砜、聚醚醚酮、液晶聚合物等高性能工程塑料。

此外，我国新材料产业相关政策规划还包括《中国制造2025》《新材料产业发展指南》将为"十四五"期间新材料产业发展指明重点方向。

4. 应用研发体系成为新材料发展利器

我国几十年来建立的应用研发体系功力深厚，例如中科院，包括北化所、过程所、宁波院、上海有机所、大化所、兰化所、应化所、煤化所等，为我国科技进步、经济社会发展和国家安全做出了不可替代的重要贡献。

此外，还有大量大企业的研发中心对产品应用的研究及配套的检测仪器设备很多已达世界领先水平。

二、如何选用工程材料

机械或工程结构都是由构件或零件组成的。当机械或工程结构工作时，其构件都将受到外载荷的作用。在外载荷作用下，构件的尺寸和形状将发生变形或破坏。在设计构件时，若构件的横截面尺寸过小，或截面形状不合理，或材料选用不当，就不能满足使用要求，从而影响机械或工程结构正常工作。

掌握各类工程材料的特性、正确选用材料及相关的加工方法（路线）是对机械设计与制造工程人员（广义地是对所有的从事产品设计与制造的技术人员）的基本要求，即选材的核心问题是在经济合理的前提下，保证材料的使用性能与零件（产品）的设计功能相适应。

1. 工程材料的选用须遵循原则

选择材料的基本原则是在首先保证材料满足使用性能的前提下，再考虑使材料的工艺性能尽可能良好和材料的经济性尽量合理。零件的使用价值、安全可靠性和工作寿命一般主要取决于材料的使用性能，所以选材通常以材料制成零件后是否具有足够的使用性能为基本出发点。

2. 满足使用性能

零件的使用性能主要是指材料的力学性能，一般选材时，首要任务是正确地分析零件的工作条件和主要的失效形式，以准确地判断零件所要求的主要力学性能指标。

（1）分析零件的工作条件

在分析零件工作条件的基础上，提出对所用材料的性能要求。工作条件是指受力形式（拉伸、压缩、弯曲、扭转或弯扭复合等）、载荷性质（静载、动载、冲击、载荷分布等）、受摩擦磨损情况、工作环境条件（如环境介质、工作温度等），以及导电、导热等特殊要求。

（2）判断主要失效形式

零件的失效形式与其特定的工作条件是分不开的，要深入现场，收集整理有关资料，进行相关的实验分析，判断失效的主要形式及原因，找出原设计的缺陷，提出改进措施，确定所选材料应满足的主要力学性能指标，为正确选材提供具有实用意义的信息，确保零件的使用效能和提高零件抵抗失效的能力。

（3）合理选用材料的力学性能指标

1）正确运用材料的强度、塑性和韧性等指标。

一般情况下，材料的强度越高，其塑性、韧性越低。片面地追求高强度以提高零件的承载能力不一定就是安全的，因为材料塑性的过多降低，遇有短时过载等因素，应力集中的敏感性增强，有可能造成零件的脆性断裂，所以在提高屈服强度的同时，还应考虑材料的塑性指标。塑性和韧性指标一般不直接用于设计计算，而较高的 δ 和 ψ 值能削减零件应力集中处（如台阶、键槽、螺纹、油孔、内部夹杂等处）的应力峰值，提高零件的承载能力和抗脆断能力。以低应力脆断为主要失效形式的零件，如汽轮机、电动机转子这类大锻件以及在低温下工作的石油化工容器、管道等，不应再以传统力学方法用塑性指标粗略估算，而应运用断裂力学方法进行断裂韧度 KIC 和断裂指标 KI≥KIC 方面的定量设计计算，以保证零件的使用寿命。

2）巧用硬度与强度等力学指标间的关系。

对大多数零件而言，机械性能是主要的指标，表征机械性能的参数主要有强度极限 σ_b、弹性极限 σ_e、屈服强度 σ_s 或 $\sigma_{0.2}$、伸长率 δ、断面收缩率 ψ、冲击韧性 α_k 及硬度 HRC 或 HBS 等，这些参数中强度是机械性能的主要性能指标，只有在强度满足要求的情况下，才能保证零件正常工作，且经久耐用，但实际零件的力学性能数值是很难测得的。由于硬度的测定方法简单，又不损坏零件，且材料硬度与强度以及强度与其他力学性能之间存在着一定的关系，所以大多数零件在图纸上只标出所要求的硬度值，来综合体现零件所要求的全部力学性能。一般硬度值确定的规律为：对承载均匀、截面无突变、工作时不发生应力集中的零件，可选较高的硬度值；反之，有应力集中的零件，则需要有较高的塑性，且硬度值应该适当降低；对高精度零件，为提高耐磨性，保持高精度，硬度值要大些；对相互摩擦的一对零件，要注意两者的硬度值应有一定的差别，易磨损件或重要件应有较高的硬度值。例如，轴颈与滑动轴承的配合，轴颈应比滑动轴承硬度高；一对啮合传动齿轮，一般小齿轮齿面硬度应比大齿轮高；在传动时小齿轮每个齿的摩擦次数比大齿轮的每个齿多，而螺母硬度应比螺栓低些。多数热作模具和某些冷作模具、切削刀具等，选材时还应该考虑其较高的热硬性要求。

（4）综合考虑多种因素

若零件在特殊的条件下工作，则选材的主要依据也应视具体条件而定，如像储存酸碱的容器和管路等，应以耐蚀性为依据，考虑选用不锈钢、耐蚀 MC 尼龙和聚砜等；而作为电磁铁材料，软磁性又是重要的选材依据；精密镗床镗杆的主要失效形式为过量弹性变形，则其关键性能指标为材料的刚度；当零件要求具有弹性、密封、减振防振等，则可考虑选择能在 – 50 ~ 150 ℃温度范围内处于高弹性和优良伸缩性的橡胶材料。重要的螺栓的主要失效形式为过量的塑性变形和断裂，则关键性能指标为屈服强度和疲劳强度；在 600 ~ 700 ℃工作的内燃机排气阀可选用耐热钢等；汽车发动机的气缸可选用导热性好、比热容大的铸造铝合金等。选用高分子材料（如用尼龙绳作吊具等），还要考虑在使用时，温度、光、水、氧、油等周围环境对其性能的影响，所以防老化则必须作为其重要的选材依据。

（5）合理利用材料的淬透性

淬透性对钢的力学性能有很大的影响，未淬透钢的芯部，其冲击韧度、屈强比和疲劳强度较低。对于截面尺寸较大的零件、在动载荷下工作的重要零件以及承受拉、压应力而要求截面力学性能一致的零件（如连接螺栓、锻模等）应选用能全部淬透的钢。对某些承受弯曲和扭转等复合应力作用下的轴类零件，由于它们截面上的应力分布是不均匀的，最大应力发生在轴的表面，而芯部受力较小，故可用淬透性较低的钢，但要保证淬硬层深度。焊接件等不可选用淬透性高的钢，以避免造成焊接变形和开裂；承受冲击和复杂应力的冷镦凸模，其工作部分常因全部淬硬，造成韧性不足而脆断。所以选材及进行热处理时，不能盲目追求材料淬透性和淬硬性的提高。

（6）根据使用性能选材时应注意的问题

1）特别注意性能数据的可靠性和使用范围。

一般来说，《机械设计手册》中提供的数据多为小尺寸试样测得的，而实际零件的尺寸往往较大而且分散性强，性能随材料尺寸的增大而降低。另外《机械设计手册》上提供的性能数据一般是用表面无裂纹的光滑试样或特定缺口试样测得的，其承受载荷的大小和频率都是人为设计的，而实际零件在加工和使用过程中则可能产生各种裂纹及缺口，服役时承受的载荷在理论上是特定的，但实际工作中往往会随机变化。所以，在查取性能数据时应充分考虑各种因素，进行必要的修正。

2）充分考虑材料的尺寸效应。

随着截面尺寸的增大，金属材料的力学性能下降的现象，称为尺寸效应。例如，灰铸铁 HT300 铸件壁厚为 10 ~ 20 mm 时，其最低抗拉强度为 290 MPa，而当其壁厚达 30 ~ 50 mm 时，最低抗拉强度降到 230 MPa。

尺寸效应与钢材的淬透性有着密切的关系，如钢在热轧后空冷状态下供应时，是利用轧后余热正火，此时钢材尺寸较大，整个截面上冷却速度不均匀，芯部珠光体的弥散度低，其强度也随之降低。钢（尤其是低碳钢）在淬火、回火时，因淬透性的影响，截面尺寸越大，越不容易在整个截面上获得马氏体组织，因而回火后由表层到芯部的性能逐渐降低。在其他条件一定时，随着零件尺寸的增大，淬火后表面硬度也下降。

3）零件的力学性能指标受预期寿命的影响。

寿命越长，要求的指标越高，零件的生产和使用成本也会越高，所以要辩证处理制造成本与寿命的关系。例如，对滑动轴承而言，由于轴承的结构较简单、容易加工、更换方便，因此应把轴颈的强度和表面硬度指标规定得比轴瓦高，使轴瓦寿命短于轴，维修时只更换轴瓦即可，以降低维护费用。

4）工作环境对不同材料组织和性能的影响。

如工程塑料、橡胶等，不仅其力学性能受环境条件的影响很大，而且其物理、化学性能也会随环境条件的变化而变化；复合材料、梯度功能材料等是针对特殊、复杂工作环境而发展的新材料，其力学及物理、化学性能不同于一般的金属材料和非金属材料，所以在选材时应充分了解其特殊性及其适用范围。

几类典型零件的工作条件、失效形式及主要机械性能指标见表 1-4。

表 1-4 几类典型零件的工作条件、失效形式及主要机械性能指标

典型零件	工作条件	失效形式	主要力学性能指标
重要螺栓	承受交变拉应力	过量塑性变形或由疲劳而造成断裂	$\sigma_{0.2}$、HBS、σ_{-1P}
重要传动齿轮	承受交变弯曲应力、交变接触压应力、齿面受滚动摩擦冲击载荷	齿面过度磨损、疲劳麻点、轮齿折断	σ_{-1}、σ_{bb}、HRC、接触疲劳强度
曲轴类	承受交变弯曲应力、扭转应力、冲击载荷	颈部摩擦、过度磨损、疲劳断裂而失效	$\sigma_{0.2}$、σ_{-1}、HRC

典型零件	工作条件	失效形式	主要力学性能指标
弹簧	承受交变应力、振动	弹性丧失或疲劳断裂	σ_s/σ_b、σ_e、σ_{-1P}
滚动轴承	承受点线接触下的交变压应力及滚动摩擦	过度磨损、疲劳断裂而失效	σ_{bc}、σ_{-1}、HRC

注：σ_{-1P}为抗压或对称拉伸时的疲劳强度；σ_{-1}为光滑试样对称弯曲时的疲劳强度；σ_{bb}为抗弯强度；σ_{bc}为抗压强度。

可以看出，在设计机械零件和选材时，应根据零件的工作条件、损坏形式，找出对材料机械性能的要求，这是材料选择的基本出发点。

3. 兼顾材料的工艺性能

材料工艺性的好坏对零件的加工生产有直接的影响，良好的工艺性，不仅可保证零件的制造质量，而且有利于提高生产率和降低成本。所以工艺性也是选材必须考虑的问题。零件的形状、尺寸精度和性能要求不同，采用的成形方法也不同。材料所要求的工艺性能与零件制造的加工工艺路线密切相关，具体工艺性能就是从工艺路线中提出的。金属材料的加工工艺路线复杂，要求的工艺性能也较多，其中主要的有铸造性能、锻造性能、焊接性能、切削加工性能和热处理工艺性能等。

（1）各种工艺性能比较

1）铸造性。包括流动性、收缩、偏析和吸气性等。流动性越好、收缩越小、偏析和吸气性越小，则铸造性越好。金属材料中，铸造性较好的有各种铸铁、铸钢及铸造铝合金和铜合金，其中以灰铸铁铸造性最好。

2）锻造性。锻造性包括塑性和变形抗力。塑性越好，变形抗力越小，则锻造性越好。在碳钢中，低碳钢的锻造性最好，中碳钢次之，高碳钢最差。在合金钢中，低合金钢的锻造性近似于中碳钢，高合金钢比碳钢差。铝合金在锻造温度下塑性比钢差，锻造温度范围较窄，所以锻造性不好。铜合金的锻造性一般较好。

3）焊接性。焊接性包括焊接接头产生工艺缺陷（如裂纹、脆性、气孔等）的倾向及焊接接头在使用过程中的可靠性（包括力学性能和特殊性能）。$\omega(C)<0.25\%$的低碳钢及$\omega(C)<0.18\%$的合金钢有较好的焊接性，$\omega(C)>0.4\%$的碳钢及$\omega(C)>0.38\%$的合金钢焊接性较差。灰铸铁的焊接性能比低碳钢差得多，铜合金及铝合金的焊接性能一般都比碳钢差。

4）切削加工性。切削加工性一般用切削抗力的大小、零件加工后的表面粗糙度、断屑难易及刀具是否容易磨损等来衡量，一般有色金属很容易加工。正火状态低碳钢切削加工性能好，中碳钢次之，但都好于高碳钢。不锈钢及耐热合金则很难加工。

5）热处理工艺性能。包括淬透性、淬火变形开裂倾向、过热敏感性、回火脆性倾向及氧化、脱碳倾向等。

（2）金属材料加工工艺路线的选择

1）性能要求不高的零件。

毛坯→正火或退火→切削加工→零件。

毛坯由锻压或铸造获得。这类零件性能要求不高，一般采用铸铁、碳钢等制造，其工艺性能较好。

2）性能要求较高的零件

毛坯→预先热处理（正火、退火）→粗加工→最终热处理（淬火、回火、固溶时效等表面处理）→精加工→零件。

预先热处理是为了改善切削加工性，并为最终热处理做好组织准备。大部分性能要求较高的零件，如各种合金钢、高强度铝合金制造的轴类、齿轮等零件，均采用这种工艺路线，它们的工艺性能都需要仔细分析。

3）性能要求高的精密零件

毛坯→预先热处理（正火、退火）→粗车→调质→精车→去应力退火→粗磨→最终热处理（渗氮等）→精磨→稳定化处理（时效等）→零件。

这类零件除了要求有较高的使用性能外，还要有很高的尺寸精度和小的表面粗糙度，由于加工路线复杂，性能和尺寸精度要求很高，因而零件所有材料的工艺性能应充分保证。这类零件有精密丝杠和镗床主轴等。

4. 选材的经济性

零件选用的材料必须保证它的生产和使用的总成本最低。据有关资料统计，在一般的工业部门中，材料价格要占产品价格的30%～70%，所以在能满足使用要求的前提下，应尽可能采用廉价的材料，把产品的总成本降至最低，以便取得最大的经济效益，使产品在市场上具有较强的竞争力。零件总成本包括材料本身的价格及与生产有关的其他一切费用。

（1）尽量降低材料及其加工成本

在满足零件对使用性能与工艺性能要求的前提下，能用铸铁则不采用钢，能用非合金钢则不用合金钢，能用硅锰钢则不用铬镍钢，能用型材则不用锻件、加工件，且尽量用加工性能好的材料；能正火的零件就不必调质处理；需要进行技术协作时，要选择加工技术好、加工费用低的工厂。材料来源要广，尽量采用符合我国资源情况的材料，如含铝超硬高速钢（W6Mo5Cr3V2Al）具有与含钴高速钢（W18Cr4V2Co8）相似的性能，但是价格便宜。9Mn2V钢不含铬元素，性能与CrWMn钢相近，拉刀、长绞刀和长丝锥可用其代替。

（2）用非金属材料代替金属材料

非金属材料的资源丰富，性能也在不断提高，应用范围不断扩大，尤其是发展较快的聚合物具有很多优异的性能，在某些场合可代替金属材料，既改善了使用性能，又可降低制造成本和使用维护费用。因此，在保证使用性能的前提下，当能够用非金属材料代替金属材料时，应尽量使用非金属材料。

（3）零件的总成本

零件的总成本包括原材料价格、零件的加工制造费用、管理费用、试验研究费和维修费等。在金属材料中，碳钢和铸铁（尤其是球墨铸铁）的价格比较低廉，并有较好的工艺性，所以在满足使用性能的条件下应优先选用。低合金钢的强度比碳钢高，总的经济效益也比较显著，有扩大使用的趋势。

此外，选材时还应考虑国家的生产和供应情况，所选的钢种应尽量少而集中，以便采购和管理。总之，作为一名设计和工艺人员，在选材时必须从实际情况出发，全面考虑使用性能、工艺性能和经济性能等方面的问题。

✕ 知识归纳整理

一、知识点梳理

为了大家对所学知识能更好的理解和掌握，利用树图形式归纳如下，仅供参考。

二、自我反思

1. 学习中的收获或体会。

_____

_____

_____

2. 总结你所了解的工程上改善材料力学性能的常用方法。

_____

_____

_____

自测题

任务一　材料的性能分析

一、填空题

1. 金属材料的变形有弹性变形和_____两种形式。
2. 金属材料抵抗冲击载荷的作用而不被破坏的能力，称为金属材料的_____。
3. 金属材料在静载荷作用下抵抗变形和破坏的能力，称为金属材料的_____。
4. 一般常用强度和_____作为衡量材料力学性能的主要指标。
5. 常用的硬度测量方法有_____、洛氏硬度测量、维氏硬度测量。
6. 合金是两种或两种以上的金属元素或金属与_____元素构成的金属材料。
7. 珠光体是铁素体薄层（片）与渗碳体薄层（片）组成的_____。
8. 莱氏体是铸铁或高碳高合金钢中由奥氏体与_____组成的共同组织。
9. 橡胶材料在光、热作用下存在的主要缺陷是_____。
10. 黏结修复法是利用胶黏剂将金属和_____材料牢固地黏结在一起，或填补裂缝，以达到密封、堵漏、修复零件的目的。

二、判断题

1. 车辆在运行中，作用在车辆上的基本载荷可分为静载荷和动载荷两大类。（　　）
2. 焊接性能属于材料的力学性能。（　　）
3. 金属材料的性能包括物理性能、化学性能、工艺性能和力学性能。（　　）
4. 金属材料的主要物理性能有密度、熔点、热膨胀性、导热性和导电性。（　　）

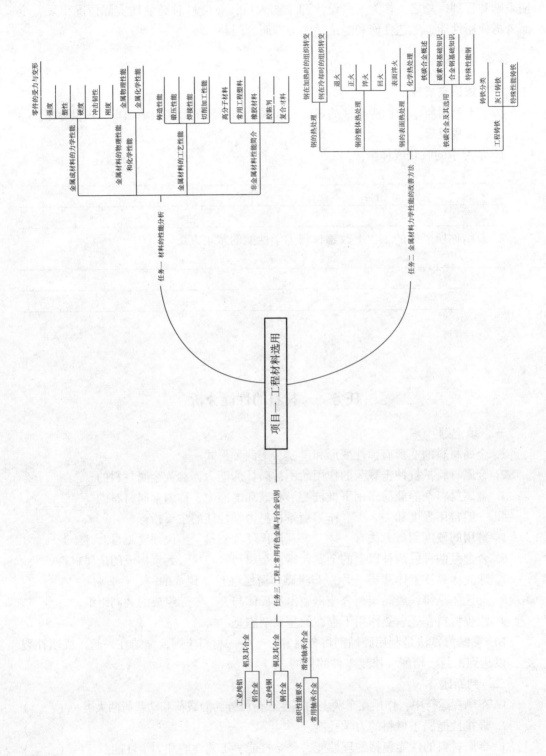

5. 金属材料抵抗更硬的物体压入其内部的能力叫硬度。　　　　　　　　（　　）

6. 布氏硬度适宜测成品或薄件。　　　　　　　　　　　　　　　　　（　　）

7. 布氏硬度用 HRC 表示。　　　　　　　　　　　　　　　　　　　（　　）

8. 韧性和脆性是相对的，韧性好则脆性就小，韧性的大小是用材料受冲击力时产生破坏所吸收的冲击功来表示的。　　　　　　　　　　　　　　　　　（　　）

9. 金属在固态下随温度的改变而由一种晶格变为另一种晶格的现象称为同素异构转变。　　　　　　　　　　　　　　　　　　　　　　　　　　　　　（　　）

10. 共析钢的平衡组织为铁素体。　　　　　　　　　　　　　　　　　（　　）

11. 亚共析钢的组织为珠光体和渗碳体。　　　　　　　　　　　　　　（　　）

12. 过共析钢的平衡组织为铁素体和二次渗碳体。　　　　　　　　　　（　　）

13. 橡胶根据原材料的来源可分为天然橡胶和合成橡胶。　　　　　　　（　　）

14. 橡胶按应用范围可分为通用橡胶和特种橡胶。　　　　　　　　　　（　　）

15. 橡胶越软、越厚，隔声性能越好（　　　　）。

16. 天然橡胶具有很高的耐油性。　　　　　　　　　　　　　　　　　（　　）

17. 橡胶件在温度低于 $-15\,^\circ\!C$ 时，其弹性随温度的降低而急剧降低。　（　　）

18. 橡胶弹簧具有吸收冲击能量的功能。　　　　　　　　　　　　　　（　　）

19. 胶黏剂中的"万能胶"什么都能粘。　　　　　　　　　　　　　　（　　）

20. 陶瓷是各种有机金属材料的总称。　　　　　　　　　　　　　　　（　　）

21. 氧化物陶瓷大多属于普通陶瓷。　　　　　　　　　　　　　　　　（　　）

22. 玻璃纤维增强复合材料俗称玻璃钢。　　　　　　　　　　　　　　（　　）

任务二　金属材料力学性能改善的方法

一、填空题

1. 热处理是采用适当的方式对金属进行加热、保温和冷却，以获得预期的_____与性能的工艺。

2. 本质晶粒度表示某种钢在规定的加热条件下，_____晶粒长大的倾向，而不是晶粒大小的实际度。

3. 金属材料在经过淬火处理后，其表面硬度用_____表示。

4. 轴承材质或热处理不良会引起早期_____破坏。

5. 二次硬化是指在一次或多次回火后提高了_____的现象。

6. 高温回火是工件在_____以上进行的回火。

7. 回火脆性是指_____在某些温度区间回火或从回火温度缓慢冷却通过该温度区间产生的脆化现象。

8. 感应淬火是利用_____通过工件所产生的热量，使工件表面、局部或整体加热并快速冷却的淬火。

9. 车辆用烧结铜钢套淬火前应进行表面_____处理。

10. 氧化处理简称_____。

11. 车辆车轴用钢中硫的质量分数为_____。

12. 碳钢按碳的质量分数的不同可分为低碳钢、中碳钢和_____三种。

13. ZG230 – 450 号铸钢的抗拉强度为_____MPa。

14. 合金钢按用途分为_____、_____与合金工具钢。

15. 09MnCuPTi 低合金高强度结构钢具有良好的_____性能。

16. 60Si2CrA 表示碳的质量分数为_____，硅的质量分数为2%，铬的质量分数为1%左右的高级优质合金弹簧钢。

17. 耐回火性是工件回火时_____的能力。

18. 在高温下保持_____的性能称为热硬性。

19. 根据铸铁中石墨的存在形式，常用铸铁可以分为灰铸铁、可锻铸铁和_____等三种。

二、判断题

1. 热处理之所以能使钢的性能发生变化，主要是内部组织发生了变化。　　（　　）

2. 正火的目的是增加钢的强度和韧性，减小内应力，改善低碳钢的切削加工性能。
（　　）

3. 手工冷绕弹簧大多要进行热处理。　　　　　　　　　　　　　　（　　）

4. 手工冷绕碳钢弹簧应进行淬火及回火处理。　　　　　　　　　　（　　）

5. 淬火是指将工件表面淬硬到一定程度，而芯部仍然保持未淬火状态的一种局部淬火方法。　　　　　　　　　　　　　　　　　　　　　　　　　　（　　）

6. 淬火一般安排在磨削工序之后，目的是提高工件的强度、硬度和耐磨性。（　　）

7. 经过淬火后钢的硬度检验和成品零件的硬度检验一般采用布氏硬度。（　　）

8. 大部分合金钢的淬透性比碳钢的淬透性好。　　　　　　　　　　（　　）

9. 一般来讲，钢中碳的质量分数越高，淬火后越硬。　　　　　　　（　　）

10. 渗氮比渗碳处理的加热温度要高得多。　　　　　　　　　　　　（　　）

11. 渗碳处理后，必须进行淬火加低温回火处理。　　　　　　　　　（　　）

12. 渗氮处理后，必须进行淬火加低温回火处理。　　　　　　　　　（　　）

13. 按钢的质量钢可分为建筑及工程用钢、机械制造用结构钢、工具钢、特殊性能钢、专业用钢等。　　　　　　　　　　　　　　　　　　　　　　　（　　）

14. 碳素钢主要含有铁和碳等元素，同时还含有少量的硅、锰、硫、磷等元素。
（　　）

15. 碳的质量分数为 0.25% ~0.6% 的钢称为低碳钢。　　　　　　　（　　）

16. 耐候钢具有良好的耐候性，因为它在大气腐蚀条件下生成了致密的稳定锈层，抑制了水和氧气的渗透，几乎完全阻止了以后的腐蚀反应。　　　　　　（　　）

17. 09MnCuPri 低合金钢又称为耐大气候钢。　　　　　　　　　　　（　　）

18. Q235A 钢属于普通碳素结构钢。　　　　　　　　　　　　　　　（　　）

19. Q235A 钢可以进行正火和淬火处理。　　　　　　　　　　　　　（　　）

20. 用 Q235A 钢制作销套，淬火前必须渗碳。　　　　　　　　　　　（　　）

21. 优质碳素结构钢是用来制造较为重要机械零件的非合金钢。　　　（　　）

22. 45 钢与 Q235A 钢相比较，45 钢的工艺性能好。　　　　　　　　（　　）

23. 车辆制动杠杆所用圆销的材质一般采用45钢。 （ ）

24. T12A钢按用途分类属于碳素工具钢。 （ ）

25. 碳素工具钢的特点是不需要进行热处理（淬火与回火）。 （ ）

26. B级和C级铸钢的综合力学性能优于ZG230-450铸钢。 （ ）

27. 车辆常用弹簧钢为55Si2Mn和60Si2Mn。 （ ）

28. W18Cr4V合金工具钢用于制作高速切削刀具。 （ ）

29. 根据铸铁中石墨的存在形式，常用铸铁可分为灰铸铁、可锻铸铁和球墨铸铁三种。 （ ）

30. 铸铁件比钢件的抗氧化性能差。 （ ）

31. 可锻铸铁就是可以锻造加工的铸铁。 （ ）

任务三 工程上常用有色金属与合金识别

一、填空题

1. 电力机车轴瓦表面浇注一层巴氏合金，其作用是提高轴瓦的_____。

2. 车辆用烧结铜钢套属于_____结构的粉末冶金材料。

3. 硬质合金分为_____、钨钴钛类和通用类硬质合金。

4. 钨钴钛类硬质合金的代号是_____。

5. 钨钴钛类硬质合金比钨钴类硬质合金的硬度_____。

二、判断题

1. 防锈铝合金不能用热处理强化，可通过形变强化来提高其强度。 （ ）

2. 硬铝不需要进行任何热处理其自身强度和硬度就很高，常用于制作油箱和门窗等。 （ ）

3. 超硬铝虽然强度和硬度都很高，但耐蚀性能差，常在其表面包一层纯铝来提高其耐蚀性。 （ ）

4. 锻铝是可以加热锻造的。 （ ）

5. 根据普通黄铜的退火组织可分为单相、双相和三相黄铜。 （ ）

6. 青铜的编号方法为"M+主加元素符号+主加元素含量"。 （ ）

7. 工业纯铜的代号为T1、T2、T3，代号中数字越大，纯度越高。 （ ）

8. 黄铜是铜与锌的二元合金，锌含量越高其强度越大。 （ ）

9. 青铜是铜和锌或镍的二元合金。 （ ）

10. 硬质合金刀具，YG8适合加工铸铁及有色金属，YT15适宜加工碳素钢。 （ ）

11. 硬质合金是一种耐磨性好、耐热性高、抗弯强度和冲击韧度都较高的刀具材料。 （ ）

12. 硬质合金一般以钴为黏结剂，其质量分数为3%~8%。 （ ）

项目二　金属材料加工成形方法分析

【项目描述】

本项目主要通过对热加工工艺基础知识和机械加工工基础知识的认知学习，掌握各自的特点和适用范围，以便在工程实际应用中选取恰当的材料加工成形方法，制造出满足工程实际需要的构件。

【学习目标】

(1) 了解铸造性能、砂型铸造结构工艺性等基本知识；

(2) 了解锻压性能，以及金属塑性变形、板料冲压等基本知识；

(3) 了解焊接相关基础知识；

(4) 了解金属切削加工的基本知识；

(5) 掌握工程上常用机械零件表面加工的基础知识和常用加工方法；

(6) 了解机械加工工艺规程；

(7) 通过完成本项目的学习，使学生逐步养成根据工程实际需要、增强创新意识、选用恰当材料加工成形方法的能力。

相关知识

任务一　热加工工艺基础知识认知

【任务目标】

(1) 能够分析简单的铸造缺陷;

(2) 能够区分砂型铸造及特种铸造的优缺点;

(3) 能够进行简单的锻压成形操作;

(4) 能正确使用一种焊接设备进行操作;

(5) 能简单分析常见焊接缺陷;

(6) 能区分不同焊接方法的优缺点。

一、铸造基础知识认知

将熔化的金属液体注入铸型空腔中,冷却后获得零件或毛坯的工艺过程,称为铸造。铸造生产方法有多种,按熔融金属分,可分为黑色金属铸造和有色金属铸造;按铸型分,可分为砂型铸造和特种铸造;按成品分,可分为普通铸造和精密铸造。

由于铸件的尺寸接近于零件,可以节省金属材料和减少切削加工工作量,因此铸造具有良好的经济性。但由于铸造生产工序较多,部分工序难以控制,因此铸件的质量不稳定,废品率较高,而且铸件的铸态组织晶粒粗大,所以力学性能较差,对于承受动载荷的重要零件一般不采用铸件作为毛坯。机车车辆上许多零件都是采用铸造生产的,如形状复杂的车钩以及转向架主要承载件(侧架、构架、摇枕)等。

1. 合金的铸造性能

常用的铸造合金有铸铁、铸钢、铜合金、铝合金等,由于化学成分不同,它们在铸造工艺中表现的特性也不相同。铸铁具有良好的铸造性,可浇注形状复杂的薄壁铸件,产生气孔、渣眼、缩孔和裂纹的倾向性也较小。各种铸铁中以灰铸铁的铸造性能最好。铸钢的综合力学性能比铸铁高,但铸造性能低于铸铁,铸钢件壁厚不能小于8 mm,由于收缩率比较大,故极易产生黏砂、缩孔、裂纹等缺陷。铜合金和铝合金可浇注最小壁厚2.5 ~ 3 mm的复杂铸件,但易形成缩孔,且易于吸气和氧化。

2. 砂型铸造

用型砂紧实成形的铸造方法,称为砂型铸造。在铸造生产中,砂型铸造生产的铸件占全部铸件总量的80%以上,它是目前生产上应用最广泛、最基本的铸造方法。砂型铸造的生产工序很多,主要工序为制模、配砂、造型、制芯、合型、熔炼、浇注、落砂、清理和检验。

　　铸件的形状与尺寸主要取决于造型和制芯，而铸件的化学成分则取决于熔炼，所以造型、制芯和熔炼是铸造生产中的重要工序。图2-1所示为齿轮毛坯的砂型铸造示意图。

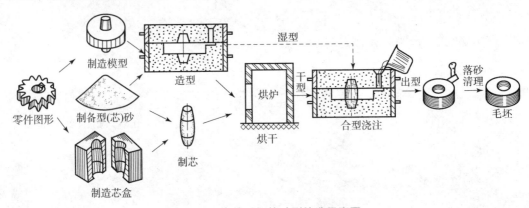

制造模型　造型　湿型　出型　落砂清理

零件图形　制备型(芯)砂　制芯　烘炉　干型　合型浇注　毛坯

制造芯盒　烘干

图2-1　齿轮毛坯的砂型铸造示意图

（1）造型

　　用造型材料及模型等工艺装备制造铸型的过程称为造型。造型的主要作用是形成铸件的型腔，在浇铸后形成铸件的外部轮廓，而造型材料的好坏则对铸件的质量起决定性影响。

　　1）造型材料。造型材料是指制造铸型（芯）用的材料，一般指砂型铸造用的材料，包括砂、黏土、有机或无机黏结剂和其他附加物。为保证铸件质量，必须合理地选用和配制造型材料，使其具有良好的可塑性和透气性、足够的强度和耐火性及适当的退让性。

　　2）造型方法。造型是铸造生产中最主要的工序之一，对保证铸件质量具有重要的影响。按照造型的手段，造型方法可分为手工造型和机器造型两大类。手工造型全部用手或手动工具完成造型工序，操作灵活、适应性强，但生产效率低，劳动环境差，主要用于单件小批量生产。机器造型的实质就是用机器代替了手工紧砂和起模，生产率高、铸件尺寸精度高、表面质量好，适用于大批量生产铸件。

（2）制芯

　　形成铸件外形的主要是用模样制成的砂型，而形成铸件的孔或内腔的主要是用型芯盒制成的型芯。制造型芯的过程叫制芯。型芯（也叫芯子）的主要作用是获得铸件的内腔。浇注时，由于砂芯被高温液体所包围，与砂型相比，型芯必须具有更高的强度、耐火性、透气性和退让性。这主要靠合理地配制芯砂和正确的制芯工艺来保证。

（3）熔炼、浇注及清理

　　将金属熔化成高温液体的过程称为熔炼。金属熔炼质量的好坏对铸件质量有重要影响。

　　如果金属液的化学成分不合格，会降低铸件的力学性能和物理性能。金属液的温度过低，会使铸件产生气孔、夹渣等缺陷；温度过高则会导致铸件的收缩量增加、黏砂严重等缺陷。将液体金属浇入铸型的过程称为浇注。在铸型型腔中开设有一系列通道，即浇注系统，它能保证液体金属均匀平稳地充满整个型腔。为保证浇注质量，必须保证浇注温度高低合适、浇注速度快慢适中。浇注后经过充分冷却和凝固，将铸件和型砂（芯砂）、砂箱分开，并进行铸件表面黏砂、型砂（芯砂）、多余金属等清理工作，这些工作劳动强度较大，在大量生产中均已实现机械化。

3. 特种铸造

砂型铸造虽然是应用最普遍的一种铸造方法，但存在铸造尺寸精度低、表面粗糙度值大、铸件内部质量差、生产过程不易实现机械化等缺点。因此，对于一些有特殊要求的零件，例如极薄壁件、管子等，常采用与砂型铸造不同的铸造方法，称为特种铸造，如熔模铸造、金属型铸造、压力铸造、离心铸造等。每种特种铸造方法，在提高铸件精度和表面质量、改善合金性能、提高劳动生产率、改善劳动条件和降低铸造成本等方面，各有其优越之处，下面简单介绍几种特种铸造的特点及应用。

（1）熔模铸造

熔模铸造是用易熔材料（如蜡料）制成零件的精确模样，并在模样上涂敷耐火材料制成型壳，待其硬化干燥后熔去模样，经焙烧后将液态金属浇入，待金属冷凝后敲掉型壳获得铸件的一种方法，又称"失蜡铸造"。由于铸件的尺寸精度较高，表面粗糙度较低，故又可称为"熔模精密铸造"。

熔模铸造的优点为：铸型无分型面，铸件精度高，表面光洁，适于铸造高熔点、形状复杂及难以切削加工的零件，是一种少、无切削加工的铸造方法。

熔模铸造的缺点为：铸造工序多，生产周期长，成本高，不适于生产大型铸件。熔模铸造适用于形状复杂、精度高、难加工的铸件和以铸钢为主的铸件。

（2）金属型铸造

金属型铸造是将液态金属在重力作用下浇入金属铸型内以获得铸件的方法。金属型是指用铸铁、铸钢或其他合金制成的铸型，由于可以反复使用，所以又称为永久型。金属型在浇注前要预热，还需在型腔和浇道中喷刷涂料，以保护铸型表面，使铸件表面光洁。

金属型铸造的优点为：铸件冷却速度快，组织致密，力学性能好，尺寸精度高，加工余量少，一型多铸，生产率高，劳动条件好。

金属型铸造的缺点为：加工费用高，成本高，周期长，易产生裂纹；由于金属型没有退让性，所以不宜生产形状复杂的薄壁铸件；为消除铸铁件的内应力所造成的精度变化，需在加工前做时效处理。

金属型铸造主要适用于形状较简单、壁厚均匀且不太薄、大批量生产的有色金属铸件，有时也可生产铸铁和铸钢件。

（3）压力铸造

压力铸造是在高压下快速将金属液压入金属型中，并在压力下凝固获得铸件的方法。压力铸造需要在压铸机上进行，所用模具是用耐热合金制造的压铸模。

压力铸造的优点为：铸件组织致密，强度高，力学性能好，尺寸精度高，表面粗糙度值小，加工余量小，生产效率高，一般不需要切削加工即可使用。

压力铸造的缺点为：铸型结构复杂，加工精度和表面粗糙度要求很高，成本高，周期长；由于充型速度过快，铸件易产生皮下气孔缺陷，不宜进行机械加工和热处理；

考虑到压型寿命，压力铸造不适合用于铸钢、铸铁等高熔点合金的铸造，而且压铸件尺寸不宜过大。

压力铸造适用于有色合金的薄壁小件的大量生产，广泛用于航空、汽车、电气以及仪表工业。

（4）离心铸造

离心铸造是将液态金属浇入高速旋转的铸型内，在离心力作用下充型、凝固后获得铸件的方法。离心铸造的设备是离心铸造机，铸型多采用金属型，可以围绕垂直轴或水平轴旋转。

离心铸造的优点为：铸件组织致密，力学性能好，气孔、夹杂等缺陷少，型芯用量少，浇注系统的金属消耗少。

离心铸造的缺点为：铸件内孔尺寸不精确，非金属夹杂物较多，增加了内孔的加工余量；不宜铸造密度偏析大的合金（如铅青铜）。离心铸造主要用于生产管、筒类回转体铸件，如铸造铁管、钢辊筒、铜套等回转体铸件。离心铸造以铸铁和铜合金为主。

4. 铸造的结构工艺性

铸件生产前，必须根据零件结构、技术要求、生产率、生产条件和经济性等因素合理确定铸造工艺。铸造工艺装备是为铸件生产服务的，设计合理的工艺装备，对保证铸件质量、提高生产率、改善劳动条件等起着重要作用。

其中绘制铸造工艺图是一项重要内容，铸造工艺图是指导铸件生产的基本工艺文件，是生产准备、工艺操作和铸件验收的依据，直接影响着铸件的质量和生产率。铸造工艺图应表示铸型分型面、浇冒口系统、浇注位置、型芯结构尺寸及控制凝固措施（冷铁，保温衬板）等。如不铸出孔的尺寸，则应根据生产批量、铸件材质、铸件大小及孔所处位置等条件而定，一般不铸出孔的最小直径应在 35 mm 以下。

二、锻压

金属的塑性成形方法又称锻压，它是指对坯料施加外力，使其产生塑性变形，达到改变尺寸、形状及改善性能，用以制造毛坯或零件的成形加工方法。锻压是锻造与冲压的总称，如图 2-2 所示。

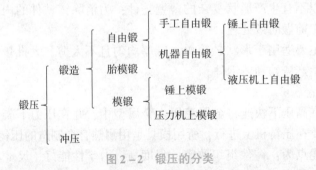

图 2-2　锻压的分类

1. 金属的塑性变形

金属在外力作用下产生的变形可以分为弹性变形和塑性变形。金属的弹性变形量很小，一般不超过1%，并具有可逆性，不能用于金属成形；金属塑性变形量则较大，又不可恢复，被广泛用于金属的成形，是金属锻压的基础。

实际使用的金属材料均为多晶体，其塑性变形过程比较复杂。我们先研究比较简单的单晶体塑性变形，然后再讨论多晶体的塑性变形。

（1）单晶体的塑性变形

单晶体金属塑性变形的基本方式有两种：滑移和孪生。其中，滑移是最基本、最重要的变形方式。

1）滑移变形。

滑移是晶体两部分之间沿一定晶面（滑移面）上的一定方向（滑移方向）发生的相对滑动。

当单晶体受到拉力 F（见图2-3）时，在一定晶面上分解为垂直于晶面的正应力 σ_N 和平行于晶面的切应力 τ，在正应力 σ_N 作用下，晶格沿受力方向被拉长，这就是弹性变形。

当 σ_N 大于原子间的结合力时，晶体断裂。这种断裂属于脆性断裂，特点是金属断口有闪烁的光泽。正应力只能使晶体产生弹性变形和断裂，不会产生塑性变形。

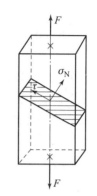

图2-3 单晶体在拉力作用下应力的分解

在切应力作用下单晶体的变形如图2-4（b）所示。当切应力较小时，晶体沿受力方向产生歪扭，开始发生弹性变形，当增大到一定值后，晶体的一部分相对于另一部分就会沿一定晶面和晶向产生相对移动，这就是滑移。

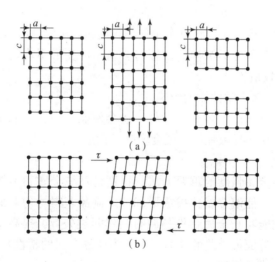

（a）

（b）

图2-4 单晶体变形示意图

（a）在正应力作用下；（b）在切应力作用下

滑移的距离等于原子间距的整数倍。此时去除应力后，弹性变形的部分可以恢复，但产生滑移的部分则不可恢复，成为永久的塑性变形。如果切应力很大，晶体在产生一定量的塑性变形后也会被切断破坏，但这种断裂属于韧性断裂，特点是金属断口呈纤维状，灰暗无光泽。

研究证明，滑移并非为如图 2－4（b）所示的刚性移动，而是通过晶体内部的位错运动实现的，它所需要的切应力比发生刚性移动时小得多。

2）孪生变形。

孪生是在切应力作用下，晶体的一部分沿一定晶面和晶向逐层移动，相对于另一部分产生切变位移。相邻原子间的位移不是原子间距的整数倍，而是原子间距的几分之一，多层晶面累积起来的位移则是原子间距的许多倍。孪生变形一次移动的原子数较多，所需的切应力也较大，变形速度很快。

金属一般是以滑移的方式发生塑性变形。孪生方式多在低温或受快速冲击的体心立方晶格金属和密排六方晶格金属中发生。

（2）多晶体的塑性变形

多晶体是由很多形状、大小和位向不同的晶粒组成的，每个晶粒都相当于一个单晶体。它的塑性变形也是通过滑移和孪生来实现的，但晶界和晶粒位向都会对变形产生重要影响。

晶界上原子排列不规则，富集有杂质原子，处于高能量状态，在常温下对滑移起阻碍作用。因此，金属的晶粒越细，滑移阻力越大，金属的强度也越高。另一方面，滑移可以分散到更多的晶粒中进行，又增大了变形能力，所以细晶粒金属的塑性和韧性也好。

（3）塑性变形对金属组织和性能的影响

1）塑性变形对金属组织的影响。

塑性变形使晶粒沿变形方向伸长并使晶粒破碎。

当变形量较大时，还可形成纤维组织或晶粒位向趋于一致的"变形织构"，从而使金属产生各向异性现象。变形织构会使板材金属塑性变形不均匀，在冲压杯形零件时将出现"制耳"，导致报废。

2）塑性变形对金属力学性能的影响。

塑性变形除会使金属产生各向异性外，还会使晶粒中产生晶格畸变，位错密度增高，位错运动困难，从而导致强度、硬度增高（内应力也增大），塑性和韧性降低，这种现象称为加工硬化。

加工硬化是提高金属强度的重要方法，特别是对纯金属和不能进行热处理强化的合金尤为重要；其次，能使金属拉拔成形和冲压制品获得均匀截面，是冷作成形的基本条件之一，同时它能防止金属零件超载时突然断裂失效，提高了安全性。但加工硬化会增加冷轧、冲压等成形工艺的动力消耗，为恢复金属的塑性往往要进行中间退火，使其生产周期延长、成本增加。

（4）回复与再结晶

冷变形金属的晶格严重畸变，原子处于不稳定状态，有向规则排列的稳定状态转化的自发趋势，但在常温下不明显。若将冷变形金属加热，则会加速这种转变，金属的组织和性能会因加热温度的不同而出现不同的变化。

1）回复。

回复是冷塑变形后的金属在加热温度不高时发生组织及性能变化的过程，其加热温度一般为金属熔点的 1/4 ～ 1/3。在回复过程中，金属原子短距离扩散，使位错密度有所降低，晶格畸变减少，但变形的晶粒形状和大小不变，纤维组织仍然存在。回复使金属的强度和硬度略有下降，塑性略有升高，内应力显著降低，电阻降低。工业上常利用回复把冷变形金属进行去应力退火，如把冷拉钢丝绕制成弹簧后，在 250 ～ 300 ℃ 下退火，可使其保持高的强度，内应力显著降低，尺寸定型。

2）再结晶。

再结晶是冷塑变形后的金属在加热温度较高时，通过新晶核的生成和长大，由畸变晶粒变为等轴晶粒的过程。经过再结晶的冷塑变形金属，畸变晶粒和纤维组织消失，由新的无畸变的等轴晶粒所代替（但其成分和晶体结构并无变化，故还不是相变）；强度和硬度显著下降，塑性和韧性提高，内应力完全消除，加工硬化现象消失。不同的金属具有不同的再结晶温度，且再结晶温度也不是一个恒定值。通常以变形量大于 70% 经过 1 h 能完成再结晶过程的最低温度作为金属的再结晶温度。它与金属的熔点有下述近似关系：

$$T_{再} = (0.5 \sim 0.7) \; T_{熔}$$

工业上选择再结晶退火的温度，通常都比金属的再结晶温度高 100 ～ 200 ℃ 以上，目的是确保完成再结晶过程和缩短退火周期。

但温度过高会引起晶粒长大，强度和塑性都会变坏。此外，金属的变形量应避开 2% ～ 10% 的范围，否则也会导致晶粒显著长大。再结晶退火的目的是恢复变形金属的塑性，使压力加工继续进行，多用于板料冲压过程中的中间退火。

（5）金属的热变形加工和冷变形加工

金属在再结晶温度以上的加工称为热变形加工，而在再结晶温度以下的加工称为冷变形加工。在热变形加工时，金属的加工硬化随时会被再结晶过程所消除，所以没有加工硬化现象。热变形加工的优点是变形抗力小，可用较小的能量获得较大的变形量，是大、中型零件或毛坯的主要加工方法，如锻造、热轧等。但加工后表面氧化严重，精度较差。金属的冷变形加工可获得精度较高、表面质量较好的零件，但变形抗力大，且加工硬化会使金属塑性下降，故变形量不宜过大。其是中小型零件、精化毛坯和原材料的主要加工方法，如冷轧、冷挤压、板料冲压等。

2. 锻造

用锤或压力机使金属材料在热态下发生塑性变形的过程，称为锻造。锻造俗称"打铁"，是压力加工中的主要类别，它能加工各种不同形状和大小的零件。锻造生产的过程主要包括下料、加热、锻造成形、冷却和热处理等。

根据变形温度不同，锻造分为热锻、温锻和冷锻。按照材料成形方法不同，锻造分为自由锻和模锻两大类。按照所用设备和工具不同，自由锻又可分为手工自由锻和机器自由锻两种。模锻又分为胎模锻和锤上锻等多种。

用于锻造的金属必须具有良好的塑性，以便在锻造时产生永久变形而不破裂。经过锻造轧制的钢坯，内部组织致密、均匀，性能优于铸件，能承受较大的载荷及冲击，所以机车车辆上重要的零件一般都采用锻件毛坯，如车轴、曲轴、钩尾销以及电力机车牵引叉头等。

（1）金属的可锻性

金属的可锻性是指金属对锻压加工的适应性，即在一定的压力加工条件下，经受锻压获得合格零件（毛坯或原材料）的难易程度。

可锻性常用金属的塑性指标和变形抗力综合衡量。金属的塑性越好，变形抗力越小，其可锻性就越好。但可锻性还与变形条件有关，它是一个相对的概念。影响金属可锻性的因素主要有两个方面：金属的本质和变形条件。

1）金属本质的影响

①化学成分。纯金属的可锻性优于合金，如纯铁可锻性比钢好，它的塑性高而且变形抗力也小，随着碳钢中含碳量的增加，可锻性下降。合金钢的合金元素越多，可锻性就越差。

②金属组织。单相固溶体组织的可锻性优于多相混合物，如钢加热到单相奥氏体状态时具有良好的可锻性。晶粒细小而均匀的组织状态比粗晶粒或柱状晶粒的可锻性好。

2）变形条件的影响

①温度。在一定条件下，提高变形温度可使金属塑性增大、变形抗力降低、可锻性提高。生产中常把金属塑性与温度的关系画成塑性图，作为确定变形温度的重要依据之一。

②变形速度。单位时间的变形量。变形速度对可锻性有两个矛盾的影响：一方面，变形速度增大会使金属的变形抗力增加，而且再结晶速度低于变形速度，可锻性下降；另一方面，变形速度增大会增大塑性变形的热效应，使金属温度升高，从而又使可锻性提高。

③应力状态。拉应力易在金属内部缺陷部位造成应力集中而产生裂纹，使塑性降低；压应力则有利于金属产生晶内变形，提高塑性。

④其他条件。包括材料尺寸和表面质量。尺寸大则单位面积上的变形抗力较小；材料表面平整光洁、无氧化皮和微裂纹，均会使可锻性提高。

（2）自由锻造

在自由锻设备的上、下砥铁之间，利用简单、通用的工具使加热的金属材料产生塑性变形以获得锻件的加工方法称为自由锻。自由锻适合单件、小批量生产，也是锻制大型锻件的唯一方法。自由锻分为手工自由锻和机器自由锻。

手工自由锻是利用手工工具使材料变形的加工方法，其锤击力小，生产效率低，只适于生产小锻件。

机器自由锻能锻造各种尺寸的锻件，生产率高，是目前普遍采用的锻造方法。

机器自由锻设备分为两类：一类作用力以冲击力为主，如空气锤、蒸汽－空气自由锻锤等；一类作用力以静压力为主，如水压机等。中、小锻件多采用空气锤锻造，大型锻件常采用水压机锻造。

（3）模型锻造

模型锻造简称模锻，是把金属材料放在锻模模槽内施加压力使其变形的一种锻造方法。模锻适用于中、小型锻件的大批量生产。模锻与自由锻相比，具有生产率高、锻件质量好、可锻造出复杂形状等优点，但使用的材料加工成本高，要求设备的吨位较大，只适用于中、小型锻件的大批量生产。

1）胎模锻。胎模锻是在自由锻设备上使用可移动模具生产模锻件的一种锻造方法。胎模不固定在锤头或砧座上，只是在使用时才放上去。

通常，胎模锻件的制造过程是先用自由锻造的墩粗或者拔长等工序制坯，然后在胎模内终锻成形。胎模锻适用于小件的中、小批量生产。

2）锤上模锻。在模锻锤（蒸汽–空气锤、无砧座锤、高速锤等）上进行的模锻简称锤上模锻。模锻锤与其他模锻设备相比，工艺适应性好，可锻造各种类型的模锻件，生产效率高，设备造价较低。锤上模锻在国内外锻造行业仍占据重要地位。

3）压力机上模锻。压力机上模锻是指在摩擦压力机、曲柄压力机、平锻机等压力机上进行的模锻。一般摩擦压力机上模锻适合中、小型锻件的中、小批量生产；曲柄压力机上模锻适合大批量生产；平锻机上模锻适合带头部的杆类和有孔的锻件，也可锻造曲柄压力机上不能模锻的锻件。

由于模锻锤存在着振动强烈、噪声大、劳动条件差、蒸汽效率低、能源消耗多等不易克服的缺点，故大吨位模锻锤有逐步被压力机所取代的趋势。

3. 板料冲压

板料冲压是指利用冲压设备和冲模使板料产生变形分离，从而获得毛坯或零件的加工方法，和锻造一样也属于压力加工。因其通常在常温下进行，故又称为冷冲压。

板料冲压的材料必须具有良好的塑性，常用的材料有低碳钢、塑性好的合金钢以及铜、铝有色金属等。冲压的基本工序可分为分离和变形两大类。分离工序是将板料的一部分和另一部分分开的工序，如剪切、落料、冲孔等；变形工序是使板料发生塑性变形的工序，如弯曲、拉伸等。冲压设备主要有剪床和冲床两大类。剪床（剪板机）是将板料按要求切成一定宽度条料的过程（即下料），供下一步冲压使用。

冲床（压力机）是冲压加工的基本设备，用于切断、落料、冲孔、弯曲和其他冲压工序。由于冲压加工操作简便、易于实现机械化和自动化、生产效率高、加工费用低，所以在工业生产中得到广泛的应用。

三、焊接

焊接是通过加热或加压，或两者并用，并且用或不用填充材料，使焊件达到原子结合的一种加工方法。

焊接过程的实质是两块金属的冶金结合，焊接属于不可拆连接。焊接是现代工业中用来制造或修理各种金属结构和机械零部件的主要方法之一。作为一种永久性连接的加工方法，焊接工艺已基本取代铆接工艺。与铆接相比，焊接具有节省金属材料、生产率高、连接质量优良、劳动条件好、结构简单、密封性能好等优点，因而焊接广泛应用于机械制造、压力容器、车辆、造船、石油化工、建筑、桥梁、医疗器械、电子、航空、航天及各种尖端科技部门和工业中，并在许多情况下都是不可替代的加工方法。焊接还可以用于铸、锻件缺陷的修补和机器零件磨损的修复。

焊接方法有多种，通常按焊接过程的特点分为熔焊、压焊和钎焊。常用的有电弧焊、气焊和电阻焊，其中电弧焊使用最为广泛。

1. 焊条电弧焊

焊条电弧焊是利用焊条与焊件之间产生的电弧热量，将焊条和焊件熔化，从而获得牢固连接的一种手工操作方法。这种焊接属于熔焊，所需设备简单，操作方便、灵活，可以随时完成各种金属材料在不同位置和不同接头形式的焊接工作。电弧焊目前仍是焊接生产中应用最广泛的一种方法，特别是在机械设备维修中，由于机械零件的损伤，如裂纹、腐蚀、磨损等需要焊修时，零件的形状和损伤部位存在着一定的不确定性，就更适合采用焊条电弧焊。

（1）焊接过程与焊接电弧

1）焊接过程。焊条电弧焊的焊接过程如图 2 - 5 所示。焊接前，先将焊钳和焊件分别连接到电焊机两极，并用焊钳夹持焊条，然后引燃电弧，焊条和焊件在电弧热的作用下同时熔化，形成金属熔池。随着电弧沿焊接方向前移，熔池金属迅速冷却、凝固形成焊缝。

2）焊接电弧。在由焊接电源供给的、具有一定电压的两电极间或电极与焊件间的气体介质中产生的强烈而持久的放电现象，叫焊接电弧。

焊接电弧由阴极区、弧柱区和阳极区所组成，如图 2 - 6 所示。一般情况下，电弧热量在阳极区产生的较多，约占总热量的 43%；阴极区因放出大量电子，消耗了部分能量，因而产生的热量较少，约占总热量的 36%；弧柱区的温度一般较高，在 5 000 ~ 8 000 K（随气体种类和电流大小变化）。采用焊条电弧焊时，电弧产生的热量只有 65% ~ 85% 用于加热和熔化金属，其余的热量则散失在电弧周围和飞溅的金属溶滴中。

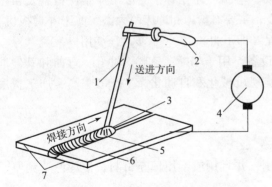

图 2 - 5　焊条电弧焊的焊接过程

1—焊条；2—焊钳；3—电弧；4—弧焊机；
5—熔池；6—焊缝；7—焊件

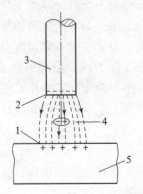

图 2 - 6　焊接电弧结构示意图

1—阳极区；2—阴极区；3—焊条；
4—弧柱；5—焊件

（2）焊条电弧焊设备及工具

1）电焊机供给电弧焊电源的专用设备。

电焊机供给电弧焊电源的专用设备称为电焊机，它是焊条电弧焊的主要设备，在生产中按焊接电流的种类不同，电焊机可以分为交流电焊机和直流电焊机两类。

2）焊条电弧焊工具。

①电焊钳。电焊钳的作用是夹持焊条和传导电流，一般要求其导电性能好、质量

轻、焊条夹持稳固、换装焊条方便等。

②焊接电缆。焊接电缆的作用是传导电流。一般要求用多股纯铜软线制成，绝缘性要好，而且要有足够的导电截面积，其截面积大小应根据焊接电流大小而定。

③面罩及护目玻璃。面罩的作用是焊接时保护焊工的面部免受强烈的电弧光照射和飞溅金属的灼伤。面罩有手持式和头戴式两种，焊接时可根据不同的焊件或工作情况而选用。护目玻璃，又称黑玻璃，它的作用是减弱电弧光的强度，过滤紫外线和红外线，使焊工在焊接时既能通过护目玻璃观察到熔池的情况，掌握和控制焊接过程，又能防止眼睛被弧光灼伤。

（3）焊条

1）焊条的组成。

焊条是指涂有药皮的供焊条电弧焊用的熔化电极，由药皮和焊芯两部分组成，如图 2 -7 所示。

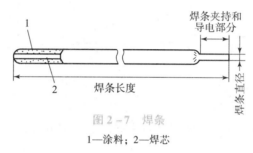

图 2 -7　焊条

1—涂料；2—焊芯

焊芯是指焊条中被药皮包覆的金属芯。其作用：一是作为电极，传导电流，产生电弧；二是熔化后作为填充金属，与熔化的母材一起组成焊缝金属。

药皮是压涂在焊芯表面的涂料层，它是由矿石粉、有机物粉、铁合金粉和黏结剂等原料按一定比例配制而成的，主要作用是保证焊缝金属具有合乎要求的化学成分和力学性能等，并使焊条具有良好的焊接工艺性能。

2）焊条的分类。

①按用途焊条可分为结构钢焊条、不锈钢焊条、铸铁焊条、堆焊焊条、低温钢焊条、铝和铝合金焊条、特殊用途焊条等十大类。

②按熔渣化学特性焊条可分为酸性焊条和碱性焊条两类。药皮熔化后形成的熔渣以酸性氧化物为主的焊条为酸性焊条，如 E4303、E5003 等；反之为碱性焊条，如 E4315、E5015 等。E4303 或 E4315 焊条适于焊接 Q235 钢和 20 钢，E5003 或 E5015 焊条适于焊接 16Mn 钢。根据 GB/T 5117—1995 规定，碳钢焊条的型号用英文字母 E 的后面加四位数字来表示。

如 E4315 焊条中："E"表示焊条；"43"表示熔敷金属最小抗拉强度为420 MPa（43 kgf/mm²）；第三位数字"1"表示适于全位置焊接；"1"和"5"组合表示药皮类型和焊接电源种类，"15"表示低氢钠型药皮、直流反接焊接电源。另外，国产焊条中的 T507CuCrNi 是用于耐候钢的焊条。

3）焊条选用原则。

①母材的力学性能和化学成分要与母材化学成分相同或相近。对于结构钢主要考

虑母材的强度等级；对于低温钢主要考虑母材的低温工作性能；对于耐热钢、不锈钢等主要考虑熔敷金属的成分与母材相当。

②焊件的结构复杂程度和刚性。对于形状复杂、刚性较大的结构，应选用抗裂性好的低氢型焊条。

③焊件的工作条件。对于工作条件特殊的，应选用相对应的焊条。

此外，还要考虑劳动生产率、劳动条件、经济效益、焊接质量等。

（4）焊接接头形式、坡口形式及焊接位置

1）焊接接头形式。

常用的焊接接头形式有对接接头、搭接接头、T形接头和角接接头等，如图 2-8 所示。

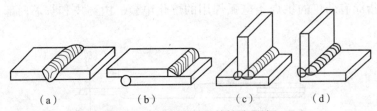

图 2-8　焊条电弧焊的接头形式

（a）对接接头；（b）搭接接头；（c）T形接头；（d）角接接头

对接接头节省材料，受力时应力分布均匀，因而应用最多。

2）坡口形式。

坡口是为保证焊缝质量而在被焊处加工成的具有一定形状的沟槽。常用的对接接头坡口形式如图 2-9 所示，主要有 I 形坡口、Y 形坡口、双 Y 形坡口、带钝边 U 形坡口。焊件较薄时常采用单面焊，较厚时则多采用双面焊接，这样既可保证焊透，又能减小变形。加工坡口时，通常在焊件厚度方向留有直边，称为钝边，其作用是防止烧穿。接头组装时，往往留有间隙，这是为了保证焊透。在被焊接的工作接口处倒角能起到强固连接的作用。

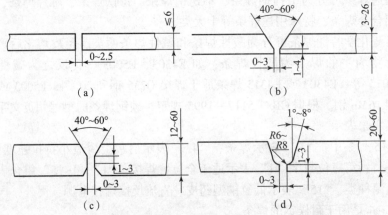

图 2-9　对接接头常用的坡口形式及适用的焊件厚度

（a）I形坡口；（b）Y形坡口；（c）双Y形坡口；（d）带钝边U形坡口

3）焊接位置。

按焊接时焊缝的空间位置不同，焊接可分为平焊、立焊、横焊和仰焊四种位置，如图 2 - 10 所示。平焊位置易于操作、操作条件好、生产率高、焊接质量容易保证，因而焊件应尽量采用平焊位置，立焊位置和横焊位置次之，仰焊位置最差。

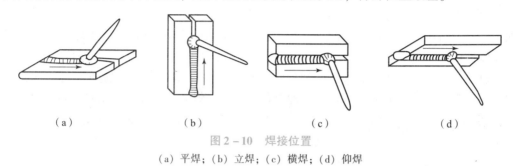

（a）　　　　　　（b）　　　　　　（c）　　　　　　（d）

图 2 - 10　焊接位置

（a）平焊；（b）立焊；（c）横焊；（d）仰焊

2. 其他焊接方法简介

（1）气焊与气割气焊（或气割）

气焊与气割气焊是利用可燃性气体与氧气混合燃烧时所产生的热量作为热源进行焊接（或切割）的一种方法。气焊与气割气焊所采用的可燃性气体主要有乙炔、氢气、液化石油气等，其中最常用的是乙炔。气焊具有设备简单、便于野外施焊、方便灵活、可全位置焊接等优点，但热量分散、焊件易变形、生产率较低。目前，气焊主要用于焊接薄板、薄壁管、有色金属、铸铁件、钎焊件及堆焊硬质合金等。利用气体火焰的热能将钢件预热到一定温度，然后通以高速氧气流，使铁燃烧（激烈氧化）并放出热量实现切割的方法称为气割。生产中常用氧 - 乙炔焰作为气割火焰，故又称氧 - 乙炔切割。氧 - 乙炔火焰切割是利用高温熔化吹切分离原理，为低、中碳钢板和低合金钢板下料的常用方法。铸铁的燃点高于自身熔点，铝及其合金、高铬钢或铬镍钢的氧化物熔点高于其金属自身的熔点，铝、铜及其合金导热性好，故都不能进行气割。

等离子弧切割是利用等离子弧的热能实现金属材料熔化切割的方法。切割等离子弧的温度一般在 10 000 ~ 14 000 ℃。等离子弧切割割口窄、速度快，切割速率是氧 - 乙炔切割的 1 ~ 3 倍，可用于切割高碳钢、高合金钢、铸铁、铜及其合金、铝及其合金等，也可切割花岗岩、碳化硅混凝土等非金属材料。

气割时金属本身并不熔化，熔化的是金属氧化物，故能获得光滑整齐的割口。气焊与气割设备基本相同，不同之处是焊接时采用焊炬，而切割时采用割炬。

（2）埋弧焊

埋弧焊是电弧在焊剂层下燃烧，利用机械自动控制焊丝送进和电弧移动的一种电弧焊方法，可分为自动和半自动两种。它的工作原理是：电弧在颗粒状的焊剂下燃烧，焊丝由送丝机构自动送入焊接区，电弧沿焊接方向的移动靠手工操作或机械自动完成，（分别称为半自动埋弧焊和自动埋弧焊）。

埋弧焊的优点是允许采用较大的焊接电流，使生产率提高、焊缝保护好、焊接质量高、节省材料和电能，且劳动条件好，容易实现焊接自动化和机械化；缺点是接头的加工与装配要求较高，设备昂贵，焊前准备时间长。埋弧焊主要用于焊接碳素钢、低合金高强度钢，也可用于焊接不锈钢及纯铜等，适于大批量焊接较厚的大型结构件的直线焊缝和大直径环形焊缝。

（3）气体保护电弧焊

气体保护电弧焊是利用外加气体在电弧周围形成局部的气体保护层，将电弧、熔池与空气隔开，保护融化金属不被氧化，从而获得高质量焊缝的一种焊接方法。气体保护焊分为熔化极和非熔化极两种，根据所用的保护气体的不同有氩弧焊、二氧化碳气体保护焊和氦弧焊等。

氩弧焊是以氩气作为电弧和熔池保护气体的一种气体保护焊。氩弧焊是一种明弧焊，便于观察，操作灵活，适宜于各种位置的焊接，焊后无熔渣，易实现焊接自动化。

其特点是：焊缝表面成形好，具有较好的力学性能，但设备及控制系统较复杂，维修困难，氩气价格较贵，焊接成本高。

氩弧焊应用范围广泛，适用于黑色金属、有色金属及其合金，通常多用于焊接铝、镁、钛及其合金，低合金钢，耐热合金等，但对于低熔点和易蒸发的金属焊接困难。

（4）钎焊

钎焊是利用熔点比焊件低的钎料与焊件共同加热到钎焊温度，在焊件不熔化的情况下，钎料熔化并润湿焊件表面，依靠二者的扩散而形成钎焊接头。钎焊与熔化焊相比，焊件加热温度低、组织和力学性能变化较小，接头光滑、平整。某些钎焊方法可以一次焊多工件、多接头，生产率高，并可以连接异种材料。但接头的强度较低，工作温度不能太高。

钎焊根据钎料熔点的不同可分为硬钎焊和软钎焊两种。钎料熔点在 450 ℃ 以上的钎焊称为硬钎焊，钎料熔点在 450 ℃ 以下的钎焊称为软钎焊。

（5）电阻焊

电阻焊是利用电流流过焊件接触处时产生的电阻热，将焊件连接处局部加热到熔化或半熔化状态，然后加压而实现材料焊接的一种方法。

电阻焊的特点是：生产率高，不需要填充金属，成本低，劳动条件好，工件变形小，操作简单，易实现机械化与自动化。

由于焊接过程极快，因而电阻焊设备需要相当大的电功率和机械功率。电阻焊主要应用于低碳钢、不锈钢、铝、铜等材料的焊接。生产中电阻焊根据接头的形式不同可分为点焊、缝焊和对焊三种。其中点焊主要用于厚度在 4 mm 以下的薄板的焊接；缝焊主要用于厚度在 3 mm 以下的薄板的焊接；对焊主要用于较大截面（直径或边长小于20 mm）焊件与不同种类金属和合金的对接。

3. 常用金属材料的焊接

（1）金属材料的焊接性

金属材料的焊接性是金属材料对焊接加工的适应性，主要指在一定的焊接工艺条件下，获得优质焊接接头的难易程度。它包括两个方面的内容：一是工艺性能，即在一定工艺条件下，焊接接头产生工艺缺陷的倾向，尤其是出现裂纹的可能性；二是使用性能，即焊接接头在使用中的可靠性，包括力学性能及耐热、耐蚀等特殊性能。

金属焊接是金属的一种加工性能，它决定于金属材料的本身性质和加工条件。就目前的焊接技术水平，工业上应用的绝大多数金属材料都是可以焊接的，只是焊接的难易程度不同而已。

（2）碳钢的焊接

碳钢的焊接性除与工艺条件有关外，还与含碳量、脱氧程度和磷、硫杂质含量等有关。

1）低碳钢的焊接。

低碳钢或普通碳素结构钢（Q235A）的含碳量低，塑性、韧性好，无淬硬倾向，焊接性良好，用各种焊接方法均可获得优质的焊接接头，一般无须采取特殊的工艺措施。

但当碳的质量分数偏高（$\omega(C) = 0.21\% \sim 0.25\%$）、厚度较大（$> 75$ mm）或在低温下焊接重要焊件时，则须选用低氢焊条，并采用低温（$100 \sim 150$ ℃）预热或层间施焊等措施，焊后正火，以减少焊接应力和开裂的可能性。另外，当低碳铸钢件上需焊接其他低碳钢件时，必须清除表层砂皮。

2）中、高碳钢的焊接。

随着含碳量的增高，其淬硬倾向增大，塑性、韧性降低，且容易开裂，焊接性变差，一般不用来制造焊接结构。在需要焊接或焊补时，要采取预热、缓冷和焊后热处理等较严格的工艺措施，并选用低氢焊条，且施焊时要用小电流、慢速焊或用细焊条、多层焊，以尽量减少母材金属熔入焊缝的数量。

对于中、高碳钢，较为适宜的焊接方法是焊条电弧焊或气焊，常用于刀头和刀杆的对接、钎焊硬质合金刀片等。

（3）合金钢的焊接

1）低合金结构钢的焊接。

这类钢广泛用来制造焊接结构，适于各种电弧焊或电渣焊。强度级别较低（$\sigma_s < 343$ MPa）的低合金结构钢焊接性良好，以应用广泛的16Mn、14MnNb等为代表，可采用各种焊接方法，在热轧或正火状态下施焊，均可获得优质焊接接头。但在结构刚度较大或低温焊接时，可低温预热（$100 \sim 150$ ℃），焊后回火（$600 \sim 650$ ℃）；焊条电弧焊时选用低氢焊条，适当增大线能量，以避免裂纹。强度级别较高（$\sigma_s > 393$ MPa）的低合金结构钢，随着碳当量的提高，淬硬倾向增大，焊接性下降，常产生延迟性冷裂纹。为防止延迟性冷裂纹，焊接前须进行预热，焊后缓冷并进行回火处理，如不能立即回火，要把焊件加热至$200 \sim 350$ ℃，保温$2 \sim 6$ h，使氢逸出，进行消氢处理。

同时，采用电弧焊时要选用低氢焊条；埋弧焊时采用碱度较高的焊剂，配以适当焊丝，并注意焊前清理和烘干。

2）其他合金钢的焊接。

在各种焊接结构中，还常采用低、中碳调质钢及不锈钢、耐热钢等钢种，它们的焊接性随化学成分和组织状态的不同而差别很大，焊接中呈现的主要问题也各异。如40Cr钢比45钢的焊接性要差。

但是，这些合金钢均可用电弧焊方法焊接，也可进行点焊或缝焊。目前，各国大多采用气体保护焊、等离子弧焊和电子束焊等方法施焊，不仅可确保焊接质量，而且生产率较高。

（4）不锈钢的焊接

在所用的不锈钢材料中，奥氏体不锈钢应用最广。其中以18-8型不锈钢（如1Crl8Ni9）为代表，它焊接性良好，适用于焊条电弧焊、氩弧焊和埋弧焊。焊条电弧焊选用化学成分相同的奥氏体不锈钢焊条；氩弧焊和埋弧焊所用的焊丝化学成分应与母材相同，如焊接1Cr18Ni9Ti时选用HOCr20Ni10Nb焊丝，埋弧焊时用HJ260焊剂。

奥氏体不锈钢的主要问题是焊接工艺参数不合理时，容易产生晶间腐蚀和热裂纹，这是18-8型不锈钢的一种极危险的破坏形式。晶间腐蚀主要是碳与铬化合成Cr23C6，造成贫铬区，使耐蚀能力下降所致。马氏体不锈钢焊接性较差，焊接接头易出现冷裂纹和淬硬脆化。在焊接时，焊前要预热，焊后应进行消除残余应力的处理。

工程上有时需要把不锈钢与低碳钢或低合金钢焊接在一起，如1Cr18Ni9Ti与Q235焊接，通常用焊条电弧焊。焊条既不能用奥氏体不锈钢焊条，也不能用焊接低碳钢时使用的E4303焊条，而应选用E307-15不锈钢焊条，使焊缝金属组织为奥氏体加少量铁素体，以防止产生焊接裂纹。

（5）铸铁的补焊

铸铁的含碳量高，内部组织不均匀，塑性和韧性低，容易产生白口组织和开裂，焊接性较差。它不适合制造焊接结构，只在铸件出现缺陷或使用中局部磨损及损坏时才进行补焊。

铸铁的补焊可采用焊条电弧焊、气焊、手工电渣焊、钎焊等方法。采用焊条电弧焊时，其工艺可分为热焊（包括半热焊）和冷焊（又称不预热焊）两种。

热焊工艺一般要将铸件局部或整体预热到600~700℃（半热焊时预热到300~400℃），采用铸铁芯铸铁焊条（Z248）或钢芯石墨化铸铁焊条（Z208），对待焊部位进行清理并制好坡口、造型后，采用大电流、长电弧、连续焊，焊后缓冷。冷焊工艺不预热焊件，采用铸铁型焊条时工艺要点同上，但焊缝高度要超过母材5~8 mm，以减慢冷速，防止白口；采用非铸铁型焊条时，则宜用小电流，进行"短段、断续、分散"式焊接，并注意焊接顺序，焊后及时锤击焊道，以减小应力，防止裂纹产生。

（6）有色金属的焊接

1）铜及铜合金的焊接。

铜及铜合金的焊接性较差，主要困难是：导热系数和线膨胀系数大，易产生应力和变形；高温吸氢严重，易形成气孔；铜中的杂质会形成低熔点共晶体（Cu + CuO，Pb，Bi + Cu），热裂倾向大；焊接形成的粗晶组织和合金元素的氧化、蒸发，使接头力学性能下降。

因此，焊接时要用大功率热源，正确选择焊接方法和焊接参数，并注意配以适当的焊剂及预热和缓冷措施，施焊方法要得当。纯铜和黄铜常用的焊接方法有气焊、焊条电弧焊、埋弧焊、氩弧焊及等离子弧焊等。

气焊和钨极氩弧焊适宜薄件（$\delta = 1 \sim 4$ mm）焊接，埋弧焊和熔化极氩弧焊适宜厚板（$\delta > 5$ mm）焊接，焊条电弧焊因飞溅大、烟雾多、质量不易稳定，故较少采用。

2）铝及铝合金的焊接。

铝及铝合金的焊接性也较差，比低碳钢焊接困难，原因是：表面生成的氧化膜阻碍气体析出，特别是高温铝液吸氢严重，更加剧了气孔形成，且容易产生夹渣；导热系数和线膨胀系数大，易产生应力和变形，杂质和铝易形成低熔点共晶体，粗晶组织和应力均使热裂倾向增大、接头软化、耐蚀性下降。目前，氩弧焊是最适宜焊接铝及铝合金的焊接方法。其次，也可采用气焊、电阻焊、钎焊和焊条电弧焊等，但均需对焊件认真进行清理，去除表面氧化膜、油污和水分，使用氯化物或氟化物焊剂时在焊后应及时清除，以防腐蚀焊件。

4. 焊接缺陷及检验

（1）焊接变形和应力

焊接是一种局部加热的工艺过程。在此过程中会在焊件上产生不均匀的温度场，而不均匀的温度场就造成了焊件产生焊接变形与应力。焊接变形较大是焊接结构的主要问题之一，在焊件中产生的应力与变形将对焊件的力学性能、加工精度、稳定性等产生影响，进而影响到焊件的正常使用，甚至会导致整个焊件的报废。对接焊缝主要用来承受作用于被焊件所在平面内的拉应力和弯矩等应力。

当应力达到一定限度时，焊件将产生裂纹，焊接裂纹有热裂纹、冷裂纹、层裂纹以及回火裂纹等几种。热裂纹主要表现为裂纹出现在焊缝中部并沿焊缝长度方向；冷裂纹主要表现为在焊缝根部产生纵向裂纹；层裂纹主要发生在厚板焊接，其裂纹平行于板材轧制方向，并与焊缝长度方向垂直；回火裂纹则是焊接件热处理后在焊缝熔区附近的金属本体产生的裂纹。因此，在生产中如何预防、减小和消除焊接应力与变形就显得十分重要。生产中一般从设计方面和工艺方面采取措施，来预防、减少和消除应力与变形。

下面介绍一些常用的工艺措施。

1）焊前预热、焊后缓冷，这样可以减少焊缝区与焊件其他部分的温差，降低焊缝区的冷却速度，从而减小焊接应力与变形。这种方法常用于焊接性较差的材料及中、高碳钢制成的承载较大的零件的焊修。

2）采用合理的焊接顺序和方向。在选择焊接顺序和方向时，应尽量使焊缝能比较自由地收缩。焊接时，应先焊收缩量较大的焊缝，后焊收缩量较小的焊缝；先焊错开的短焊缝，后焊长焊缝。

3）反变形法。焊前先将焊件向焊接变形相反的方向进行变形，待焊接变形产生时，焊件各部分又恢复到了正常的位置，从而达到了消除变形的目的。

4）夹具固定法。利用夹具或其他一些工具与方法，将焊件固定在正常的位置上，焊接时，焊件被强制不能产生变形，从而减少焊后变形。这种方法会增加焊接内应力，对于防止弯曲变形的效果不如反变形法，但对防止角变形和波浪变形有较好的效果。夹具固定法主要用于塑性较好材料的焊接。

5）分段焊。一条长焊缝沿同一方向连续焊接，称为直通焊。如果把它分成若干小段，一段一段地进行焊接，则通常每段为 100~200 mm，叫分段焊。分段焊它又可分为逆向分段焊和跳焊。

6）锤击焊缝法。利用头部带圆弧的工具锤击焊缝，使焊缝得到延展，从而降低内应力。锤击应保持均匀适度，避免锤击过分，以防产生裂缝，一般不锤击第一层和表层。

7）焊后热处理法。常用方法有整体或局部退火、正火和高温回火，可消除焊后所产生的内应力，并有调质作用，一般用于材料焊接工艺性较差的零件的焊后处理。焊接接头中产生不符合设计或工艺要求的缺陷，称为焊接缺陷。熔焊常见的焊接缺陷有焊缝尺寸及形状不符合要求、咬边、焊瘤、未焊透（焊接时未焊透的原因可能是焊接速度太快）、夹渣、气孔和裂纹等，如图 2－11 所示。焊接缺陷的存在，减小了焊缝的有效承载面积，将直接影响焊接结构的安全。

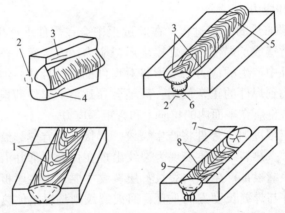

图 2－11　熔焊常见的焊接缺陷

1—气孔；2—未焊透；3—咬边；4—焊瘤；5—夹渣；6—根部夹渣；
7—弧坑裂纹；8—横向裂纹；9—纵向裂纹

（2）焊接缺陷的检验

常用的检验方法有破坏性检验和非破坏性检验。破坏性检验是指从焊件或试件上取样、破坏做试验，以检验试件各种力学性能、化学成分和金相组织的试验方法，包括焊缝金属及焊接接头力学性能试验、金相检验、断口分析、化学分析与试验。

非破坏性检验是指不破坏焊件或试件的检验方法，包括外观检验、水压试验、致密性试验、无损检验等，其中无损检验又分为渗透探伤、磁粉探伤、射线探伤和超声波探伤等。水压试验用来检查受压容器的强度和焊缝致密性，属于超载检查。试验要根据容器设计工作压力确定。

当工作要求 $F = 0.6 \sim 1.2$ MPa 时，试验压力 $F_1 = F + 0.3$ MPa；当 $F > 1.2$ MPa 时，$F_1 = 1.25F$。致密性试验是指检查有无漏水、漏气、渗油、漏油等现象的试验。

渗透探伤是利用带有荧光粉或红色染剂的渗透剂来检查焊接接头表面微裂纹的方法。磁粉探伤是利用磁粉在焊接接头处的分布特征来检验铁磁性材料的表面微裂纹和近表面缺陷。射线探伤和超声波探伤是用来检查焊接接头的内部缺陷，如气孔、夹渣等的方法。

5. 焊条电弧焊在零件修理中的应用

在机械维修中，由于焊条电弧焊操作简单方便，因而被广泛应用于修理零件裂纹、磨损、腐蚀等损伤。熔焊修复法（简称焊修）是将零件或金属局部加热至熔点，利用分子内聚力使零件或金属连接成为一个整体。焊修应用于零件修理时，根据被修设备的特点和零件特点的不同，焊修工艺和焊修方法也有不同的要求，在这里我们只介绍一般的工艺要求。

从焊修的性质来看，对磨损和腐蚀焊修方法可分为两大类：一种属于普通的焊接；另一种采用堆焊。堆焊和普通焊接接头的焊接工艺在要求上有一定的区别。

（1）焊前准备工作

在对零件进行焊修时，为了保证焊修质量，焊前应做好充分的准备工作。

1）工件处理。

①彻底清除焊缝附近的铁锈、水分、油漆、污垢等，防止焊接过程中有害物质侵入焊缝，引起焊接缺陷。

②需开坡口时，应按焊接参数规定铲坡口。如用气割坡口时，须将坡口处的氧化铁彻底铲除，以保证焊缝强度和焊缝充分焊透，防止产生焊接缺陷。

③焊修裂纹时，应在裂纹末端钻直径为 8～12 mm 的截止孔（止裂孔），孔边距裂纹末端 2～3 mm，目的是防止焊修时裂纹扩展。为了使裂纹内部焊透并消除不良组织，应在裂纹两边铲坡口（一般用 V 形坡口），且坡口深度应比裂纹深 1～2 mm。

④焊修一般应在 5 ℃ 以上、无穿堂风的室内进行。

⑤对于形状复杂、刚度大的零件，焊前应预热。预热温度通常在 250 ℃ 左右，以减少焊件在焊接过程中的不均匀受热，从而减小焊接变形和焊接内应力。

2）按照焊接参数选择焊条。

3）按照焊接参数选择焊接电流堆焊时，一般应采用小电流、低电压的慢焊速。

（2）焊修过程注意事项

1）焊接过程中，应避免或减少电弧中断，再次引弧时必须在灭弧前方 20～25 mm 处引弧，不得在零件弯角处引弧，且最后必须填满弧坑。

2）焊修裂纹时，要从裂纹末端向外施焊，避免裂纹扩展。

3）多层分段焊时，焊完第一层等焊缝冷至暗红色，彻底清渣后再焊第二层，且焊波应相互重叠 30% 以上，焊波接头要错开 20 mm 以上。

4）在较大面积上施行多层堆焊时，为了防止零件扭曲变形，应采取逆向分段法施焊，前后焊缝应交叉 45° 或 90° 左右。

5）根据工件要求，焊波、焊缝一般应有 1～3 mm 的加工余量或余高。

6）焊补强板时，应注意焊接顺序。应先焊有塞焊孔，再焊补强板周边，并且焊接时一般遵循先短后长、对称施焊的原则，长焊缝应采用分段焊。

7）焊缝尺寸和质量应符合有关参数要求。

（3）焊后注意

焊后应注意下列几个问题：

1）焊后零件一般应自然冷却，禁止人为地激冷，以防止出现过大焊接内应力和焊接裂纹。

2）对于形状复杂、刚度大的零件，焊后还可以用石棉粉或石棉被覆盖、缓冷。

3) 对于形状复杂、刚度大的零件，为了改善焊缝热影响区的组织结构，消除内应力，焊后应进行正火或退火处理。

焊后需机加工的非摩擦表面一般采用退火处理，其他情况一般采用正火处理。

任务二　机械加工工艺基础知识认知

【任务目标】
(1) 能够分析刀具磨损的原因；
(2) 能够进行简单机床夹具的初步设计；
(3) 掌握机械零件表面的加工方法；
(4) 能够进行简单操作，加工机械零件表面；
(5) 能够编制机械加工工艺。

在现代机械制造业中，除少数零件采用精密铸造、精密锻造以及粉末冶金和工程塑料压制成形方法获得外，大多数零件，特别是高精度零件，还要通过切削加工的方法来保证尺寸精度和表面质量的要求。因此，切削加工在现代机械制造业中，如机车车辆、航空航天、汽车、装备制造业中占有非常重要的地位。

一、金属切削加工的基本知识认知

1. 金属切削加工概述

(1) 金属切削加工概念

用切削工具切除毛坯（如铸件、锻件、焊接结构件或型材等还料）上多余的金属，从而获得几何形状、尺寸精度及表面粗糙度都符合图样要求的零件的加工过程，称为金属切削加工。

(2) 金属切削加工分类

金属切削加工分为钳加工和机械加工（简称机加工）两类。

钳加工是由工人手持工具进行的切削加工，其工作内容包括划线、錾削、锯削、锉削、刮研、研磨、钻孔、铰孔、攻螺纹和套螺纹等。划线、装配、修理属于钳工的工作范围，但不属于切削加工。

机械加工是由工人操作金属切削机床进行的切削加工。机械加工按所用切削工具的类型又可分为刀具切削加工和磨具、磨料切削加工。刀具切削加工包括车削、钻削、镗削、刨削、插削、铣削、拉削、齿形切削等。磨具、磨料切削加工包括磨削、珩磨、研磨和超精加工等。

这里仅介绍机械加工的基础知识。

（3）金属切削加工的形成

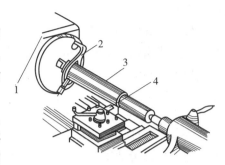

由机床、夹具、刀具和工件组成，且刀具与工件间具有确定的相对运动轨迹的切削加工系统，称为金属切削加工的工艺系统。图 2 – 12 所示为金属车削加工工艺系统。

把夹具安装在机床上，工件安装在夹具上，机床带动刀具、夹具和工件进行回转运动或平移运动，刀具切入工件表层，与工件进行确定的相对运动，就形成了切削加工。

图 2 – 12　金属切削加工的工艺系统
1—机床；2—夹具；3—工件；4—刀具

2. 切削运动及切削要素

（1）切削运动

零件表面都是靠刀具与工件之间一定的相对运动，即切削运动而形成的。按切削运动的作用可分为主运动（如图 2 – 13 中的 Ⅰ 运动）和进给运动（如图 2 – 13 中的 Ⅱ 运动）两类。

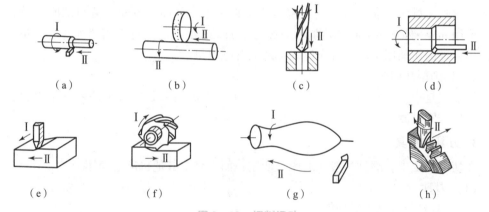

（a）　　　　　　（b）　　　　　　（c）　　　　　　（d）

（e）　　　　　　（f）　　　　　　（g）　　　　　　（h）

图 2 – 13　切削运动

1）主运动。

主运动是切屑被切下所需要的最基本的运动，是形成机床切削速度或消耗主要动力的切削运动，其形式有旋转运动和直线往复运动两种。车削时，主运动是工件的回转运动；牛头刨床刨削时，主运动是刀具的往复直线运动；钻孔时，钻头的旋转是主运动。

2）进给运动。

进给运动是使刀具连续切下金属层所需要的运动，通常它的速度较低，消耗动力较少，其形式也有旋转和直线运动两种，而且既可连续，也可间歇。

车削外圆时，进给运动是刀具的纵向运动；车削端面时，进给运动是刀具的横向运动；牛头刨床刨削时，进给运动是工作台的移动；钻孔时，钻头的轴向移动是进给运动。

如图 2 – 14 所示，工件在切削过程中将形成三种表面：待加工表面（工件上有待切除之表面）；加工表面（由切削刃形成的那部分表面）；已加工表面（工件上经刀具切削后产生的表面）。

（2）切削用量要素

切削要素包括切削用量和切削层的几何参数。

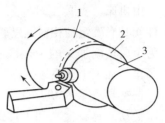

图 2 – 14　切削运动和切削表面
1—待加工表面；2—过渡表面；
3—已加工表面

1）切削用量。

在一般的切削加工中，切削用量是切削速度、进给量和背吃刀量的总称。选择切削用量时的基本要求是：保证安全；保证工件的加工质量；充分发挥机床和刀具的潜力，提高劳动生产率，降低成本。

切削运动和切削表面如图 2 – 14 所示。

① 切削速度 v_c。指切削刃上选定点相对于工件主运动待加工表面的瞬时速度，即在单位时间内，工件和刀具沿主运动方向上相对移动的距离，单位为 m/s 或 m/min。

② 进给量 f。指刀具在进给运动方向上相对于工件的移动量，常用的单位有每转进给量（mm/r）、每齿进给量（mm/z）和每分钟进给量（m/min）等。如车削、钻削用每转进给量（mm/r），铣削用每齿进给量（mm/z）或每分钟进给量（m/min）。

③ 背吃刀量 a_p。指通过切削刃基点并垂直于工作平面的方向上测量的吃刀量，单位一般用 mm，外圆车削时的待加工表面与已加工表面间的垂直距离即为背吃刀量。正确选用合理的切削用量前，首先应确定最大背吃刀量。

2）切削层几何参数。

切削层是指由切削部分的一个单一动作（或指切削部分切过工件的一个单程，或指只产生一圈过渡表面的动作）所切除的工件材料层。

3. 刀具与磨具

在切削加工中，磨具一般在磨床上使用，而刀具在其他机床上使用。

（1）刀具

1）刀具材料应具备的性能。

切削刀具种类很多，如车刀、刨刀、铣刀和钻头等。在切削过程中，刀具的切削部分要承受高的温度以及较大的压力、摩擦、冲击与振动，因此刀具切削部分的材料应具备以下性能：

① 较高的硬度，刀具材料的硬度必须高于工件材料的硬度，一般应在 60HRC 以上。

② 足够的强度和韧性，以承受切削力、冲击和振动。

③ 较高的耐磨性，以减少切削过程中的磨损。

④ 热硬性，一般用热硬温度表示。

⑤ 较好的工艺性，以便于刀具的制造。

2）常用的刀具材料。

刀具材料种类很多，常用的有碳素工具钢、合金工具钢、高速钢、硬质合金以及新型刀具材料（陶瓷、人造金刚石和立方氮化硼）等。碳素工具钢（如 T10A、T12A）和合金工具钢（如 9SiCr、CrWMn），因其耐热性较差，故仅用于低速手工或切削速度较低的刀具。陶瓷、金刚石和立方氮化硼则由于性脆、工艺性差及价格昂贵等，目前只在较小的范围内使用。目前生产中所用的刀具材料以高速钢和硬质合金居多。一般制造车刀的材料选用高速钢和硬质合金两大类。但当工作条件要求不高，即切削速度较低、被切削材料硬度不太高时也可用合金刃具钢。

切削加工铸铁、轻合金以及硬度在 300 ~ 320 HBW 的结构钢，切削速度在 25 ~ 55 m/min，承受大的冲击、形状复杂的车刀，一般可采用高速钢制造。

加工马氏体不锈钢、超高强度钢等难加工材料，切削速度在 30 ~ 90 m/min，且承受大的冲击、外形较复杂的车刀可选用超硬高速钢 W6Mo5Cr4V2Al 等来制造。在切削速度为 100 ~ 300 m/min，被切削材料为铸铁、非铁金属及非金属材料时，车刀可选用钨钴类硬质合金或通用硬质合金如 YG8、YW1 等来制造；而当被切削材料为低碳钢或淬火钢等难加工材料时，可选用钨钴钛类硬质合金或通用硬质合金如 YT5、YW1 等来制造；当切削速度低（8 ~ 10 m/min）、被切削材料为一般金属材料，如铸铁、有色金属以及一般结构钢时，可选用合金刃具钢制造。

3）刀具的结构和角度。

①刀具的结构。金属切削刀具的种类虽然很多，但它们在切削部分的几何形状与参数方面却有着共性的内容。各种复杂的刀具或多齿刀具，其中每一个刀齿，它的几何形状都相当于一把车刀的刀头。以普通外圆车刀为基础，如图 2 - 15（a）所示。刀具切削部分构造要素及定义如下：

a. 前刀面：直接作用于被切削的金属层，并控制切屑沿其排出的刀面。

b. 主后刀面：同工件上的加工表面相互作用和相对着的刀面。

c. 副后刀面：同工件上已加工表面相互作用和相对着的刀面。

d. 主切削刃：前刀面与主后刀面的相交部位，它完成主要的切除或表面成形工作。

e. 副切削刃：前刀面与副后刀面的相交部位。

f. 刀尖：主切削刃和副切削刃的连接部位。不重磨刀片则分别有主前刀面和副前刀面，如图 2 - 15（b）所示。

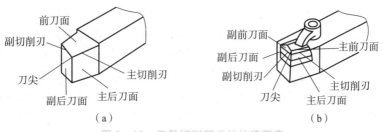

图 2 - 15　刀具切削部分的构造要素

②刀具几何角度。切削角度的参考平面如图 2 - 16 所示。

a. 基面 P_r：通过切削刃选定点，垂直于该点切削速度方向的平面。

b. 切削平面 P_s：通过切削刃选定点，切削速度和切削刃的切线组成的平面，与基面垂直。

c. 正交平面 P_o：通过切削刃选定点，同时垂直于基面和切削平面的平面。用正交平面（P_o）剖切刀头在平面内投影，即得到刀具的前角和后角，如图 2 - 17 所示。

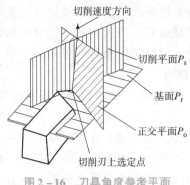

图 2 – 16 刀具角度参考平面

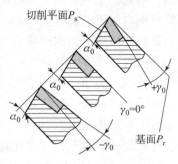

图 2 – 17 前角和后角

a. 前角 γ_0：前刀面与基面间的夹角。前角影响主切削力，正前角切削力小，负前角反之。

b. 后角 α_0：后刀面与切削平面间的夹角。后角不能为负值。

在基面（P_r）中投影得到主偏角和副偏角。

a. 主偏角 κ：主切削刃与进给方向在基面的投影所夹的角。主偏角会影响进给切削力。

b. 副偏角 κ'：副切削刃与进给方向在基面的投影所夹的角。副偏角会影响已加工表面质量。

在切削平面 P_s 中投影可得到刃倾角，即主切削刃与基面的夹角，如图 2 – 18 所示。通常通过刃倾角的正与负来控制切屑的流向。

（2）磨具

磨具是用种类不同、颗粒大小不同的磨料制成的，包括砂轮、油石、磨头、砂瓦、砂布、砂纸和研磨膏等，其中砂轮应用最为普遍。

1）砂轮的特性及选用。

图 2 – 18 刃倾角

砂轮是在磨料中加入结合剂，经压坯、干燥和焙烧而制成的多孔体。由于磨料、结合剂及制造工艺等不同，砂轮的特性也不同。砂轮的特性主要是由磨料、粒度、结合剂、硬度、组织、形状和尺寸等因素决定的。

磨料是砂轮的主要组成成分，常用的磨料有氧化物磨料、碳化物磨料和金刚石磨料。磨料特性会直接影响切削加工生产率和加工精度，对不同的加工材料要根据砂轮磨料特性适当选取不同磨料的砂轮，如主要用于碳素工具钢、合金工具钢、高速钢和铸铁工件研磨的磨料是氧化物磨料。

磨料的粒度表示磨料颗粒尺寸的大小，分为磨粒与微粉两种。磨粒粒度号越大，磨粒越细，微粉则相反。磨粒粗，磨削深度大，生产率高，但表面粗糙度值大。反之，则磨削深度均匀，表面粗糙度值小。所以粗磨时，一般选粗磨粒，精磨时选细磨粒。磨软金属时，多选用粗磨粒，磨削硬而脆的材料时，则选用较细的磨粒。砂轮硬度指结合剂黏结磨粒的牢固程度，即砂轮硬度软的，磨粒易脱落；反之，不易脱落。一般情况下，工件材料越硬，砂轮的硬度应选得软些，使磨钝的砂粒及时脱落；工件材料越软，砂轮的硬度应选得硬些，以便充分发挥磨粒的切削作用。砂轮根据使用需要制成各种形状和尺寸，常用的有平形砂轮、薄片砂轮、筒形砂轮、碗形砂轮、碟形砂轮、杯形砂轮、双斜边砂轮等。砂轮标志由符号和数字组成，如"砂轮 1—400×40×203—A46L5V–30 m/s"，其中 1 表示平形砂轮；400 表示砂轮外径为 400 mm；40 表示砂轮厚度为 40 mm；203 表示砂轮安装孔的直径为 203 mm；A 表示砂轮的磨料为棕刚玉；46 表示砂轮磨料的粒度为 46；L 表示砂轮的硬度为中软；5 表示砂轮的组织为 5 号；V表示砂轮的结合剂为陶瓷；30 表示砂轮的最高工作线速度为 30 m/s。

2）砂轮的检查、安装、平衡和修整。

砂轮在安装前应进行外观检查及判断是否有裂纹，以防止高速旋转时破裂。安装时，砂轮内孔与砂轮轴配合间隙要合适，并用端盖与螺帽紧固。为使砂轮工作时平稳，不发生振动，一般直径在 125 mm 以上的砂轮要进行静平衡调整。砂轮工作一段时间后，磨粒逐渐被磨钝，表面孔隙堵塞，几何形状失准，使磨削质量和生产率下降，此时要用金刚石工具对砂轮进行修整。

4. 机床夹具

在金属切削加工工艺系统中，机床夹具的任务是保证在切削加工过程中工件相对于刀具始终处于正确的位置。这里有两层含义，其一是保证加工时，刀具与工件的相对位置正确，即工件只有处于这一位置上接受加工，才能保证其被加工表面达到工序所规定的各项技术要求，称为定位；其二是保证工件在加工过程中始终处于其正确的位置，即工件在加工过程中不因受到切削力、离心力、冲击力和振动等的影响，发生不应有的位移而破坏了定位，称为夹紧。所以，定位和夹紧是机床夹具的两项基本任务。

（1）机床夹具的分类

机床夹具按使用特点分为通用夹具、专用夹具、组合夹具和可调整夹具。

通用夹具适用于中小批量生产，已经规格化，如卡盘、顶尖、平口钳、分度头、钻夹头等。专用夹具适用于大批量生产，是针对工件某一工序而设计制造的。组合夹具适用于单件、小批量生产或新产品试制，它是由预先制造好的高度标准化、系列化的原件根据需要组合而成的。可调整夹具适用于中小批量生产，一般是针对形状相同而尺寸不同的一组工件的某一道工序而设计制造的。

（2）机床夹具的组成部分及其作用

1）定位元件的作用是保证工件在夹具中具有确定的位置。

2）夹紧装置的作用是保证已确定的工件位置在加工过程中不发生变更。夹紧力过大和夹紧位置不适当，将会造成工件严重变形或夹坏。

3）引导元件的作用是引导刀具并确定刀具与工件的相对位置。

4）夹具体是组成夹具的基础件，作用是将上述各元件、装置连成一个整体。

（3）工件装夹的方法

在机械加工工艺过程中，常见的工件装夹方法，按其实现工件定位的方式来分，可以归纳为以下两类：

1）按找正方式定位。

这是用于单件和小批量生产中通用夹具装夹工件的方法。

这种方法是以工件的有关表面或专门划出的线痕作为找正依据，用划针或指示表进行找正，以确定工件正确定位的位置，然后再将工件夹紧。划线找正加工精度不稳定，生产效率较低。

2）用专用夹具装夹工件。

这是用于大批量生产中装夹工件的方法。它的特点是夹具上具有定位元件、对刀元件及夹紧装置。夹具在机床上调好位置并对刀后，在机床上锁紧，然后将工件在夹具上定位并夹紧以获得正确定位的位置。用专用夹具装夹工件比划线找正加工精度高，其作用是能保证加工精度，稳定产品质量，提高生产效率。但工件在夹具中定位时，由于工件和定位元件总会有制造误差，故在加工中也会产生定位误差。

（4）工件的定位

1）六点定位原则。

使用专用夹具的主要目的是使工件准确定位，保证加工精度，提高劳动生产率。为达到上述目的，工件在夹具中定位应遵守六点定位原则。一个自由刚体在空间直角坐标系中有六种活动的可能性，即沿三个坐标轴的移动和绕三个坐标轴的转动。把自由刚体沿三个坐标轴的移动和绕三个坐标轴转动的可能性称为自由度，这就是自由刚体的六个自由度，如图 2-19 所示。

六点定位原则是根据物体在空间占有确定的位置而必须约束、限制六个自由度的物理现象确定的。通常在夹具定位时，将对物体某个自由度的约束和限制的具体定位元件抽象化为一个定位支撑点，用适当分布的六个定位支撑点限制工件的六个自由度，使工件在夹具中的位置完全确定，这就是夹具的六点定位原则，如图 2-20 所示的矩形块定位。定位一个平面点必须有三个定位支撑点，定位一条边必须有两个定位支撑点，定位一端只需有一个定位支撑。

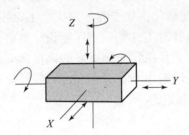

图 2-19　自由刚体的自由度

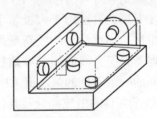

图 2-20　矩形块的定位

在实际加工中，并不是所有的工件都需要六点定位，应该有多少个定位点，视加工的具体需要而定。一般在没有加工尺寸要求及位置精度要求的方向上，允许工件存在自由度，所以在此方向上可以不进行定位。根据工件加工要求并不需要铣槽完全定位，这种没有全部限制工件六个自由度的定位为不完全定位。如图 2-21 所示，铣槽的工件只需五点定位，剩下端面一个自由度并不影响实际加工，所以无须定位。

2）欠定位和超定位。

①欠定位。欠定位是指工件在某个方向上影响加工精度的自由度没有限制。欠定位在生产中是不允许的。

②超定位。超定位是指工件在某个方向上的自由度被两个以上定位元件重复限制。超定位在生产中一般是不允许的，它会引起工件的变形，影响加工精度。

（5）常见定位方式与定位元件

1）工件以平面定位。

当工件以粗基准（毛面）定位时，可选用 B 型（球头）、C 型（锯齿头）支撑钉或可调支撑钉，如图 2 - 22 所示；当工件以精基准（光面）定位时，可选用 A 型（平头）支撑钉或支撑板，如图 2 - 22 和图 2 - 23 所示。

2）工件以圆孔定位。

当工件以圆孔定位时，可采用心轴（见图 2 - 24）、定位销（见图 2 - 25）和锥销（见图 2 - 26）。

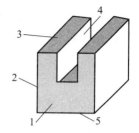

图 2 - 21　铣槽工件所需的定位

1—端面无须定位；2—侧边定位 2 点；
3—夹紧面；4—铣槽；
5—底面定位 3 点

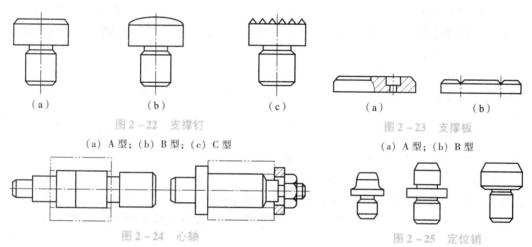

（a）　　　　　　（b）　　　　　　（c）　　　　　　　（a）　　　　　（b）

图 2 - 22　支撑钉　　　　　　　　　图 2 - 23　支撑板

（a）A 型；（b）B 型；（c）C 型　　　　　　（a）A 型；（b）B 型

图 2 - 24　心轴　　　　　　　　　　图 2 - 25　定位销

3）工件以外圆定位。

当工件以外圆柱面定位时，可采用 V 形块定位，如图 2 - 27 所示。

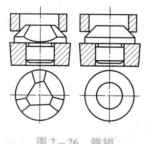

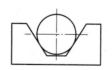

图 2 - 26　锥销　　　　　图 2 - 27　V 形块定位

5. 金属切削机床的基础知识

（1）机床的类型及代号

机床主要是按加工性质和所用刀具进行分类的，目前我国机床根据 GB/T 15375—

2008 分 11 大类，每一类机床根据需要又可细分为若干分类，如磨床类分为 M、2M、3M 三个分类。机床名称以汉语拼音字首（大写）表示，并按汉字名称读音，见表 2-1。

表 2-1 机床分类及代号

机床类型	车床	钻床	镗床	磨床			齿轮加工机床	螺纹加工机床	刨插床	拉床	铣床	锯床	其他机床
代号	C	Z	T	M	2M	3M	Y	S	B	L	X	G	Q
参考读音	车	钻	镗	磨	二磨	三磨	牙	丝	刨	拉	铣	割	其

除上述基本分类方法外，还可根据其他特性进行分类。

例如，按机床使用范围的宽窄可分为通用机床（万能机床）、专门化机床和专用机床等；按机床的加工精度可分为普通机床、精密机床和高精度机床；按机床的质量和加工工件的大小可分为仪表机床、中小型（一般）机床、大型机床和重型机床等；按机床自动化程度的不同，分为手动、机械、半自动和自动机床。随着机床的不断发展，其分类方法也将不断发展。

（2）机床型号的编制方法

机床型号是机床产品的代号，用来表示机床的类型、主要技术参数、性能和结构特点。

目前我国机床型号是按 GB/T 15375—2008《金属切削机床型号编制方法》编制的。机床型号采用汉语拼音字母和阿拉伯数字按一定规律组合表示。

例如 CM6132 型精密卧式车床，型号中字母及数字含义为：C—机床类别代号（车床类）；M—机床通用特性代号（精密机床）；6—机床组别代号（落地及卧式车床组）；1—机床系别代号（卧式车床系）；32—主参数代号（床身上最大回转直径的 1/10，即 320 mm）。

机床特性代号代表机床所具有的特殊性能，在机床型号中列在机床类别代号的后面，并按特性用汉语拼音字首（大写）表示。机床特性代号分为通用特性代号和结构特性代号。在各类机床型号中通用特性代号有统一的表达含义，见表 2-2。对主参数相同而结构、性能不同的机床，在型号中用结构特性代号予以区别。结构特性代号在型号中没有统一的含义。

表 2-2 机床特性代号

通用特性	高精度	精密	自动	半自动	数控	加工中心（自动换刀）	仿形	轻型	加重型	简式或经济型	柔性加工单元	数显	高速
代号	G	M	Z	B	K	H	F	Q	C	J	R	X	S
读音	高	密	自	半	控	换	仿	轻	加	简	柔	显	速

根据 GB/T 15375—2008 将机床分 11 大类，每一类机床根据需要又可细分为若干类，当型号中既有通用特性代号又有结构特性代号时，通用特性代号排在结构特性代号之前；若型号中没有通用特性代号，则结构特性代号直接排在类型代号之后。例如 CA6140 车床，A 在特性表中没有列出，表示普通型。

每类机床按用途、性能、结构相近或派生关系分为若干组，每组机床又分为若干系，同一系机床的主参数、基本结构和布局形式相同，工件和刀具的运动特点基本相同。在机床型号中，在类别代号和特性代号之后，第一位阿拉伯数字表示组别，第二位阿拉伯数字表示系别。车床的分组及代号见表 2 - 3，落地及卧式车床组的系别及代号见表 2 - 4。

表 2 - 3　车床的分组及代号

组别代号	0	1	2	3	4	5	6	7	8	9
组别	仪表车床	单轴自动车床	多轴自动半自动车床	回轮、转塔车床	曲轴及凸轮轴车床	立式车床	落地及卧式车床	仿形及多刀车床	轮、轴、辊锭及铲齿车床	其他车床

表 2 - 4　落地及卧式车床组的系别及代号

组别代号	6					
系别代号	0	1	2	3	4	5	6
系别	落地车床	卧式车床	马鞍车床	无丝杠车床	卡盘车床	球面车床	主轴箱移动型卡盘车床

机床的主参数代表机床规格的大小，各类机床以什么尺寸作为主参数有一定的规定。主参数代号以其主参数的折算值表示，位于组系代号之后。在某些机床型号中还标出第二主参数，也用其折算值表示，位于型号的后部，并以"×"（读作"乘"）分开。表 2 - 5 给出了常见机床的主参数及折算值。

表 2 - 5　常见机床的主参数及折算值

机床名称	主参数名称	主参数折算值	第二主参数
单轴自动车床	最大棒料直径	1	
转塔车床	最大车削直径	1/10	
立式车床	最大车削直径	1/100	最大工件高度
卧式车床	床身上最大工件回转直径	1/10	最大车削长度
摇臂钻床	最大钻孔直径	1	
立式钻床	最大钻孔直径	1	
卧式铣镗床	镗轴直径	1/10	最大跨距

机床名称	主参数名称	主参数折算值	第二主参数
坐标镗床	工作台面宽度	1/10	轴数
外圆磨床	最大磨销直径	1/10	
内圆磨床	孔径	1/10	工作台面长度
平面磨床	工作台面宽度	1/10	最大磨销长度
端面磨床	最大砂轮直径	1/10	
齿轮加工机床	（大多数是）最大公转直径	1/10	
龙门铣床	工作台面宽度	1/100	最大模数（大多数）
卧式升降台铣床	工作台面宽度	1/10	工作台面长度
龙门刨床	最大刨削宽度	1/100	工作台面长度
牛头刨床	最大刨削长度	1/10	最大刨削长度
插床	最大插削长度	1/10	
拉床	额定拉力	1	

当机床性能及结构有重大改进时，按其改进设计的顺序，用汉语拼音字母 A、B、C 表示，写在机床型号的末尾。例如 MG1432A 表示第一次重大改进后的万能外圆磨床。另外，按 JB 1838—1985 规定，对过去已定型号、目前仍在生产的机床，其型号一律不变，例如 C620 - 1、B665 等。

6. 金属的切削过程

金属的切削过程实际上是切屑的形成过程，在这个过程中切削力、切削热、加工硬化和刀具、磨具磨损等都直接对加工质量和生产率有很大影响。

（1）刀具切削过程

1）切屑形成过程及切屑种类。

①切屑形成过程。金属的切削过程就其本质来说是被切削金属层在刀具切削刃及前刀面的作用下，因受挤压，而在局部区域产生剪切滑移变形，当应力达到其强度极限时，被切削层金属产生挤裂，而变为切屑，经前刀面流出，留下已剪切滑移变形区加工表面，如图 2 - 28 所示。被切削层金属除了在分离过程中产生变形外，在变为切屑流经前刀面时，因前刀面的挤压与摩擦会进一步产生变形。

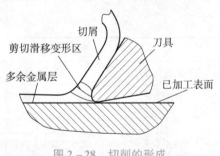

图 2 - 28 切削的形成

②切屑的种类。工件材料的塑性不同，刀具角度及切削用量不同，会形成不同类型的切屑，并对切削加工产生不同的影响，常见切屑分为三类，如图 2 - 29 所示。

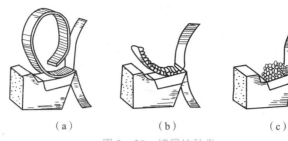

（a）　　　　　　（b）　　　　　　（c）

图 2 - 29　切屑的种类

（a）带状切屑；（b）节状切屑；（c）崩碎切屑

a. 带状切屑：使用较大前角的刀具、较高的切削速度和较小的进给量切削塑性材料时容易形成带状切屑。

b. 节状切屑：采用较低的切削速度和较大的进给量切削中等硬度的钢材时，容易形成节状切屑。

c. 崩碎切屑：在加工铸铁、青铜等脆性材料时，易形成崩碎切屑。

2）积屑瘤。

切削塑性好的金属时，在刀具切削刃附近前刀面上黏结一个金属模块，称为积屑瘤，如图 2 - 30 所示。

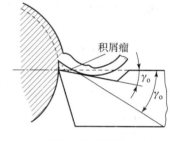

图 2 - 30　积屑瘤

①积屑瘤的形成。切削塑性金属时，在一定的切削条件下，随着切屑和刀具前刀面温度的提高、压力的增大、摩擦阻力的增大，切削刃处的切屑底层流速降低，当摩擦阻力超过这层金属与切屑本身分子间的结合力时，这部分金属便黏附在切削刃附近，形成楔形的积屑瘤。

②积屑瘤对切削过程的影响。积屑瘤经过强烈的塑性变形而被硬化，其硬度很高，可代替切削刃进行切削，起到保护切削刃的作用。同时积屑瘤增大了刀具的实际工作前角，使切削轻快，因此粗加工时可利用积屑瘤。但是积屑瘤是不稳定的，不断产生和脱落，其顶端伸出切削刃之外，使背吃刀量不断变化，影响尺寸精度，并导致切削力变化，引起振动。另外，积屑瘤会使表面粗糙度增大，所以在精加工时应避免产生积屑瘤。

③避免产生积屑瘤的措施。采用低速（2～5 m/min）或高速（＞75 m/min）切削、减小进给量、增大刀具前角、降低前面粗糙度值、合理使用切削液、适当降低材料塑性等，都是防止积屑瘤产生的有效措施。

3）切削力及其影响因素。

①切削力指切削时，刀具切入工件使切削层产生变形成为切屑所需要的力。它直接影响刀具、机床、夹具的设计与使用。

切削力由三部分构成：

a. 被切削金属层因弹、塑性变形和剪切滑移变形产生的变形抗力。

b. 刀具前刀面与切屑之间产生的切屑挤压变形抗力和摩擦力。

c. 主后刀面与工件切削表面之间、副后刀面与已加工表面之间因相对运动而产生的摩擦阻力。总切削力是一个空间力，常将其分解为主切削力、背向力和进给力三个互相垂直的分力进行研究和分析。

②影响切削力的因素主要有工件材料、刀具材料、切削用量、刀具几何角度及切削液等。一般工件材料越硬，加工硬化倾向越突出，切削力越大。工件材料与刀具材料越接近，切削力越大。在切削用量中，背吃刀量对切削力的影响最大，基本上成正比。进给量对切削力有一定的影响，但不成正比。切削速度对切削力的影响较小。刀具的几何角度中，前角对切削力的影响最为明显，且大多数情况下前角越大，切削力越小。切削液的润滑性能越高，越能降低切削力。

4）切削热和切削温度。

①切削热的产生。在切削过程中，绝大部分的切削功都转变成热，这些热称为切削热。切削热的主要来源是被切削层金属的变形、切屑与刀具前面的摩擦及工件与刀具后面的摩擦。

②切削热的传出。切削热主要由切屑、工件、刀具及周围介质传出。由切屑及周围介质传出的热量通常对切削加工没有影响，所以应尽量使它们传出的热量多。由工件、刀具传出的热量会使工件、刀具的温度升高，影响切削加工，故应尽量让其传热少，或提高其热导率。

③切削温度及其影响因素。切削温度是指切削区的平均温度。切削温度的高低取决于切削热的产生和传出情况，它受切削用量、工件材料、刀具材料及其几何形状等因素的影响。

a. 切削用量的影响。增大切削用量，单位时间内的金属切除量增加，产生的切削热也相应增多，切削温度上升。

b. 工件材料的影响。工件材料的强度及硬度越高，切削中消耗的功越大，切削热产生的越多，材料的导热性好，可以使切削温度降低。

c. 刀具角度的影响。前角和主偏角对切削温度影响较大。前角加大，变形和摩擦减小，因而切削热少。但前角不能过大，否则刀头部分散热体积减小，不利于切削温度的降低。主偏角减小将使刀刃工作长度增加，散热条件改善，因而使切削温度降低。

5）刀具的磨损原因。

①硬质点磨损：切削时，切屑、工件材料中含有一些碳化物、氮化物和氧化物等硬质点以及积屑瘤碎片等，可在刀具表面刻划出沟纹，这就是磨料磨损。

②黏结磨损：切削时，切屑、工件与前、后刀面之间存在很大的压力和强烈的摩擦，形成新鲜表面接触而发生冷焊黏结。由于切屑在滑移过程中产生剪切破坏，带走刀具材料，故而造成黏结磨损。

③扩散磨损：在切削高温下，使工件与刀具材料中的合金元素在固态下相互扩散置换造成的刀具磨损，称为扩散磨损。

④化学磨损：在一定温度下，刀具材料与某些周围介质起化学作用，在刀具表面形成一层硬度较低的化合物，被切屑或工件擦掉而形成磨损，称为化学磨损。

⑤相变磨损：当切削温度达到或超过刀具材料的相变温度时，刀具材料中的金相组织将发生变化，硬度显著下降，引起的刀具磨损称为相变磨损。

（2）磨削过程

磨削过程实际上是为数甚多的磨粒，相当于微小的刀头，对工件表面进行错综复杂的切、刻划作用。此外，碎裂和脱落的磨粒细末对工件表面也起到研磨抛光作用。所以磨削过程是切削、刻划和摩擦抛光综合作用的结果。一般来说，粗磨以切削作用为主，精磨既有切削作用又有摩擦抛光作用。

（3）零件的加工质量

零件的加工质量包括加工精度和表面质量两个方面。

1）加工精度。

加工精度是指零件在加工之后，其尺寸、形状和相互位置等参数的实际数值与它们绝对准确的各个理论参数相符合的程度。相符合的程度越高，即偏差（加工误差）越小，则加工精度越高。加工精度包括零件的尺寸公差、形状公差和位置公差。

2）表面质量。

表面质量包括零件表面的粗糙度和表面层的物理、力学性能（表层加工硬化的深度和程度、表层残余应力的性质和尺寸）。

①表面粗糙度。无论用何种加工方法加工，在零件表面总会留下细微的凹凸不平的痕迹，这些凹凸不平的小峰谷的微观不平度称为表面粗糙度。它主要影响零件的配合性质、疲劳强度、耐磨性和密封性。

②已加工表面的加工硬化和残余应力。在切削过程中，由于刀具与工件之间的挤压与摩擦，致使已加工表面层的晶粒变形，发生加工硬化。加工硬化常使加工表面伴有微小裂纹，从而使零件疲劳强度降低。同时在切削过程中，由于切削力和切削热的作用，在已加工表面层常存在一定的残余应力，这将影响零件的表面质量与使用性能。因此，对重要零件要注意控制其表面加工硬化层的深度和程度以及表层残余应力的性质与大小。常用方法是加工时粗加工与精加工分开。

二、机械零件表面加工

无论多么复杂的机械零件，其结构形状都是由各种表面组合而成的，归纳起来，一般构成机械零件的典型表面有：圆柱面（外圆表面及内孔）、圆锥面、平面、螺旋面及其他成形表面（或称曲面）。零件加工时一般要经过粗加工、半精加工和精加工三个过程，习惯上把它们称为加工过程的划分。各种表面的加工方法是不同的，每一种表面可采用多种加工方法进行加工，具体加工方案应根据零件材料性质、结构形状、加工精度、表面粗糙度、生产类型及现场的生产条件等因素来决定，总的原则是有利于保证产品质量、提高生产率、获得最好的经济效益。本部分将介绍各种表面加工方法及其工艺特点。

1. 外圆表面加工

轴类、套类和盘类零件是具有外圆表面的典型零件，外圆表面加工由于表面成形方法不同有轨迹法及成形法两种，加工方法多采用车削加工及磨削加工。车削加工是外圆表面最经济有效的加工方法，但就其精度来说，一般适应于作为外圆表面粗加工和半精加工方法；磨削加工是外圆的表面主要精加工方法，特别适用于各种高硬度和淬火后零件的精加工。

（1）外圆表面的车削加工

1）车削加工的工艺范围。

车削加工外圆表面是一般机械加工中应用最广泛的加工方法，车削加工工艺可分为粗车、半精车和精车。

①粗车。外圆表面粗车的目的是去掉零件大部分加工余量，削除毛坯制造的形状及位置误差，为后续加工做好准备。

②半精车。外圆表面半精车主要目的是为零件的精加工做准备，也可以作为要求不高的外圆表面的最终加工工序。

③精车。外圆表面的精车多作为表面加工的最终加工工序。

2）外圆表面车削加工设备及工艺特点。

车削加工外圆表面可分别在普通卧式车床、立式车床、专用车床上进行，如图2-31所示。在车床上除可加工外圆表面外，还可以同时加工内孔、螺纹、端面等。因此，可以在一次装夹中加工各种表面，既保证了各种表面的位置精度，也减少了加工工序。

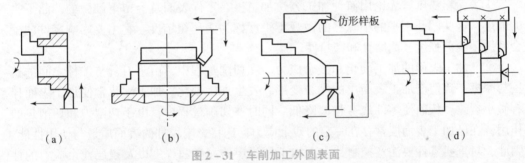

（a）　　　　　（b）　　　　　（c）　　　　　（d）

图2-31　车削加工外圆表面

（a）卧式车床；（b）立式车床；（c）仿形车床；（d）多刀车床

3）车削外圆。

采用工件夹持方法车削加工时，工件在机床或夹具中的夹持方法直接影响夹持稳定性及加工精度，一般应根据零件的结构形状及尺寸大小确定不同的夹持方法，以适应生产及加工精度要求。各种车床夹具及工件夹持方法如图2-32所示。

①三爪自定心卡盘。三爪自定心卡盘是车床必备的机床附件，一般短轴类零件、小型套筒类及盘类零件多采用三爪自定心卡盘夹持。由于三爪自定心卡盘可以自动定心，因此，工件安装迅速、使用方便。

②四爪单动卡盘。三爪自定心卡盘和四爪单动卡盘都是车床上可以独立使用的机床夹具（也称机床附件）。四爪单动卡盘因为四爪不能同时递进，所以不能自动定心，但可以夹持形状较复杂的非回转体工件，如加工偏心轴外圆。四爪单动卡盘应用也很广泛。

③三爪自定心卡盘与顶尖。对较长的轴类零件，为保证加工表面的几何精度及相互位置精度，提高夹持稳定性，多采用三爪自定心卡盘与顶尖夹持方法。

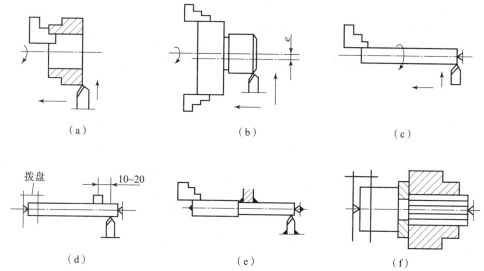

图2-32　车床夹具及工件夹持方法

（a）三爪自定心卡盘；（b）四爪单动卡盘；（c）三爪自定心卡盘—顶尖；
（d）跟刀架；（e）中心架；（f）花键心轴

④中心架。中心架固定在车床床身上，多在较长轴类零件外圆表面加工时使用，以防止较长工件因自重而弯曲，造成工艺系统振动，影响加工精度。使用中心架时，对整个外圆表面加工会出现接刀现象，处理不好会影响加工精度及表面粗糙度。

⑤跟刀架。跟刀架固定在车床溜板上，它可以与刀具一起沿床身导轨移动，克服了中心架使用时的接刀现象，但不适用于阶梯轴加工。

⑥心轴。车床加工外圆表面使用的心轴分为三种，即圆柱心轴、锥形心轴及花键心轴。

心轴多用于生产批量较大的外圆表面加工，具有定心精度高、安装迅速的特点，故应用广泛。

除以上常用的工件夹持方法外，还有花盘、弯板等车床夹具，可应用于夹持形状复杂且具有特殊要求的外圆表面加工中。

（2）外圆表面的磨削

加工用磨具以较高的线速度对工件表面进行加工的方法称为磨削。磨削加工应用砂轮作为切削工具，多应用于淬硬外圆表面的加工，一般在车削半精加工之后进行，也可以对毛坯外圆表面直接进行磨削加工。因此，磨削加工既是精加工手段，又是高效率机械加工手段之一。

1）磨削加工的工艺范围及特点。

①磨削加工可作为粗加工，也可以作为精加工。

②磨削的本质是砂轮磨粒形成"刀刃"的切削过程，因刀刃大多在负前角下工作，对加工表面形成挤压、滑擦及刻划作用，因此，会产生较大的塑性变形，使加工表面出现硬化及留有残余应力。

③磨削过程中，因砂轮与工件表面接触面积较大，而且砂轮本身散热条件较差，故在切削区会出现较大的切削热，使切削区温度达400～1 000 ℃，容易造成已加工表

面的烧伤、脱碳、退火等现象，影响加工表面的质量。

2）外圆表面的磨削方法。

在外圆磨床上磨削外圆。在外圆磨床上磨削外圆也称"中心磨法"，工件安装在前后顶尖上，用拨盘与鸡心夹头传递动力和运动。常见的磨削方法有纵磨法、横磨法和综合磨法，如图 2 - 33 所示。

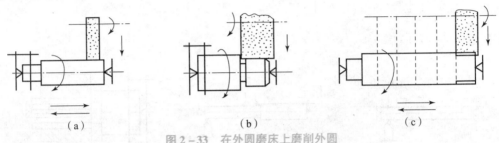

图 2 - 33　在外圆磨床上磨削外圆
（a）纵磨法；（b）横磨法；（c）综合磨法

a. 纵磨法。纵磨法如图 2 - 33（a）所示，砂轮高速旋转起切削作用，工件旋转与往复运动实现圆周进给和轴向进给运动，砂轮架水平进给实现径向进给运动，工作台每往复运动一次，砂轮沿磨削深度方向完成一次横向进给，外圆表面轴向切去一层金属，全部磨削余量是在多次往复行程中完成的。

b. 横磨法。横磨法如图 2 - 33（b）所示，工件不做纵向往复运动，砂轮以缓慢的速度连续或间断地向工件做横向进给运动，直到磨去全部余量。

c. 综合磨法。综合磨法如图 2 - 33（c）所示，它集中了纵磨法和横磨法的优点，即先用横磨法去除加工表面大部分余量，进行粗磨，再进行纵磨，以提高加工表面的加工精度和表面质量。综合磨法适用于生产批量较大的轴类外圆表面磨削加工。

在无心磨床上磨削外圆表面如图 2 - 34 所示，磨削时工件放在导轮和砂轮之间，工件由托板拖住，不用顶尖支撑，故称"无心磨削"。无心磨削可以用贯穿法和切入法磨削外圆表面。贯穿法适用于光轴加工，易实现自动化，生产效率高，但要注意，采用无心磨削，工件的定位是靠自身外圆表面，因此，要求工件上不允许带有键槽、平面等非连续的外圆表面；切入法是工件从砂轮径向送进，适合带台肩的阶梯轴外圆磨削加工。

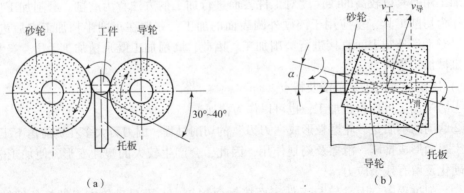

图 2 - 34　在无心磨床上磨削外圆表面
（a）主视图；（b）右视图

3）外圆表面加工方案。

确定外圆表面加工方案即确定外圆表面的加工顺序，一般由工件材料、加工精度、表面质量及生产批量等因素所决定，表2-6列出了一般外圆表面的加工方法，可供参考。

表2-6 外圆表面加工方案

序号	加工方案	加工精度	表面粗糙度 $Ra/\mu m$	适用材料
1	粗车	IT11~IT13	12.5~50	非淬火钢，有色金属
2	粗车—半精车	IT9~IT10	3.2~6.3	
3	粗车—半精车—精车	IT6~IT7	0.8~1.6	
4	粗车—半精车—磨	IT6~IT7	0.4~0.8	淬火钢
5	粗磨—精磨	IT5~IT6	0.2~0.4	
6	粗磨—精磨—研磨	IT3~IT5	0.008~0.1	

2. 内圆表面加工

内圆表面（也称内孔）是组成零件的表面之一，内孔加工与外圆表面加工相比，由于受刀具尺寸、刀杆刚度影响及散热、冷却、润滑条件的限制，故加工难度较大。图2-35所示为内圆表面加工方法。

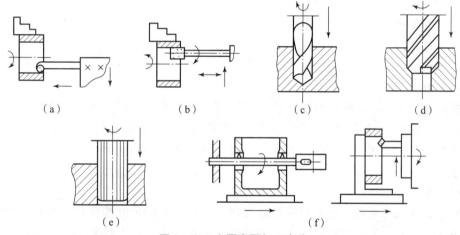

图2-35 内圆表面加工方法
（a）车内孔；（b）磨内孔；（c）钻孔；（d）扩孔；（e）铰孔；（f）镗孔

孔的加工方法除车削、磨削以外，多采用钻孔、扩孔、铰孔和镗孔等工艺方法，在大批量生产中，孔的拉削工艺应用比较广泛。

（1）钻孔

用钻头在实体材料上加工的方法称为钻孔，钻孔主要在钻床上进行。钻削加工操作简单，适应性强，应用很广。

1）钻孔的工艺特点。

①钻孔是利用钻头在实体材料上加工内孔的工艺方法，一般使用定尺寸刀具（即钻头）进行加工。

②钻孔多使用麻花钻，标准麻花钻头钻削中最易磨耗的切削部位是切削刃与棱刃交接处。钻深孔应注意排屑及冷却润滑，以防钻头折断。

③钻头刃磨时，应尽量使麻花钻的两主切削刃磨得对称，使两个主切削刃的径向力相互抵消，以防止钻头引偏及孔径扩大。

④在斜面上钻孔时应铣出一个平面或用中心钻先钻出定位孔，然后再钻孔。

⑤当孔的精度要求较高及表面粗糙度值要求较小时，加工中应取较小的切削深度和较大的切削速度。

2）钻孔工艺的应用。

①钻孔多为粗加工，多用于螺栓孔、油孔的加工，内螺纹底孔也可用钻孔作为粗加工。

②标准麻花钻头钻碳素结构钢孔时应加含3%～5%乳化膏的乳化液。钻黄铜孔用标准麻花钻时，最突出的问题是切削刃自动扎入工件发生"梗力"。

③钻孔使用的机床有台式钻床、立式钻床和摇臂钻床等。台式钻床钻孔时，电动机通过带轮带动主动轴和钻头旋转实现主运动，钻头沿轴线向下移动实现进给运动，此进给运动为手动。钢件钻孔的进给量应该比钻同一直径铸铁孔的进给量要小。

3）钻孔时钻头折断的原因。

①钻头磨钝仍继续使用。

②切屑未及时排出，使钻头卡住。

③进给量过大。

④工件松动、移位。

⑤钻软金属时扎刀，使切削力突然增大。

（2）扩孔

扩孔是对工件已有孔进行扩大孔径的工艺方法，扩孔使用扩孔钻，有时也可以用麻花钻进行扩孔，但刀刃少，切削不平稳。扩孔可在一定程度上校正原孔轴线的偏斜，属于半精加工，常用作铰孔前的预加工，对于质量要求不高的孔，扩孔也可作为孔加工的最终工序。

（3）铰孔

铰削是用铰刀从原孔壁上切除微量金属，以提高孔的尺寸精度和减小粗糙度值的加工方法。铰孔一般是在钻孔、扩孔的基础上使用铰刀进行孔的精加工，铰孔的工艺特点如下：

1）铰刀为多刃刀具，故切削平稳。

2）铰刀具有修光部分，导向较好，切削速度较低，切削余量较小，切削力较小，产生的热量少。由于铰孔生产效率高，费用较低，故在生产中应用广泛。

3）铰孔能提高孔的尺寸精度和形状精度，但不能提高位置精度。

4）铰削结构钢较深孔时，应经常取出铰刀除屑并修光刃口。

5）在铰孔时，铰刀不能反转，因为铰刀的前角接近0°，反转会使切屑挤住铰刀，划伤孔壁，使铰刀切削刃崩裂，铰出来的孔不光滑、不圆，尺寸也不准确。

6）机铰时进给速度不能太快和太慢，机铰时进给量要选得适当，太快，铰刀容易磨损，也容易产生积屑瘤而影响加工质量；但也不能太慢，太慢反而很难切下材料，而是以很大的压力挤压材料，使材料表面硬化和产生塑性变形，从而形成凸峰，当以后的刀刃切入时就会撕去大片切屑，严重破坏表面质量，也会加速铰刀的磨损。

　　铰刀可分为手用铰刀和机用铰刀两种。手用铰刀刃齿的齿距在圆周上是不均匀分布的，一般手用铰刀用于小批量生产或装配工作中对未淬硬孔进行手工操作的精加工。机用铰刀适用于在车床、钻床、数控机床等上使用，主要对碳素钢、合金钢、铸铁、铜、铝等工件的孔进行半精加工和精加工。在铰削有键槽的孔时，应选用直槽铰刀。以铰铸铁孔用煤油作润滑冷却液时，孔会缩小。

　　正确地选择加工余量对铰孔质量影响很大。在铰削时，铰削余量不宜太小或太大。因为铰削余量太小时，上道工序残留的变形难以纠正，原有的加工刀痕也不能去除，使铰削质量达不到要求；同时，当余量太小时，铰刀的刮齿严重，增加了铰刀的磨损。若铰削余量太大，则将加大每一刀齿的切削负荷，破坏了铰削过程的稳定性，并且增加了切削热，使铰刀的直径胀大，孔径也随之扩张；同时，切屑的形成必然呈撕裂状态，降低了加工表面的质量。铰孔可进行圆柱孔和圆锥孔加工，铰刀的刀刃也可以做成可调式结构，这样一把铰刀可以加工不同直径的孔。用锥铰刀铰莫氏锥孔前，应在毛坯件上先钻成阶梯孔后再用粗铰刀和精铰刀分阶段铰孔。

　　（4）镗孔

　　镗孔是在工件已有孔上进行扩大孔径的加工工艺方法，一般在镗床上进行，也可以在立式铣床或卧式铣床上镗孔。镗孔应用很广泛，特别是箱体类工件的孔系加工采用卧式铣镗床或坐标镗床较为普遍。成批生产中，应用多轴组合机床可同时镗几个孔，如气缸孔加工，生产效率很高，加工精度稳定。

　　（5）孔的拉削加工

　　孔的拉削加工一般应用在大批量生产中，拉刀结构较复杂，造价较高。拉孔在拉床上进行，工艺简单，生产率较高，拉孔精度直接受拉刀制造精度的影响。

　　（6）孔的加工方案制定

　　孔的加工方案制定应考虑工件加工精度、工件形状、尺寸大小及生产批量，表2-7列出了各种精度孔的加工方案，供制定孔加工工艺时参考。

表 2 - 7　孔的加工方案

孔加工要求		孔加工方案
加工精度	表面粗糙度 $Ra/\mu m$	
IT5 ~ IT9	6.3 ~ 32	钻孔 扩孔
IT7 ~ IT8	1.6 ~ 3.2	钻—扩—铰孔 钻—镗孔 钻（车）—拉孔
IT5 ~ IT6	0.4 ~ 0.8	钻—扩—坐标镗孔 车—磨孔

3. 平面加工

平面是盘形、板类及箱体类零件的主要组成表面，也是回转体零件的重要表面之一（如端面、台肩面等）。根据平面所起的作用不同，可以将其分为非接合面、接合面、导向面、测量工具的工作平面等。平面的加工方法有车削、铣削、刨削、磨削、拉削、研磨、刮研等。其中刨削、铣削、磨削是平面的主要加工方法。平面加工因其工件形状、尺寸、加工精度及表面粗糙度和生产批量的不同，可以采用各种不同的加工方法和加工方案，图 2-36 所示为各种平面的加工方法。

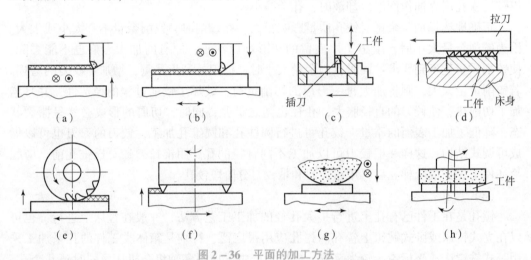

图 2-36　平面的加工方法

(a) 刨削（牛头刨床）；(b) 刨削（龙门刨床）；(c) 插削；(d) 拉削；

(e) 周铣；(f) 端铣；(g) 周磨；(h) 端磨

（1）刨削加工平面

刨削加工平面是最常用的加工方法，可以在牛头刨床和龙门刨床上进行。刨削加工可以作为工件表面的终加工，也可以作为加工精度及表面粗糙度要求更高平面的预加工。

刨削加工机床结构较为简单，调整方便，多采用单刃刨刀，适应性很强，故广泛应用于单件、小批量生产的场合。插床上进行的平面加工实质上也是刨削加工，只是插削的主运动方向是沿垂直方向的。插削可以加工方孔、多边形孔、键槽等内表面，在维修和模具车间应用较多。

（2）铣削加工平面

铣削是平面加工的主要方法，它可以铣削水平面、垂直面、斜面、燕尾槽及键槽等组合平面，还可以铣削成形面。铣削加工可以在升降台式卧式铣床、立式铣床及龙门铣床上进行。

1）铣削加工的工艺特点。

①铣削加工多为多齿刀具，且转速高，故生产率较刨削高。

②铣削加工时刀齿可以在一段时间内离开切削表面，故散热条件好，刀具可以得到冷却，提高了刀具的耐用度。

③铣削因是断续切削而使切削过程不稳定，刀具切入和切出时因受到冲击产生较

大振动，影响加工精度和表面粗糙度。

2）铣削平面的方法。

铣削平面是最常用的平面加工方法，同样的平面加工可以采用周铣法和端铣法。

①周铣法。用圆柱铣刀圆周上分布的刀齿加工平面的方法称为周铣法，它又分为顺铣与逆铣两种方法。

a. 顺铣法。顺铣法铣刀旋转方向与工件进给方向相同。

b. 逆铣法。逆铣法铣刀旋转方向与工件进给方向相反。

②端铣法。用端铣刀的端面齿进行铣削的方式，称为端铣。铣削加工时，根据铣刀与工件相对位置的不同，端铣分为对称铣和不对称铣两种。不对称铣又分为不对称逆铣和不对称顺铣。

a. 对称铣。铣刀轴线位于铣削弧长的对称中心位置，铣刀每个刀齿切入和切离工件时切削的厚度相等的铣削方式，称为对称铣。

b. 不对称逆铣。铣刀轴线偏置于铣削弧长的对称位置，且逆铣部分大于顺铣部分的铣削方式，称为不对称逆铣。

c. 不对称顺铣。其特征与不对称逆铣正好相反。这种切削方式一般很少采用，但用于铣削不锈钢和耐热合金钢时，可减少硬质合金刀具的剥落磨损。

（3）磨削加工平面

在模具生产及机床导轨面加工中常采用磨削加工方法，它适用于淬硬平面和精度要求较高的平面加工。磨削平面分为周磨法和端磨法两种。

1）周磨法。

采用砂轮的圆周表面进行加工。磨削时砂轮与工件接触面小，散热条件较好，不致因切削热烧伤工件，而且切削力较小，加工精度较高。

2）端磨法。

利用砂轮端面进行磨削。端磨时由于砂轮以较大的端面面积接触工件，因此生产效率较周磨法高，特别适用于轴承端面加工及小型零件的平面加工。端磨法多用于成批生产，容易实现自动化生产。

（4）平面加工方案制定

平面加工根据工件形状、尺寸、加工精度及生产批量不同可以采用各种方法，以取得较好的经济效益。表2-8列出了各种平面加工方法所能达到的加工精度及表面粗糙度。

表2-8 平面加工方案

序号	工艺方案	加工精度	表面粗糙度 Ra/μm	适用材料
1	粗刨—精刨	IT7～IT8	1.6～6.3	铸铁、钢
2	粗刨—精磨	IT6IT7	0.8～3.2	铸铁、钢
3	粗磨—精磨	IT6～IT7	0.8～3.2	淬火钢
4	粗铣—精铣（拉削）	IT7～IT8	1.6～3.2	铸铁、钢
5	粗铣—精磨	IT6～IT7	0.8～3.2	铸铁、钢

4. 螺纹加工

螺纹属于成形表面，按形状分可分为圆柱螺纹、圆锥螺纹；按牙型分可分为三角螺纹、梯形螺纹、模数螺纹、圆弧形螺纹等，应用最多的为三角螺纹；按用途分可分为连接螺纹（如螺栓）和导向螺纹（如丝杆等）。螺纹加工方法有车削加工、铣削加工、搓制螺纹和磨削加工等。

（1）车削螺纹

车床可以加工各种形状、各种牙型的内外螺纹。螺纹表面是复杂的成形面，在车削加工时，工件的旋转和刀具的移动要有严格的比例关系，即工件旋转一周，刀具要移动螺纹的一个导程，这种机床运动关系由螺纹加工传动链来保证，因此，车床加工螺纹的精度一方面由刀具本身的精度决定，另一方面由机床传动链精度保证。车削螺纹大多数使用单刃车刀，因为刀具简单、机床调整方便，故适应性强，应用非常广泛，适用于单件小批生产，但生产效率较低。

（2）铣削螺纹

铣削螺纹和车削螺纹原理相同，在成批生产中，为提高生产率多用铣削加工螺纹。根据刀具与工件的位置可分为内接铣削与外接铣削。前者适合较短的螺纹加工，工件只一端装卡，要求装卡刚度较高；后者适用于轴类螺纹加工，工件可两头装卡。

（3）搓制螺纹

小型圆柱螺纹零件大批量生产时多采用搓制螺纹方法，它属于无屑加工。搓制螺纹时定板不动，动板前后移动，工件自动定位，生产率极高，在标准件厂应用较多。螺纹加工精度取决于搓制螺纹板的精度及机床运动精度，一般加工精度不高，多适用于连接螺纹加工。

（4）磨削螺纹

精密导向螺纹多采用磨削方法。磨削加工切削金属量很少，切削力很小，散热条件较好，加工精度较高。磨削螺纹使用成形砂轮，故砂轮精度直接影响螺纹加工精度，应随时注意砂轮的修整。磨削螺纹生产效率较低，一般应用于淬火后螺纹及高精度螺纹加工。

5. 齿轮齿形加工

齿轮在各种机械、仪器和仪表中应用广泛，它是传递运动和动力的重要零件，齿轮的质量直接影响到机电产品的工作性能、承载能力、使用寿命和工作精度等。齿轮的传动精度与齿形加工有着密切的联系。

常用的齿轮有圆柱齿轮、圆锥齿轮及蜗杆蜗轮等，其中外啮合直齿圆柱齿轮是最基本的，也是应用最多的。齿轮的齿形曲线有渐开线、摆线和圆弧等，最常用的是渐开线齿形。

齿形加工方法有成形法和展成法。

（1）成形法加工

成形法加工齿形可以在万能铣床或专用机床上进行。它是将刀具刃形做成齿轮齿槽形状，齿轮齿形由刀具刃形形状决定，故成形法加工因刀具刃形精度不高，故加工齿轮精度一般较低，多为加工9级精度以下的齿形加工。在齿轮磨床上进行成形法加工，要有高精度的砂轮修磨装置，可以加工6级甚至更高精度的齿轮。成形法加工齿形多用在单件小批量生产及精度要求不高的场合。

（2）展成法加工

展成法是利用齿轮啮合原理来实现刀具与工件的相对运动而加工齿形的。展成法有滚齿、插齿、磨齿等。

1）滚齿。滚齿是在滚齿机上进行的，它可以加工直齿圆柱齿轮、斜齿圆柱齿轮及蜗轮。

2）插齿。插齿是利用插齿刀在插齿机上加工内、外齿轮或齿条等的齿面加工方法。

3）剃齿。剃齿是利用剃齿刀在专用剃齿机上对齿轮齿形进行精加工的一种方法，专门用来加工未经淬火（35 HRC 以下）的齿轮。

4）磨齿。磨齿是用砂轮在专用磨齿机上对已淬火齿轮进行精加工的一种方法。

（3）齿形加工工艺方案分析

齿形加工方法的确定与齿轮齿形本身的加工精度要求有着十分密切的关系，同时，还要考虑生产批量及工件尺寸大小，应根据条件适当确定齿形加工的工艺方法。

表2-9列出了不同工艺方案及其适用条件。

表2-9 齿形加工工艺方案及适用条件

序号	工艺方案	加工精度	适用条件
1	滚齿或插齿	8级及以下精度	精度要求不高的齿轮
2	滚（插）齿——磨齿	5～6级	传动精度较高的淬硬齿轮
3	滚（插）齿——剃齿——珩齿	4～5级	未淬硬的高精度齿轮

6. 光整加工

光整加工是指精加工后，从工件上不切除或只切除极薄材料层，用以降低工件表面粗糙度值或强化其表面的加工方法。常用的光整加工的方法主要有超精加工、研磨、珩磨和抛光等。

（1）超精加工

超精加工又称超精研加工，是采用细粒度的油石在一定的压力和切削速度下做往复运动，对工件表面进行光整加工的方法，属于固结磨粒压力进给加工。超精加工能降低加工表面的粗糙度值，特别是镗面加工，比珩磨或高速磨削的效率高。但保证零件的尺寸误差和几何形状误差的作用较差，零件的加工精度主要靠前道工序保证。超精加工的表面几乎不产生变质层，并使工件表面层具有残余压应力，从而提高了零件的接触疲劳强度。

超精加工具有设备简单、操作方便、效果显著和经济性好等优点，可用来加工内燃机曲轴、凸轮轴、活塞、活塞销等零件；能对各种材料，如钢、铸铁、黄铜、磷青铜、铝、陶瓷、玻璃、花岗岩、硅和锗等进行加工，并能加工外圆、平面、内孔、锥面及各种曲面。近年来，超精加工在航空、航天、大规模集成电路、精密仪器和精密量具制造中得到越来越广泛的应用。

（2）研磨

研磨是一种用研磨工具和研磨剂从工件上磨去一层极薄表面的精加工方法，它可以获得高的加工精度和低的表面粗糙度。

研磨的作用主要有：减小工件的表面粗糙度；提高工件的尺寸精度；改进工件的几何形状。

1）研磨原理。研具是用比工件软的材料做成的，研磨剂中的磨料在研磨过程中压入研具表面形成众多的微切削刃，对工件产生微量的切削和挤压，故而能从工件表面切去极薄的一层，这是研磨过程中的物理作用。研磨剂在工件表面形成一层氧化膜，它本身容易磨掉，因此加速了研磨的切削过程，这是研磨过程中的化学作用。研磨就是通过上述物理与化学的联合作用进行切削的。

常用的研具材料有铸铁和青铜。研磨剂是由磨料、研磨液（煤油与机油混合）及辅助材料（硬脂酸、油酸及工业甘油）调和而成的混合液。研磨液在研磨加工中起到调和磨料、冷却和润滑的作用。通常选用氧化铝和碳化硅等磨料，钢质工件选用氧化铝磨料，脆性材料工件选用碳化硅磨料。

2）研磨方法

研磨方法分手工研磨与机械研磨两种。手工研磨是手持研具或工件，在车床或专用机床上研磨。手工研磨适用于单件小批生产，工人劳动强度较大，研磨质量与工人技术的熟练程度有关。机器研磨在研磨机上进行，适用于成批生产，生产效率较高，研磨质量较稳定。目前，手工研磨正在被机器研磨所取代。

研磨可以进行外圆、内孔及平面的光整加工，研磨方法简单，适应性较强，对设备要求不高，因此是光整加工中应用最广泛的工艺方法。

（3）珩磨

珩磨是一种以固结磨粒压力进行切削的光整加工方法，它不仅可以降低加工表面的粗糙度，而且在一定的条件下还可以提高工件的尺寸及形状精度。珩磨加工主要用于内孔表面加工，也可以对外圆、平面、球面或齿形表面进行加工。珩磨时，有切削、摩擦、压光金属的过程，可以认为它是磨削加工的一种特殊形式。珩磨多用于内圆表面的精加工，如内燃机气缸套及连杆孔的光整加工。珩磨所用的磨具是由几根粒度很细的油石组成的珩磨头。

（4）抛光

抛光用微细磨粒和软质工具对工件表面进行加工，是一种简便、迅速、廉价的零件表面最终光饰加工方法。其主要目的是去除前道工序的加工痕迹（刀痕、花纹、划印、麻点、毛刺、尖棱等），改善工件表面粗糙度，或使零件获得光滑、光亮的表面。抛光一般不能提高工件的形状精度和尺寸精度，通常用于电镀或油漆的衬底面、上光面和凹表面的光整加工，抛光的工件表面粗糙度 Ra 值可达 $0.4\ \mu m$。随着技术的发展，又出现了一些新的抛光加工方法，如浮动抛光、水合抛光等，这些方法不仅能降低表面粗糙度，改善表面质量，而且能提高形状精度和尺寸精度。抛光应用广泛，从金属材料到非金属材料制品、从精密机电产品到日常生活用品，均可使用抛光加工提高表面质量。

三、机械加工工艺规程

各种类型的机械零件，由于其结构形状、精度、表面质量、技术条件和生产数量等要求各不相同，所以针对某一零件的具体要求，在生产实际中要综合考虑机床设备、生产类型、经济效益等诸多因素，确定一个合适的加工方案，并合理安排加工顺序，经过一定的加工工艺过程，才能制造出符合要求的零件。本部分仅介绍机械加工工艺过程及机械加工工艺规程的基本概念。

1. 生产过程与工艺过程

（1）生产过程

生产过程是指从原材料进厂到产品出厂相互关联的劳动过程的总和，它不仅包括毛坯制造、零件加工、装配调试、检验出厂，而且还包括生产准备阶段中的生产计划编制、工艺文件制定、刀夹量具准备及生产辅助阶段中原料与半成品运输和保管、设备维修和保养、刀具刃磨、生产统计与核算，等等。

（2）工艺过程及其组成

1）工艺过程。

生产过程中，按一定顺序逐渐改变生产对象的形状、尺寸、相对位置关系及性质，使其成为成品或半成品的过程称为工艺过程。用机械加工的方法，直接改变毛坯的形状、尺寸和表面质量，使之成为产品零件的工艺过程，称为零件的机械加工工艺过程。确定合理的机械加工工艺过程后，以文字形式形成施工的技术文件，即为机械加工工艺规程。

2）工艺过程的组成。

机械加工工艺过程由若干个工序组成，而每一个工序又可细分为安装、工位、工步和进给等。

工序是指一个（或一组）工人对同一个（或几个）工件在同一个工作地点（设备）进行连续加工的那部分工艺过程。工序是工艺过程中最基本的单元，即工艺过程由若干个工序组成。机械加工工序顺序的安排，应遵循先粗后精、先基面后其他、先主后次的原则。划分工序的主要依据是零件在加工过程中工作地点（设备）是否变更。零件加工的工作地点变更后，即构成另一个工序。

①安装。工件在加工之前，在机床或夹具上先占据一个正确的位置，这就是定位。定位后对工件进行夹紧的工艺过程称为安装。工件在一道工序中可能有一次或几次安装。

工件在加工过程中应尽量减少安装次数，因为多一次安装就多一次误差，而且还增加了安装工件的辅助时间。

②工位。工件在机床一个工作位置上所完成的那部分工艺过程称为工位。工件在一次安装中可以是一个工位或多个工位。多工位加工可以减少工件的安装次数，提高生产效率。

③工步。在一次安装中，在不改变加工表面、切削刀具的情况下所完成的那部分工艺过程称为工步。工件在一次安装中，可以是一个工步，也可能有多个工步。

④进给。在一个工步中，被切削表面需要分几次切除多余的金属层，刀具每切除一次金属层，即称为一次进给。一个工步中可以有一次或几次进给。

2. 生产类型及其工艺特点

每种产品或零件在生产中投入的数量往往是不同的，如新产品试制，投入试生产的数量就很少，维修配件的生产也往往就是几件。

由于产品或零件生产数量不同，它的工艺过程的复杂程度也是不同的，并有着各自的工艺特点。

（1）生产纲领与生产类型

1）生产纲领。

根据市场需求和本工厂的生产能力编制的工厂在计划期内应当生产的产品产量和进度计划称为生产纲领。

生产纲领决定着工厂的生产规模及生产方式，产品的生产纲领中要计入备品和废品。

2）生产类型。

根据零件的生产纲领或生产批量可划分为不同的生产类型，生产类型是工厂（车间、工段、班组、工作地）生产专业化程度的分类，一般分为大量生产、成批生产及单件生产三种生产类型。

（2）不同生产类型的工艺特点

1）单件生产。

单件生产是指生产单个或少量的不同结构或尺寸的产品，不重复或很少重复生产。单件生产中，产品品种很多，每一种产品只做一个或数个，各个工作地的加工对象经常改变，很少重复生产。重型机械、船舶制造、专用设备及新产品试制属于这种生产类型。

2）成批生产。

每一计划期内（月或季）分批轮流地制造几种不同的产品，每种产品有一定的数量，每隔一段时间又重复生产称为成批生产。成批生产又分为小批、中批和大批生产。如中型内燃机和机床的生产多为成批生产。

3）大量生产。

每年的产品数量很大，产品品种单一，每台设备上经常重复进行某工件其中一道工序的加工，如机车车辆制造多为大量生产。一些标准件生产，如轴承、螺栓等也属于大量生产。

3. 工件的安装与基准

（1）工件的安装

工件定位以后，为保持加工过程中工件的正确定位，防止切削力与工件或夹具的离心力破坏工件的准确定位，还需要将工件压牢，这就是夹紧。工件从定位到夹紧的过程称为安装，定位和夹紧是同时进行的。

工件安装好以后，也就确定了工件加工表面相对于机床或刀具的位置，因此，工件加工表面的加工精度与安装的准确程度有直接关系。换句话说，工件的安装精度是影响加工精度的重要因素，所以必须给予足够重视。

（2）基准

零件都是由若干表面组成的，各表面之间有一定的尺寸和相互位置要求。研究零件表面间的相对位置关系离不开基准，不明确基准就无法确定零件表面的位置。基准是指确定零件上其他点、线、面尺寸所依据的点、线、面。基准按其作用不同，可分为设计基准和工艺基准两大类，工艺基准又分为定位基准、测量基准与装配基准。

1）设计基准。

设计基准是设计零件图样时用以确定其他点、线、面位置所依据的基准，如图 2-37 所示。

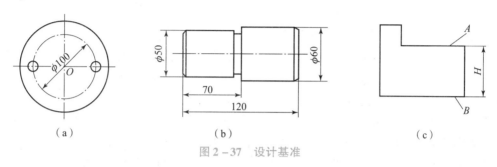

（a） （b） （c）

图 2-37 设计基准

如图 2-37（a）所示的薄板内两均布孔以中心点 O 作为设计基准；如图 2-37（b）所示的两端轴颈尺寸以中心线作为设计基准；如图 2-37（c）所示工件的 A 表面与 B 表面的距离是以 B 表面作为设计基准，A、B 两面也可互为设计基准。对同轴度要求较高的零件，一般都采取互为基准的方法来保证内、外圆的同轴度要求。

2）工艺基准。

工艺基准是工件在加工或产品装配中确定其他点、线、面位置所依据的基准。

①定位基准。定位基准是工件在定位时所依据的基准。工件定位时，使用的定位基准可能是一个，也可以是多个。

定位基准又分为粗基准和精基准。一般来说，用未经过机械加工的表面（通常称毛坯表面）作为定位基准时，称为粗基准；用经过机械加工的表面作为定位基准时，称为精基准。精基准又分为基本精基准和辅助精基准。对于作为精基准的表面，在工件功能上不起作用的表面称为辅助精基准，如中心孔、工艺搭子等。

②测量基准。测量基准指在检验工件尺寸时，测量所依据的基准。

③装配基准。装配基准是工件在装配时所依据的基准。基准的确定是很重要的，因此，在设计或制定工件的机械加工工艺时要十分重视基准的选择，它对工件的加工精度及劳动生产率都有着重要的影响。

4. 机械加工工艺规程的制定

（1）机械加工工艺规程

1）工艺规程。

将工艺过程的各项内容用文字或表格形式写成工艺文件，就是工艺规程。机械的工艺规程可以分为零件的机械加工工艺规程、检验工艺规程和装配工艺规程等，但以零件的机械加工工艺规程为主，其他工艺规程则按需要而定。机械加工工艺规程各项内容以表格形式写成工艺文件，就是机械加工工艺规程。零件的机械加工工艺规程包括的内容为：加工的工艺路线，各工序、工步的加工内容、操作方法及要求，所采用的机床及刀、夹、量具，零件的检验项目及方法，切削用量及工时定额等。

2）工艺规程的作用。

工艺规程是指导生产的技术文件，是生产经验和应用先进工艺技术的总结，它应具有技术上的先进性、经济上的合理性，并且注意劳动环境的改善。

工艺规程也不是一成不变的，随着生产的发展，新工艺、新技术、新材料的出现，工艺规程也会不断变化。

3）工艺规程的格式。

各工厂使用的工艺规程格式虽然不统一，但大致都使用2~3种工艺规程卡片，即机械加工工艺过程卡片与工序卡片，有的还有工艺卡片、调整卡片和检验卡片等。

①机械加工工艺过程卡片。这种工艺卡片也称机械加工综合卡片，各种生产类型的工厂都要使用。在工艺过程卡片中规定了工件所经过的车间、工艺方法、所使用的设备及工艺装备，还规定了各道工序的工时定额。

②机械加工工序卡片。工序卡片只反映本工序的一些基本内容，它是直接指导工人进行生产的工艺文件。如机械加工工序顺序的安排，应遵循先粗后精、先基面后其他、先主后次的原则。在工序卡片中附有工序简图，明确本工序所应完成的加工表面及应达到的加工精度与表面粗糙度，注明定位表面及夹紧力位置，详细记录工步内容。

（2）制定工艺规程的原始资料及步骤

1）机械加工工艺规程的编制原则。

编制工艺规程的原则是在一定的生产条件下，要使所编制的工艺规程能以最少的劳动量和最低的费用，可靠地加工出符合图样及技术要求的零件。工艺规程首先要保证产品的质量，同时要争取最好的经济效益。在编制工艺规程时，要注意以下三个方面：

①技术上的先进性。在编制工艺规程时，要了解国内外本行业工艺技术的发展。通过必要的工艺试验，优先采用先进工艺和工艺装备，同时还要充分利用现有的生产条件。

②经济上的合理性。在一定的生产条件下，可能会出现几个保证工件技术要求的工艺方案。此时应全面考虑，通过核算或评比选择经济上最合理的方案，使产品的能源、物资消耗和成本最低。

③有良好的劳动条件。编制工艺规程时，要注意保证工人具有良好、安全的劳动条件，通过机械化、自动化等途径，把工人从繁重的体力劳动中解放出来。

编制工艺规程时工艺人员必须认真研究原始资料，如产品图样、生产纲领、毛坯资料及生产条件的状况等，然后参照同行业工艺技术的发展，综合本部门的生产实践经验，进行工艺文件的编制。

2）制定工艺规程的原始资料

①零件图、反映零件功能的装配图。

②产品质量检验标准。

③产品的生产纲领。

④企业有关机械加工条件，例如毛坯制造，机床设备品种、规格和性能，工人的技术水平，工艺装备的设计制造能力等。

⑤相关国内外工艺技术水平资料。

⑥有关的标准、手册及图册等。

（3）制定工艺规程的步骤

①零件图的研究与工艺审查。

②确定生产类型。

③确定毛坯的种类和尺寸。

④选择定位基准和主要表面的加工方法。

⑤确定工序尺寸、公差及其技术要求，拟定零件的加工工艺路线。

⑥确定机床、工艺装备及切削用量。

⑦确定各主要工序的技术要求和检验方法。

⑧确定工时定额。

⑨填写工艺文件。

一般拟定工艺路线要多方面考虑各种因素，初步选定 2~3 个方案，经过认真分析比较，最后确定一个较为合理的工艺路线。

🗙 知识拓展

一、《中国制造 2025》

《中国制造 2025》是中国政府实施制造强国战略的第一个十年行动纲领。

《中国制造 2025》提出，坚持"创新驱动、质量为先、绿色发展、结构优化、人才为本"的基本方针，坚持"市场主导、政府引导，立足当前、着眼长远，整体推进、重点突破，自主发展、开放合作"的基本原则，通过"三步走"实现制造强国的战略目标：第一步，到 2025 年迈入制造强国行列；第二步，到 2035 年中国制造业整体达到世界制造强国阵营中等水平；第三步，到中华人民共和国成立一百周年时，综合实力进入世界制造强国前列。

围绕实现制造强国的战略目标，《中国制造 2025》明确了 9 项战略任务和重点，提出了 8 个方面的战略支撑和保障。

2016 年 4 月 6 日，国务院总理李克强主持召开国务院常务会议，会议通过了《装备制造业标准化和质量提升规划》，要求对接《中国制造 2025》。

2016 年 7 月 19 日国务院常务会议部署创建《中国制造 2025》国家级示范区，专家指出，《中国制造 2025》提至国家级，较以前城市试点有所升级。7 月 19 日部署的《中国制造 2025》国家级示范区相当于此前《中国制造 2025》城市试点示范的升级版，工信部赛迪研究院规划所副所长张洪国对《21 世纪经济报道》表示，此前是以工信部为主来批复《中国制造 2025》试点示范城市，在国家制造强国建设领导小组的指导下开展相关工作的，今后将由国务院来审核、批复国家级的示范区，相关文件也将由国务院来统一制定。

二、李克强总理有关《中国制造2025》的论述摘录如下：

传统的"MADE IN CHINA"我们还要做，但《中国制造2025》的核心，应该是主打"中国装备"。

————李克强在2015年6月15日工业和信息化部座谈会上讲话

"集众智者成大事"，要通过大众创业、万众创新，用亿万人层出不穷的新鲜点子，激发市场活力，真正推进中国制造的智能转型。

————李克强在2015年6月17日国务院常务会议上讲话

促进中国制造上水平，既要在改造传统制造上"补课"，同时还要瞄准世界产业技术发展前沿。

————李克强在2015年8月21日国务院专题讲座上讲话

互联网+双创+《中国制造2025》，彼此结合起来进行工业创新，将会催生一场新工业革命。

————李克强在2015年10月14日国务院常务会议上讲话

中国有完备工业体系和巨大市场，德国有先进技术，应推进《中国制造2025》和"德国工业4.0"战略对接，共同推动新工业革命和业态，达成双赢。

————李克强会见德国总理默克尔时讲话

实施创新驱动发展战略，推动大众创业、万众创新，进一步发展服务业、高新技术产业、中小微企业，大力实施《中国制造2025》，提高实体经济竞争力。

————李克强在2016年3月25日博鳌亚洲论坛开幕式上讲话

《中国制造2025》突破的重点，主要应放在与"互联网+"的融合发展上，加快推动中国工业的"浴火重生"。

————李克强在2016年1月27日国务院常务会议上讲话

我们要打一场制造业的'攻坚战'，用先进标准倒逼'中国制造'升级。

————李克强总理在2016年4月6日的国务院常务会议上讲话

《中国制造2025》的核心就是实现制造业智能升级。

————李克强考察大连重工起重集团有限公司时讲话

我们可以加强《中国制造2025》和"瑞士工业4.0"的对接，助力双方在数字化和"工业4.0"浪潮中走在前沿，实现更高层次的互利双赢。

————李克强总理2016年4月7日会见瑞士联邦主席施奈德—阿曼讲话

"互联网+"是对《中国制造2025》的重要支撑，要推动制造业与互联网的融合发展。

————李克强总理在2016年5月4日的国务院常务会议上讲话

东北老工业基地制造业底蕴深厚，但需创新促智能升级。要把中国"智"造这场深刻变革进行到底！

————李克强在考察大连高新技术产业园众创空间时讲话

中国经济要长期保持中高速，必须迈向中高端，须加速推进《中国制造2025》。

————李克强总理2015年4月23日考察泉州嘉泰数控机械有限公司讲话

知识归纳整理

一、知识点梳理

为了大家对所学知识能有更好理解和掌握，利用树图形式归纳如下，仅供参考。

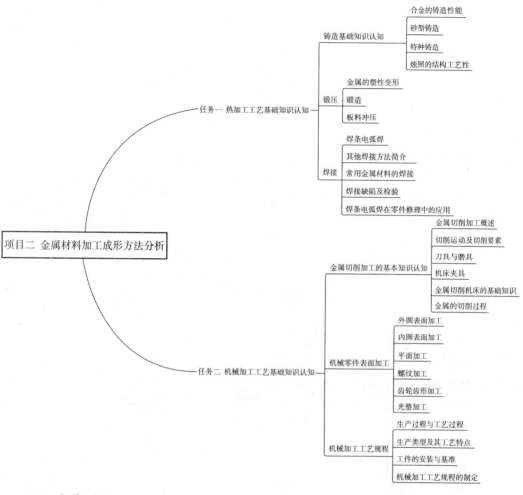

二、自我反思

1. 学习中的收获或体会

2. 对你所了解的金属材料加工变形新技术进行归纳整理

自测题

任务一　热加工工艺基础知识

一、填空题

1. 车辆用 40 或 50 优质碳素结构钢锻制后必须做＿＿＿＿＿＿＿处理。

2. 焊接电弧由阴极区、＿＿＿＿＿＿＿和阳极区三部分组成。

3. 根据焊料熔点的不同，钎焊分为＿＿＿＿＿＿＿钎焊和硬焊料钎焊。

4. 45 钢的焊接性＿＿＿＿＿＿＿。

5. Q235 – A 与 45 钢比较，＿＿＿＿＿＿＿焊接性好。

6. 含碳量越高的钢，焊接性＿＿＿＿＿＿＿。

7. 不锈钢＿＿＿＿＿＿＿（填"能"或"不能"）用氧气 – 乙炔火焰切割。

8. 熔焊修复法是将零件或金属局部加热至＿＿＿＿＿＿＿，利用分子内聚力使零件或金属连接成为一个整体。

二、判断题

1. 钢有较好的铸造性能。（　　）

2. 韶山 4 改型电力机车车轴用 JZ 车轴钢铸造而成。（　　）

3. 零件的加工硬化有利于提高其耐磨性。（　　）

4. 白口铸铁有较好的锻造性能。（　　）

5. 韶山 8 型电力机车车轴采用高强度合金钢锻造而成。（　　）

6. 焊接是一种不可拆卸的连接。（　　）

7. 焊条由焊芯和药皮两部分组成。（　　）

8. E5016 焊条直径为 3.2 mm 时，应采用的焊接电流为 150 ~ 190 A。（　　）

9. 氢弧焊和二氧化碳气体保护焊都是气体保护焊。（　　）

10. 电阻焊不需要焊条。（　　）

11. 电阻焊生产效率低。（　　）

12. 铸铁件不能用氧 – 乙炔火焰切割。（　　）

13. 只有黑色金属材料才能进行焊接。（　　）

14. 钢的含碳量越高，焊接性越好。（　　）

15. 低碳铸钢件上需焊接其他低碳钢件时，必须清除表层砂皮。（　　）

16. 工具钢可以采用气焊焊接。（　　）

17. 焊接较薄的钢板应使用气焊。（　　）

18. 电力机车转向架组焊后进行退火处理，目的是消除焊接内应力。（　　）

19. 平焊是焊接中最容易的操作方法。（　　）

20. 立焊是焊接中最困难的操作方法。（　　）

21. 电焊机使用的是直流电。（　　）

22. 焊接时，对人的眼睛、皮肤刺激性最大的是红外线。（　　）

23. 焊接时会产生对人体有毒的气体。　　　　　　　　　　　　　　　（　　）

24. 电弧焊也能用来分割材料。　　　　　　　　　　　　　　　　　　（　　）

25. 气焊使用的可燃气体是乙炔。　　　　　　　　　　　　　　　　　（　　）

26. 咬边减弱了焊接接头强度，而且因应力集中易产生裂纹。　　　　　（　　）

27. 40Cr 钢比 45 钢的焊接性要好。　　　　　　　　　　　　　　　　（　　）

28. 焊接结构的柴油机机体产生裂纹可用焊补法修复。　　　　　　　　（　　）

29. 焊接起重链条应用气焊。　　　　　　　　　　　　　　　　　　　（　　）

30. 焊接变形是由于装夹不牢。　　　　　　　　　　　　　　　　　　（　　）

任务二　机械加工工艺基础知识

一、填空题

1. 钻孔时，钻头的旋转是主运动，轴向移动是_____。

2. 工件在夹具中定位时，由于工件和定位元件总会有制造误差，故在加工中会产生_____误差。

3. 按技术要求，将若干零件接合成部件，或将若干零件和部件接合成机器的过程叫_____。

4. 在斜面上钻孔，用_____先钻出定位孔，再用钻头钻削可防止钻头偏斜。

5. 钻深孔的关键问题是解决冷却和_____。

6. 研磨的基本原理包含_____两个作用。

7. 表示磨粒粗细的参数叫_____。

8. 磨粒的号数越大，则磨料_____。

二、判断题

1. 钳工加工不属于机械加工。　　　　　　　　　　　　　　　　　　（　　）

2. 钳工是机械加工行业中的一个工种。　　　　　　　　　　　　　　（　　）

3. 切削用量是切削深度、进给量和切削速度的总称。　　　　　　　　（　　）

4. 冷却润滑液的主要作用有冷却、润滑和清洗。　　　　　　　　　　（　　）

5. 刃磨刀面时，各刀面组成的角度要准确，还要保证整体刀具的形位公差要求和尺寸公差要求。　　　　　　　　　　　　　　　　　　　　　　　　　　　（　　）

6. 切削铸铁等脆性材料时，切削层首先产生塑性变形，然后产生崩碎切屑。（　　）

7. 工件以其经过加工的平面，在夹具的四个支撑块上定位，属于四点定位。（　　）

8. 对已加工平面进行定位时，为了增加工件刚度，有利于加工，可以采用三个以上的等高支撑块。　　　　　　　　　　　　　　　　　　　　　　　　　　（　　）

9. 夹紧时夹具应尽可能远离加工面。　　　　　　　　　　　　　　　（　　）

10. 造成工件严重变形或夹坏的原因是夹紧力过大和夹紧位置不当。　（　　）

11. 使用夹具时必须进行首件检查，合格后方可继续进行加工。　　　（　　）

12. 组合夹具可用于车、铣、刨、磨等工种，但不适宜钻孔工艺。　　（　　）

13. 工件在夹具中与各定位元件接触，虽然没有夹紧，但已取得确定的位置，所以可以认为工件已定位。　　　　　　　　　　　　　　　　　　　　　　　　（　　）

14. 一般在没有加工尺寸要求及位置精度要求的方向上，允许工件在此方向上可以不进行定位。　　　　　　　　　　　　　　　　　　　　（　　）

15. 手用铰刀比机用铰刀的切削锥角小，以便提高定心作用，减少轴向抗力。
　　　　　　　　　　　　　　　　　　　　　　　　　　　　　（　　）

16. 钻孔时，选择切削用量的基本原则是：在允许范围内，尽量先选择较大的切削速度。　　　　　　　　　　　　　　　　　　　　　　　　　（　　）

17. 钻半圆孔时，要用手动进给，进给力要小些。　　　　　　　　（　　）

18. 磨削一般不适用于加工毛坯件或加工余量太大的工件。　　　　（　　）

19. 抛光不能改变零件原有的加工精度。　　　　　　　　　　　　（　　）

20. 钻头刃磨时，主要磨后刀面。　　　　　　　　　　　　　　　（　　）

21. 钻深孔时，为提高效率应选较大的切削速度。　　　　　　　　（　　）

22. 不等齿距铰刀比等齿距铰刀铰孔质量高。　　　　　　　　　　（　　）

23. 用普通的标准高速钢机铰刀铰孔，其切削速度应比钻孔时大些。　（　　）

24. 研磨必须在精加工之后进行。　　　　　　　　　　　　　　　（　　）

25. 抛光不能改变零件原有的加工精度。　　　　　　　　　　　　（　　）

26. 钻小孔时，因钻头直径小、强度低，容易折断，故钻小孔时的钻头转速要比一般孔低。　　　　　　　　　　　　　　　　　　　　　　　　　　（　　）

27. 为提高工件表面质量、增加工作稳定性，一般铣床应尽量用逆铣加工。（　　）

28. 铰孔前必须用镗孔、扩孔等方法来保证孔的位置精度。　　　　（　　）

29. 柱形锯钻外圆上的切削刃为主切削刃，起主要切削作用。　　　（　　）

30. 钻精孔的钻头，其刃倾角为0°。　　　　　　　　　　　　　　（　　）

31. 钻套属于对刀元件。　　　　　　　　　　　　　　　　　　　（　　）

32. 研磨剂是由磨料、研磨液及辅助材料调和而成的混合液。　　　（　　）

33. 研磨液在研磨加工中起到调和磨料、冷却和润滑的作用。　　　（　　）

34. 在设计过程中，根据零件在机器中的位置和作用，为保证其使用性能而确定的基准叫工艺基准。　　　　　　　　　　　　　　　　　　　　　　（　　）

35. 根据零件的加工工艺过程，为方便装卡、定位和测量而确定的基准叫设计基准。　　　　　　　　　　　　　　　　　　　　　　　　　　　（　　）

36. 机械加工工序顺序的安排，应遵循先粗后精、先基面后其他、先主后次的原则。　　　　　　　　　　　　　　　　　　　　　　　　　　　（　　）

项目三　构件基本变形分析

【项目描述】

本项目通过对静力学相关知识的学习，借助平面力系的基础知识，对各类典型构件进行承载能力分析，掌握其计算参数和计算方法，进而掌握工程上常用杆件拉伸、轴扭转、梁弯曲等构件变形的分析方法，以便在工程上能够更好地选用构件材料以及对构件进行变形分析。

【学习目标】

(1) 了解静力学的基本概念、基本公理、约束、受力分析与受力图等；

(2) 掌握平面汇交力系合成与平衡方法；

(3) 掌握力矩与平面力偶系，学会在工程上合理利用平面力偶的平衡条件进行构件的受力分析及机构的设计等；

(4) 了解构件的承载能力及变形；

(5) 了解杆件的轴向拉伸、压缩、剪切和挤压等变形形式及分析方法；

(6) 掌握圆轴扭转变形分析、绘制扭矩图及相关强度计算方法；

(7) 掌握平面弯曲和组合变形分析的相关知识；

(8) 通过完成本项目的学习，使学生逐步达成基本杆件简单变形分析的能力。

相关知识

任务一　构件基本变形受力分析

一、静力学基础知识认知

1. 基本概念

（1）平衡的概念

静力学是研究物体在力系作用下的平衡条件的科学，是物体机械运动的特殊情况，即物体的平衡问题。

物体的平衡，是指物体相对于周围物体保持静止或做匀速直线运动的状态。研究物体的平衡问题，就是研究物体在各种力系作用下的平衡条件，并应用这些条件解决工程技术问题。它包括确定研究对象，进行受力分析，简化力系，建立平衡条件求解未知量等。

在静力学中要解决两个问题，一是研究受力物体平衡时，作用力应满足的条件；二是研究物体受力的分析方法，以及力系简化的方法。

（2）刚体的概念

所谓刚体是指在力的作用下不变形的物体。

实际上，任何物体在力的作用下或多或少都会产生变形。如果物体变形很小，且变形对所研究问题的影响可以忽略不计，则可将物体抽象为刚体。但是，如果在所研究的问题中物体的变形为主要因素，则不能再把物体看成刚体，而要看成变形体。

（3）力的概念

1）力的定义。

所谓力是物体间相互的机械作用，这种作用使物体的机械运动状态发生改变或使物体产生变形。改变了物体的运动状态，即改变了速度，称为力的外效应或运动效应；改变了物体原来的形状，即产生了变形，又称为内效应。

2）力的三要素。

力对物体的作用效应取决于三个要素，即力的大小、方向和作用点，当三个要素中有任何一个要素发生改变时，力的作用效应也将发生改变。

力是具有大小和方向的量，所以是矢量。力的三要素可用带箭头的有向线段（矢线）表示（见图 3-1），有向线段的长度表示力的大小，箭头的指向表示力的方向，线段的起点或终点表示力的作用点。

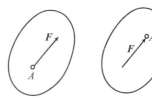

图 3-1　力的表示方法

3）力的单位。

在国际单位制（SI 制）中，力的单位是牛顿或千牛顿，记作牛（N）或千牛（kN）；在工程单位制（lFT）中，力的单位是公斤力（kgf）或吨力（tf），两者的换算关系为 1 kgf = 9.8 N，1 tf = 9.8 kN = 9 800 N。

我国采用法定计量单位牛顿（N）或千牛顿（kN），1 kN = 10^3 N。

（4）力系的概念

作用在物体上的一群力称为力系。力系依据作用线分布情况的不同分为平面力系、空间力系、汇交力系、平行力系和任意力系。

若力系中各力对于物体作用的效应彼此抵消，而使物体保持平衡或运动状态不变，则这种力系称为平衡力系。若两力系分别作用于同一物体而效应相同，则这两个力系称为等效力系。若力系与一力等效，则此力称为该力系的合力，而力系中的各力则称为此合力的分力。用一个简单的等效力系（或一个力）代替一个复杂力系的过程，称为力系的简化。力系的简化是工程静力学的基本问题之一。

2. 静力学基本公理

公理是人们在生活和生产实践中长期积累的经验总结，又被实践反复检验，被确认是符合客观实际的最普遍、最一般的规律。

（1）二力平衡公理

作用在刚体上的两个力，使刚体保持平衡的充分必要条件是：这两个力的大小相等、方向相反，且作用在同一条直线上，即 $F_A = F_B$，如图 3-2 所示。

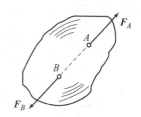

必须注意，这个公理只适用于刚体。工程上常遇到只受两个力作用而平衡的构件，称为二力构件。

图 3-2　二力平衡

（2）加减平衡力系公理

对于作用在刚体上的任何一个力系，可以增加或去掉任一平衡力系，并不改变原力系对于刚体的作用效应。

根据这一公理，可以得到作用于刚体上的力的一个重要性质——力的可传性原理，即作用于刚体上的力可以沿着其作用线任意移动，而不改变力对刚体作用的外效应，如图 3-3 所示。由力的可传性原理可以看出，作用于刚体上的力的三要素为力的大小、力的方向和力的作用线，不再强调力的作用点。

力的可传性说明：对刚体而言，力是滑动矢量，它可沿其作用线滑移至刚体上的任一位置。加减平衡力系公理只适用于刚体，而不适用于变形体。

（3）力的平行四边形公理

作用在物体上同一点的两个力可以合成为一个合力。合力的作用点也在该点，合

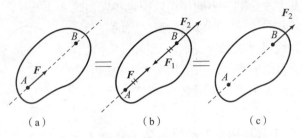

图 3 – 3　力的可传性

力的大小和方向由这两个力为边构成的平行四边形的对角线确定，如图 3 – 4（a）所示。或者说，合力矢等于原两力的矢量和，即

$$F_R = F_1 + F_2$$

也可另作一个力三角形，求两汇交力系合力的大小和方向（即合力矢），如图 3 – 4（b）所示。

（4）作用和反作用公理

作用力和反作用力总是同时存在的，两力的大小相等、方向相反，沿着同一条直线分别作用在相互作用的物体上。

该公理表明，两个物体之间所发生的机械作用一定是相互的，即作用力与反作用力必须同时成对出现。这种物体之间的相互作用关系是分析物体受力时必须遵循的原则。

（5）三力平衡汇交定理

作用于刚体上同一平面内的三个不平行的力，如果使刚体处于平衡，则这三个力的作用线必汇交于一点，如图 3 – 5 所示。

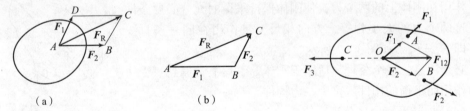

图 3 – 4　平行四边形法则　　　　　　图 3 – 5　三力平衡汇交
（a）力的平行四边形法则；（b）力的三角形法则

3. 约束和约束力

（1）约束和约束力概述

凡是对一个物体的运动或运动趋势起限制作用的其他物体，都称为这个物体的约束。例如，沿轨道行驶的车辆，轨道限制车辆的运动，轨道就构成了约束。约束限制着物体的运动，阻碍了物体本来可能产生的某种运动，从而改变了物体可能的运动状态，这种约束物体的作用力称为约束力。

在约束力的三要素中，约束力的方向总是与该约束所限制的运动趋势方向相反，其作用点在约束与被约束体的接触处。如悬挂着的日光灯，由于受到链条的限制而不能向下运动。能使物体运动或有运动趋势的力称为主动力，主动力一般是已知的，而约束力往往是未知的。

不同类型的约束，其约束力也不同。下面介绍几种工程中常见的约束类型及其约束力。

（2）常见约束类型

1）柔性体约束。

绳索、传送带、链条等柔性物体形成的约束即为柔性约束。如图 3-6 所示绳索吊住重物；如图 3-7 所示带（或链条）传动，带的约束力沿着轮缘的切向离开轮子指向外侧。由于柔性本身只能承受拉力而不能受压，所以柔性体约束对物体的约束力是作用在接触点、沿着柔性体中心线、背离被约束物体的拉力，通常用 F 或 F_T 表示这类约束。

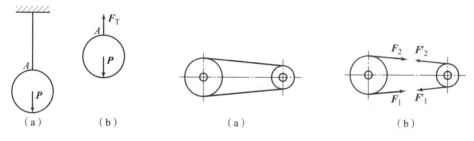

图 3-6 绳索约束受力　　　图 3-7 带传动约束
（a）带传动；（b）带的受力

2）光滑接触面约束。

如图 3-8 所示，支持物体的固定面、啮合齿轮的齿面、机床中的导轨等，这种当两物体直接接触并忽略接触处的摩擦，接触表面视为理想光滑的约束称为光滑接触面约束。这类约束的特点是：过接触点、沿公法线方向、指向被约束的物体。这种约束力称为法向约束力，通常用 F_N 表示，如图 3-8 所示。

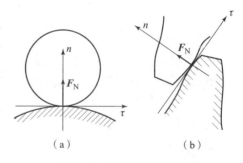

图 3-8 光滑接触面约束

3）铰链约束。

如图 3-9（a）所示，两构件采用圆柱销形成连接，忽略接触处的摩擦，这类约束称为光滑圆柱铰链约束，如门窗上的合页等。这类约束本质上属于光滑面接触约束。

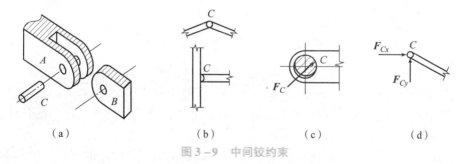

图 3-9 中间铰约束

常见的光滑圆柱铰链约束主要有以下 3 种类型。

①中间铰约束。当圆柱销连接的两个构件不固定时，通常就称为中间铰，如图 3 - 9 所示。其特点是：只限制了构件孔端的任意移动，不限制构件绕销孔端的相对转动。其约束力沿着圆柱面接触点的公法线方向，通过圆柱销中心，简图如图 3 - 9 （b）所示。

由于接触点不能确定，故通常用一对大小未知的正交分力 F_{Cx} 和 F_{Cy} 来表示，如图 3 - 9 （d）所示。

②固定铰链支座约束。当用圆柱销连接几个构件时，连接处称为铰接点。把构件支撑在墙、柱、机身等固定支撑物上面的装置，称为支座。把圆柱销连接的两个构件中的一个固定起来（与底座连接，并把底座固定在支撑物上）的约束，称为固定铰链支座约束，如图 3 - 10 （a）所示，其简图如图 3 - 10 （b）所示。固定铰支座形成的约束力特点与中间铰相同，约束力可用图 3 - 10 （c）所示表达。

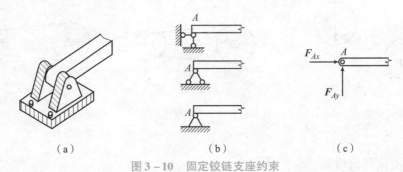

（a）　　　　　　　　（b）　　　　　　　　（c）

图 3 - 10　固定铰链支座约束

③活动铰链支座约束。为了保证构件变形时既能发生微小的转动，又能发生微小的移动，可将构件的铰支座用几个或多个滚柱（辊轴）支撑在光滑的支座面上，构成活动铰链支座，又称辊轴支座，如图 3 - 11 （a）所示，通常用简图 3 - 11 （b）表示。这类支座常用于桥梁、屋架等结构中。这类支座约束的特点是：只能限制构件沿支撑面垂直方向的移动，不能阻止物体沿支撑面的运动或绕销钉轴线的转动。因此，活动铰链支座的约束力通过销轴中心，垂直于支撑面，如图 3 - 11 （c）所示。

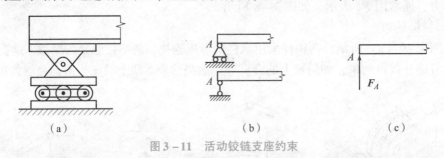

（a）　　　　　　　　（b）　　　　　　　　（c）

图 3 - 11　活动铰链支座约束

4）二力杆约束

两端用光滑铰链与其他构件连接且不考虑自重的，不受其他外力作用的杆件，称为链杆，它是二力杆或二力构件。

根据二力平衡公理，二力杆的约束力必沿着杆件两端铰链中心的连线，指向不定。

如图 3 - 12（a）中的杆件 AB 为二力构件，可用简图 3 - 12（b）表示。图 3 - 12（c）所示为 AB 杆件的受力图。

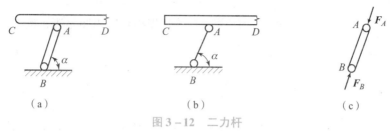

图 3 - 12　二力杆

（a）二力杆约束；（b）二力杆约束简图；（c）二力杆受力图

5）固定端约束

固定端支座约束也是工程结构中常见的一种约束。图 3 - 13（a）所示为钢筋混凝土支柱与基础整体浇筑时，支柱与基础的连接端；图 3 - 13（b）所示为嵌入墙体一定深度的悬臂梁的嵌入端。它们都不能沿任何方向移动和转动，构件所受到的这种约束称为固定端约束，平面问题中一般用图 3 - 13（c）所示简图表示。固定端支座的约束反力分布比较复杂，但在平面问题中可简化为一个水平反力 F_{Ax}、一个铅垂反力 F_{Ay} 和一个反力偶 M_A，如图 3 - 13（d）所示。

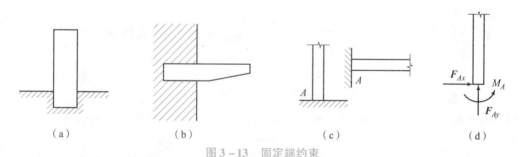

图 3 - 13　固定端约束

（a）钢筋混凝土支柱；（b）悬臂梁；（c）固定端约束简图；（d）受力图

4. 受力分析与受力图

解决静力学问题时，首先要明确研究对象，然后考查分析它的受力情况，最后用相应的平衡方程去计算。为了清晰和便于计算，需要把研究对象的约束解除，把它从周围的物体中分离出来，单独画出它的简图，这种被解除了约束后的物体叫分离体。解除约束的地方用相应的约束力来代替约束的作用。作用在物体上的力还包括主动力，如重力、风力、气体压力等。把作用在分离体上的所有主动力和约束力以力矢表示在简图上，这种图形称为研究对象的受力图，整个过程就是对所研究的对象进行受力分析。在静力学中，画物体的受力图是解决问题的一个重要步骤。

（1）画受力图的基本步骤

1）确定研究对象。取分离体，按问题的条件和要求确定所研究的对象，解除与研究对象相连接的其他物体的约束，用简单的几何图形表示出其形状特征。

2）画出主动力。在该分离体上画出物体受到的全部主动力，如重力、风力、气体的压力等。

3）画出约束力。在解除约束的位置，根据不同的约束类型及其特征，画出约束力。

4）检查受力图。最后根据前面所学的有关知识检查受力图是否正确。

【例 3 - 1】 用力 F 拉动碾子来压平路面，碾子重量为 G，受到一石块的阻碍，如图 3 - 14（a）所示。不计摩擦，试画出碾子的受力图。

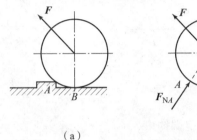

（a）　　　　　（b）

图 3 - 14　碾子受力分析

（a）受拉力作用的碾子；（b）碾子的受力图

解：1）确定研究对象。取碾子为研究对象，并单独画出其简图。

2）画主动力。有重力 G 及拉力 F。

3）画约束力。碾子在 A、B 两处受到石块和地面的光滑约束，所以在 A、B 处受石块与地面的法向约束力 F_{NA} 和 F_{NB} 的作用，它们沿着碾子上接触点的公法线而指向圆心。碾子的受力如图 3 - 14（b）所示。

【例 3 - 2】 梁 A 端为固定铰支座，B 端为辊轴支座，支撑平面与水平面夹角为 $30°$。梁中点 C 处作用有集中力，如图 3 - 15（a）所示，如不计梁的自重，试画出梁的受力图。

解：1）确定研究对象。取梁 AB 为研究对象，并单独画出其简图。

2）画主动力。有集中力 F_P。

3）画约束力。梁 AB 受 A 端固定铰链约束反力、B 端活动铰链约束反力和集中力 F_P 作用，是三力杆。A 端固定铰链的约束力用一对正交分力 F_{Ax} 和 F_{Ay} 表示；B 端活动铰链约束反力通过销轴中心，垂直于支撑面，用 F_B 表示，其受力图如图 3 - 15（b）所示。

本题中，由于梁 AB 是三力杆；B 端活动铰链约束反力通过销轴中心，垂直于支撑面。

根据三力平衡汇交原理，可直接得出 F_A，如图 3 - 15（c）所示。

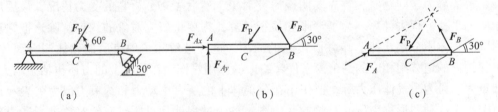

（a）　　　　　（b）　　　　　（c）

图 3 - 15　梁的受力分析

（2）注意事项

正确地画出物体的受力图，是分析解决力学问题的基础。画受力图时，必须注意以下几点：

1）必须明确研究对象，即明确对哪个物体进行受力分析，取出分离体，不同的研究对象的受力图是不同的。

2）正确确定研究对象受力数目。由于力是物体之间相互的机械作用，因此对每一个力都应明确它是由哪一个施力物体施加给研究对象的，决不能凭空产生，同时也不可漏掉一个力。一般先画出已知的主动力，再画约束力（凡是研究对象与外界接触的地方，一般都存在约束力）。

3）正确画出约束力。一个物体往往同时受到几个约束的作用，这时应分别根据每个约束本身的特性来确定其约束力方向，而不能凭主观臆测。

4）当研究对象为整体或其中几个物体的组合时，研究对象内各物体间相互作用的内力不要画出，只画研究对象以外的物体对研究对象的作用力。当分析两物体间相互的作用力时，应遵循作用力与反作用力的关系。作用力方向一经确定，反作用力方向必与之相反。同一个力在不同的受力图上表示要一致。同时注意，在画受力图时不要运用力的等效变换或力的可传性来改变力的作用位置。

二、平面汇交力系合成与平衡的方法分析

1. 几何法

平面汇交力系是指，各力的作用线都在同一个平面内且汇交于一点的力系，这是最简单的力系。

（1）平面汇交力系合成的几何法

设一刚体受到平面汇交力系 F_1、F_2、F_3、F_4 的作用，各力的作用线汇交于一点 A。根据刚体内部力的可传性，可将各力的作用点沿其作用线移至汇交点 A，如图3-16（a）所示，然后利用力的三角形法则将各力依次合成，即从任选点 a 作出矢量 F_1，在其末端 b 作出矢量 F_2，则虚线$\overrightarrow{ac}$（F_{R1}）为力 F_1 与 F_2 的合力矢。依次作出 F_3、F_4，则各分力组成了一个不封边的力多边形 $abcde$，终点为 e 点，$\overrightarrow{ae}$即为4个力的合力矢 F_R，如图3-16（b）所示。

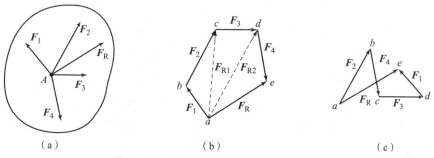

图3-16 平面汇交力系的力多边形法则

各力矢与合力矢构成的多边形为力多边形，表示合力矢的边 ae 称为力多边形的封闭边，用力多边形求合力 F_R 的几何作图规则称为力的多边形法则，这种方法又称为几何法。

根据矢量相加的交换律，任意变换各分力的作图顺序，可得形状不同的力多边形，但其合力 F_R 始终不变，如图3-16（c）所示。

使用力的多边形法则时应注意：

1）合力 F_R 为力的多边形的封闭边；

2）合力 F_R 的大小与相加次序无关；

3）合力 F_R 的作用点为首力的始点；

4）合力 F_R 的方向是从首力的始端指向末力的终端。

若平面汇交力系有 n 个力，用 F_R 表示合力矢，则有

$$F_R = F_1 + F_2 + \cdots + F_n = \sum_{i=1}^{n} F_i \qquad (3-1)$$

合力矢对刚体的作用与原力系对该刚体的作用是等效的。

（2）平面汇交力系平衡的几何条件

平面汇交力系几何法平衡的必要与充分条件是：该力系的合力为零，或力系中各力矢构成的力多边形自行封闭，即

$$\sum F_i = 0 \qquad (3-2)$$

用图解法求解平面汇交力系的平衡问题时，首先选取适当的比例画出封闭的力多边形，然后量得所要求的未知量。

【例 3 - 3】　如图 3 - 17（a）所示，支架的横梁 AB 与斜杆 DC 以铰链 C 相连接，C 点为 AB 杆的中点，铰链 A、D 以铰链与铅直的墙连接，杆 DC 与水平面成 45°；载荷 $F = 10$ kN。设梁和杆的重量忽略不计，求铰链 A 的约束力和杆 DC 所受的力。

解：选取横梁 AB 为研究对象。横梁 AB 在 B 处受载荷 F 的作用。杆 DC 为二力杆，所以在 C 点对横梁的作用力为 F_C，如图 3 - 17（b）所示。铰链 A 点的约束力的作用线可根据三力平衡汇交定理确定，即通过另外两个力的交点 E。

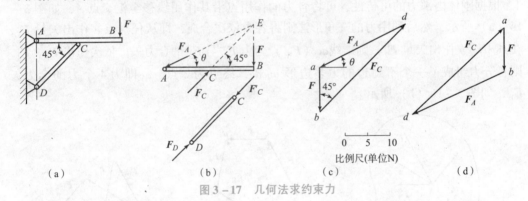

图 3 - 17　几何法求约束力

根据平面汇交力系平衡的几何条件，此 3 个力可以组成一个封闭的三角形。按照图中的比例尺先画出力 F，再根据 F_C 和 F_A 的方向组成封闭的三角形，即可量出 F_A 的大小。如图 3 - 17（b）和图 3 - 17（c）所示，求得

$$F_C = 28.3 \text{ kN}, \quad F_A = 22.4 \text{ kN}$$

根据作用力与反作用力，作用在杆 DC 的 C 端的力 F'_C 与 F_C 大小相等、方向相反，可见 DC 杆受压力，如图 3 - 17（b）所示。

封闭三角形也可以按图 3 - 17（d）所示来求得 F_C 和 F_A，结果是相同的。

2. 解析法

（1）平面汇交力系合成的解析法

由于受到作图精度的限制，几何法求力系合力往往不能满足工程要求。因此，工程上常采用解析法解决实际问题。

设力 F 作用于一个刚体上，如图 3 – 18（a）所示，建立直角坐标系式 xOy，则 F 在 x，y 轴上的投影为

$$F_x = F\cos\theta, \quad F_y = F\sin\theta \tag{3-3}$$

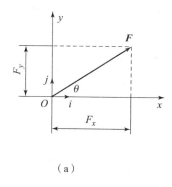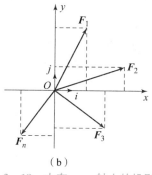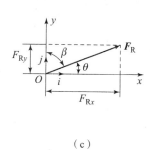

（a）　　　　　　　　　　（b）　　　　　　　　　　（c）

图 3 – 18　力在 x，y 轴上的投影

设由 n 个力组成平面汇交力系作用于一个刚体上，如图 3 – 18（b）所示，将各力分别向 x，y 轴投影，根据合力矢投影定理：合力矢在某一轴上的投影等于各分力矢在同一轴上投影的代数和，可得

$$F_{Rx} = F_{x1} + F_{x2} + \cdots + F_{xn} = \sum F_{xi}, \quad F_{Ry} = F_{y1} + F_{y2} + \cdots + F_{yn} = \sum F_{yi} \tag{3-4}$$

式（3 – 4）中，F_{Rx}，F_{Ry} 为合力在 x，y 轴上的投影；F_{x1} 和 F_{y1}，F_{x2} 和 F_{y2}，$\cdots$，F_{xn} 和 F_{yn} 分别为各分力在向 x 和 y 轴上的投影。

由图 3 – 18（c）可得合力矢的大小和方向为

$$F_R = \sqrt{F_{Rx}^2 + F_{Ry}^2} = \sqrt{\left(\sum F_{xi}\right)^2 + \left(\sum F_{yi}\right)^2}$$

$$\tan\theta = \left|\frac{F_{Ry}}{F_{Rx}}\right| = \left|\frac{\sum F_{yi}}{\sum F_{xi}}\right| \tag{3-5}$$

【例 3 – 4】　如图 3 – 19 所示，已知力 $F_1 = 500$ N，$F_2 = 300$ N，$F_3 = 600$ N，$F_4 = 1\,000$ N，作用于 O 点，各力方向如图 3 – 19 所示，求它们的合力大小和方向，并在图中画出。

解：由式（3 – 4），可得

$$F_{Rx} = \sum F_x = -F_2 - F_3\sin30° + F_4\cos45°$$
$$= -300 - 600\sin30° + 1\,000\cos45° \approx 107 \text{（N）}$$
$$F_{Ry} = \sum F_y = F_1 - F_3\cos30° - F_4\sin45°$$
$$= 500 - 600\cos30° - 1\,000\sin45° \approx -727 \text{（N）}$$

由式（3 – 5），可得

$$F_R = \sqrt{F_{Rx}^2 + F_{Ry}^2} = \sqrt{107^2 + 727^2} \approx 734.5 \text{（N）}$$

合力 F_R 与 x 轴的夹角为

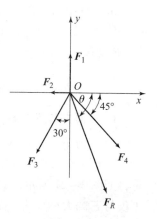

图 3 – 19　受力示意图

$$\theta = \arctan\left(\frac{F_{Ry}}{F_{Rx}}\right) = \arctan\frac{727}{107} \approx 81.6°$$

（2）平面汇交力系平衡的解析条件和平衡方程

由于平面汇交力系平衡的充分必要条件是该力系的矢量和为零，因此力系中各力在 x，y 轴上的投影的和必须等于零，故平面汇交力系平衡的充分必要条件是

$$F_{Rx} = \sum F_x = 0, \quad F_{Ry} = \sum F_y = 0 \tag{3-6}$$

式（3-6）是平面汇交力系的平衡方程，它以解析形式表示汇交力系平衡的充分必要条件：力系中各力在力系平面内 x，y 轴上的投影的代数和分别等于零。由两个独立的方程，可以求解两个未知量。

【例 3-5】 如图 3-20（a）所示，支架由杆 AB、BC 构成，A，B，C 三点处均为铰链连接。在 A 点悬挂重量 $G = 10$ kN 的重物，求杆 AB、AC 所受的力，杆的自重不计。

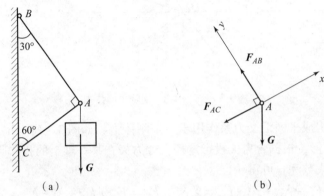

（a）　　　　　　　　　　（b）

图 3-20　AB、BC 杆受力示意图

解：（1）确定研究对象。取 A 处铰接点为研究对象。

（2）画出受力图，如图 3-20（b）所示。

（3）建立坐标系：

由 $\sum F_x = 0$，$-F_{AC} - G\cos 60° = 0$，得 $F_{AC} = -G\cos 60° \approx -5$ kN；

由 $\sum F_y = 0$，$F_{AB} - G\sin 60° = 0$，得 $F_{AB} = G\sin 60° \approx 8.7$ kN。

由计算结果可知，F_{AC} 为负值，表示该力实际指向与受力图中假设的指向相反，说明杆件 AC 受压；F_{AB} 为正值，表示该力实际指向与受力图中假设的指向相同，说明杆件 AB 受拉。

三、力矩与平面力偶系分析

1. 平面力对点之矩

（1）力矩

在日常生活和工程建设中，我们常用扳手来拧紧螺母，如图 3-21 所示。由经验可知，拧动螺母的作用力不仅与 F 的大小有关，而且与点 O 到力的作用线的垂直距离有关。因此力 F 对扳手的作用可用两者的乘积 Fd 来量度。显然，力 F 使扳手绕点 O 转动的方向不同，作用效果也不同。

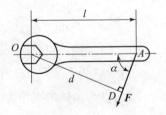

图 3-21　用扳手拧螺母示意图

由此可见，力 F 使物体绕 O 转动的效果，完全由下列两个因素决定：

1）力的大小与力臂的乘积 Fd。

2）力使物体绕 O 点转动的方向。

这两个因素可用一个代数量表示为

$$M_O(\boldsymbol{F}) = \pm Fd \tag{3-7}$$

这个代数量称为力对点的矩，简称力矩。

力矩的概念可以推广到普遍的情形。在图 3-21 中，平面上作用一力 $\boldsymbol{F}$，在平面内任取一点 O，点 O 称为矩心，点 O 到力的作用线的垂直距离 d 称为力臂，则在平面问题中力对点的矩的定义如下：

力对点的矩是一个代数量，它的绝对值等于力的大小与力臂的乘积，它的正负可按以下方法来确定：力使物体绕矩心逆时针转向转动时为正，反之为负。

由图 3-21 可知，力 $\boldsymbol{F}$ 对点 O 的矩的大小可用 $\triangle AOB$ 面积的两倍表示，即

$$M_O(\boldsymbol{F}) = \pm 2S \triangle AOB$$

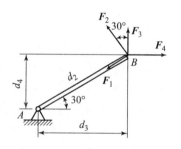

图 3-22　直杆的力矩

力矩在下列两种情况下等于零：力等于零；力的作用线通过矩心，即力臂等于零。力矩的单位为 N·m。

【例 3-6】　直杆 AB 长 0.5 m，A 点受固定铰链约束，B 点受 F_1，F_2，F_3，F_4 4 个力作用，如图 3-22 所示。4 个力的大小分别为 $F_1 = 100$ N，$F_2 = 50$ N，$F_3 = 60$ N，$F_4 = 80$ N。试求各力对 A 点的力矩。

解：各力对 A 点的力矩为

$$M_A(\boldsymbol{F}_1) = F_1 d_1 = 0,$$
$$M_A(\boldsymbol{F}_2) = F_1 d_1 = 50 \times 0.5 = 25 (\text{N} \cdot \text{m}),$$
$$M_A(\boldsymbol{F}_3) = F_3 d_3 = 60 \times 0.5\cos30° \approx 26 (\text{N} \cdot \text{m}),$$
$$M_A(\boldsymbol{F}_4) = -F_4 d_4 = -80 \times 0.5\sin30° = 20 (\text{N} \cdot \text{m})$$

（2）合力矩定理

根据合力的定义，合力对物体的作用效果等于力系中各分力对物体作用效果的总和。既然力对物体的转动效应是用力矩来度量的，那么合力对某点的力矩等于各分力对该点力矩的代数和。这个关系就称为合力矩定理。合力矩定理的数学表达式为

$$M_O(\boldsymbol{R}) = M_O(\boldsymbol{F}_1) + M_O(\boldsymbol{F}_2) + \cdots + M_O(\boldsymbol{F}_n) = \Sigma M_O(\boldsymbol{F}) \tag{3-8}$$

式中，$\boldsymbol{R}$ 为力系 $\boldsymbol{F}_1$，$\boldsymbol{F}_2 \cdots$，$\boldsymbol{F}_n$ 的合力。

【例 3-7】　曲杆 AB 一端固定，另一端受力 $\boldsymbol{T}$ 的作用，如图 3-23（a）所示。若 $T = 500$ N，求 $\boldsymbol{T}$ 对 A 点的力矩。

解：先将 $\boldsymbol{T}$ 分解为互相垂直的两个分力 $\boldsymbol{T}_1$，$\boldsymbol{T}_2$，如图 3-23（b）所示。根据合力矩定理，有

$$\begin{aligned}M_A(\boldsymbol{T}) &= M_A(\boldsymbol{T}_1) + M_A(\boldsymbol{T}_2)\\ &= -T_1 \times 2 + (-T_2 \times 1) = -2T\sin30° - T\cos30°\\ &= -2 \times 500\sin30° - 500\cos30° = -934 (\text{N} \cdot \text{m})\end{aligned}$$

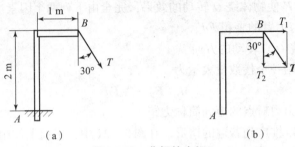

（a）　　　　　　　　　　（b）

图 3-23　曲杆的力矩

2. 力偶及力偶矩

（1）力偶

在现实生活或工程实际中，我们常常见到汽车驾驶员用双手转动转向盘驾驶汽车，如图 3-24（a）所示；钳工用丝锥攻螺纹，如图 3-24（b）所示；电动机的定子磁场对转子的作用，如图 3-24（c）所示。在转向盘、丝锥、转子等物体上，作用了一对等值、反向的平行力。等值反向平行力的合力显然等于零，但是由于它们不共线而不能相互平衡，故会使物体改变转动状态。这种由两个大小相等、方向相反的平行力组成的力系，称为力偶，记作（F，F'）。力偶两力之间的垂直距离 d 称为力偶臂，力偶所在的平面称为力偶的作用面。既然力偶不能合成为一个力，或用一个力来等效替换，那么力偶也不能用一个力来平衡。因此，力和力偶是静力学的两个基本要素。

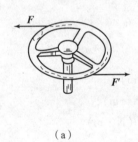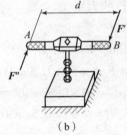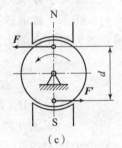

（a）　　　　　　（b）　　　　　　（c）

图 3-24　力偶作用实例

（2）力偶矩

力偶对受力物体有转动效应，其大小可用力偶矩来度量。力偶对转动中心的力矩称为力偶矩，用字母 m 表示。假定组成力偶的两个力为 F 和 F'，其间距为 d，逆时针转向，如图 3-25 所示。这时，力偶矩的大小应为力偶中两力 F、F' 分别对转动中心 O 点力矩的代数和，即图 3-25 中力偶矩的计算

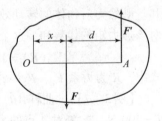

图 3-25　力偶矩的计算

$$m = M_O(F') + M_O(F) = F'(x + d) - Fx$$

因为力 F 与 F' 大小相等，故上式变为 $m = Fd$。

由此可知，力偶对矩心的矩仅与力 F 和力偶臂 d 的大小有关，而与矩心位置无关，即力偶对物体的转动效应仅取决于力偶中力的大小和两力之间的垂直距离（力偶臂）。

因此，通常用乘积 Fd，并冠以适当的正负号来度量力偶对物体的转动效应，以 m 表示，称为力偶矩，即

$$m = \pm Fd \tag{3-9}$$

它是一个代数量，其正、负号的规定是：当力偶逆时针方向转动时为正，顺时针方向转动时为负。力偶矩的单位与力矩的单位相同。

（3）力偶的三要素

力偶对物体产生的转动效应取决于力偶矩的大小、力偶在其作用面内的转向和力偶的作用面这 3 个要素，力学中把这 3 个要素称为力偶的三要素。所以，在描述一个力偶时，可以只说明其力偶矩的大小、转向和作用面，如图 3-26 所示。

（4）力偶的性质

1）力偶没有合力。因力偶中的两个力等值、反向、平行但不共线，所以这两个力在任一轴上投影的代数和均等于零，如图 3-27 所示。

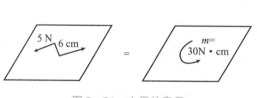

图 3-26　力偶的表示

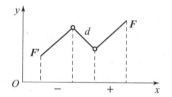

图 3-27　力偶在轴上投影示意图

2）力偶不能与一个力等效，而只能与另一个力偶等效。同一平面的两个力偶，只要它们的力偶矩大小相等、转动方向相同，则两力偶必等效。

3）力偶的可移性：力偶在其作用面内可任意移动，而不改变它对物体的作用效果。

4）只要力偶矩的大小和转动方向不变，可同时改变力的大小和力偶臂的长短，而不改变力偶对物体的作用效果。

3. 平面力偶系的合成与平衡

作用于物体同一平面内的一组力偶称为平面力偶系。可以证明，平面力偶系可以合成为一个合力偶，此合力偶之矩等于原力偶系中各力偶之矩的代数和。用 M 表示合力偶矩，则合力偶矩的代数式为

$$M = m_1 + m_2 + \cdots + m_n = \Sigma m_i \tag{3-10}$$

当平面力偶系的合力偶矩等于零时，力偶系对物体的转动效应为零，物体处于平衡状态。因此，平面力偶系平衡的充要条件是力偶系中各力偶矩的代数和等于零，即

$$\Sigma m_i = 0$$

【例 3-8】　如图 3-28 所示，联轴器上有 4 个均匀分布在同一圆周上的螺栓 A、B、C、D，该圆周的直径 $AC = BD = 200$ mm。电动机传给联轴器的力偶矩 $m = 5$ kN · m，试求每个螺栓的受力。

解：1）作用在联轴器上的力为电动机施加的力偶，每个螺栓反力的方向如图 3-28 所示。因 4 个螺栓受力均匀，

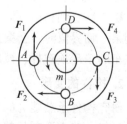

图 3-28　联轴器受力分析

即 $F_1 = F_2 = F_3 = F_4 = F$，此4个力组成两个力偶（平面力偶系）。

2）列平衡方程。联轴器等速转动时，平面力偶系平衡，故

$$\Sigma m = 0$$

即 $m - F \times AC - F \times BD = 0$。因为 $AC = BD$，故

$$F = m/2AC = 5/(2 \times 0.2) = 12.5 (kN)$$

即每个螺栓受力均为 12.5 kN，其方向分别与 F_1、F_2、F_3、F_4 的方向相反。

任务二　构件承载能力分析

【任务目标】
（1）能够对杆件拉伸、压缩的应力、强度、变形进行简单计算；
（2）能够对圆轴的扭转变形进行简单的计算；
（3）能够对梁弯曲组合变形等进行分析和简单计算。

一、构件承载能力概述

在工程上，为了保证构件在载荷作用下安全可靠地工作，构件就必须具有足够的强度、刚度和稳定性。我们把构件在外载荷作用下能够满足强度、刚度和稳定性要求的能力，称为构件承载能力。

1. 构件的承载能力

（1）强度

强度就是构件在载荷作用下抵抗破坏的能力。例如，起重机在起吊额定重量时，它的各部件不能断裂；传动轴在工作时，不应被扭断；压力容器工作时，不应开裂等。

（2）刚度

刚度是构件在外力作用下抵抗变形的能力，以保证构件在载荷作用下不产生影响其正常工作的变形。例如车床主轴的变形过大，将会影响其加工零件的精度；又如齿轮传动轴的变形过大，将使轴上的齿轮啮合不良，引起振动和噪声，影响传动的精确性，并引起轴承的不均匀磨损等。

（3）稳定性

稳定性是细长压杆能够维持原有直线平衡状态的能力。当细长直杆所受轴向压力达到某一临界值时，会突然变弯（称为失稳），或由此折断，丧失工作能力。例如，顶起汽车的千斤顶螺杆、液压缸中的长活塞杆等。

2. 构件的变形

研究构件承载能力的目的就是在保证构件既安全又经济的前提下，为构件选择合理的材料，确定合理的截面形状和几何尺寸，提供必要的理论基础和计算方法。在静

力学中，忽略了载荷作用下物体形状尺寸的改变，将物体抽象为刚体。在工程实际中，这种不变形的构件（刚体）是不存在的，而是把构件抽象为变形体，称为变形固体。一般将实际材料看作是连续、均匀和各向同性的可变形固体。实践表明，在此基础上所建立的理论与分析计算结果，符合工程要求。

在机械和工程结构中，构件的几何形状是多种多样的，但杆件是最常见、最基本的一种构件。所谓杆件，就是指其长度尺寸远大于其他两个方向的尺寸的构件。大量的工程构件都可以简化为杆件，如机器中的传动轴，工程结构中的梁、柱等。

构件在工作时的受载荷情况各不相同，受载后产生的变形也随之而异。对于杆件来说，其受载后产生的基本变形形式有轴向拉伸与压缩、剪切与挤压、扭转和弯曲，如图 3 - 29 所示。

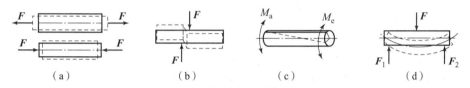

图 3 - 29　杆件变形的基本形式

（a）轴向拉伸或压缩；（b）剪切；（c）扭转；（d）弯曲

二、杆件的轴向拉伸与压缩分析

1. 杆件轴向拉伸与压缩的概念

在工程实际中，许多构件承受拉力和压力的作用。图 3 - 30 所示为一简易吊车，忽略自重，AB，BC 两杆均为二力杆；BC 杆在通过轴线的拉力的作用下，沿杆轴线发生拉伸变形；而 AB 杆则在通过轴线的压力的作用下，

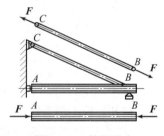

图 3 - 30　简易吊车

沿杆轴线发生压缩变形。再如液压传动中的活塞杆，在油压和工作阻力的作用下受拉，如图 3 - 31 所示。此外，拉床的拉刀在拉削工件时，都承受拉伸；千斤顶的螺杆在顶重物时，则承受压缩。

这些受拉或受压的杆件的结构形式虽各有差异，加载方式也并不相同，但若把杆件形状和受力情况进行简化，都可以画成图 3 - 32 所示的计算简图。这类杆件的受力特点是：杆件承受外力的作用线与杆件轴线重合；变形特点是：杆件沿轴线方向伸长或缩短。这种变形形式称为轴向拉伸或压缩。

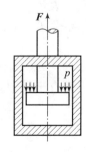

图 3 - 31　液压传动中的活塞

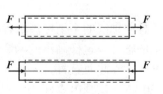

图 3 - 32　拉、压杆力学简图

2. 杆件轴向拉伸与压缩的内力和应力

（1）内力

构件工作时承受的载荷、自重和约束力，都称为构件上的外力。构件在外力作用下产生变形，即构件内部材料微粒之间的相对位置发生了改变，则它们相互之间的作用力发生了改变。这种由外力作用而引起的构件内部的相互作用力，称为内力。

构件横截面上的内力随外力和变形的增加而增大，但内力的增大是有限度的，若超过某一限度，构件就不能正常工作，甚至被破坏。为了保证构件在外力作用下安全、可靠工作，必须弄清内力的分布规律，因此对各种基本变形的研究都是首先从内力分析着手的。

（2）截面法

将杆件假想地切开以显示内力，并由平衡条件建立内力与外力的关系或由外力确定内力的方法，称为截面法，它是分析杆件内力的一般方法。其过程可归纳为 4 个步骤：

1）截在需求内力的截面处，假想地将杆件截成两部分。

2）任取一段（一般取受力情况较简单的部分）为研究对象。

3）在截面上用内力代替截掉部分对该段的作用。

4）对所研究的部分建立平衡方程，求出截面上的未知内力。

（3）轴力与轴力图

1）轴与轴力图的概念。

如图 3 - 33（a）所示，两端受轴向拉力 F 的杆件，为了求任一横截面 1 - 1 上的内力，可采用截面法，即假想用与杆件轴线垂直的平面在 1 - 1 截面处将杆件截开；取左段为研究对象，用分布内力的合力 F_N 来替代右段对左段的作用，如图 3 - 33（b）所示，建立平衡方程，可得

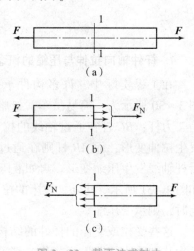

图 3 - 33　截面法求轴力

(a) 拉伸杆件；(b) 左段分析；
(c) 右段分析

$$F_N = F$$

若取杆件右端来研究，如图 3 - 33（c）所示，则其结果相同。

由于外力 F 的作用线沿着杆的轴线，内力 F_N 的作用线也通过杆的轴线，故在轴向拉伸或压缩时，杆件的内力称为轴力。显然，轴力可以是拉力，也可以是压力。为了便于区别，规定拉力以正号表示，压力以负号表示。

实际问题中，杆件所受外力可能很复杂，这时直杆各横截面上的轴力将不相同，如 F_N 将是横截面位置坐标 x 的函数，即

$$F_N = F_N(x)$$

用平行于杆件轴线的 x 坐标表示各横截面的位置，以垂直于杆轴线的 F_N 坐标表示对应横截面上的轴力，这样画出的函数图形称为轴力图。

【例 3 - 9】　等截面直杆 AD 受力如图 3 - 34（a）所示。已知 $F_1 = 16$ kN，$F_2 = 10$ kN，$F_3 = 20$ kN，试画出直杆 AD 的轴力图。

解：1）计算支反力。

设杆的支反力为 $\boldsymbol{F}_D$，由整体受力图建立平衡方程得

$$\Sigma F_x = 0,\ F_D + F_1 - F_2 - F_3 = 0,$$

$$F_D = F_2 + F_3 - F_1 = 14\ \text{kN}$$

画出直杆 AD 的受力图，如图 3 - 34（b）所示。

2）分段计算轴力。

由于在横截面 B 和 C 处作用有外力，故应将杆分为 AB、BC 和 CD 3 段，逐段计算轴力。利用截面法，在 AB 段的任一截面 1 - 1 处将杆截开，并选择右段为研究对象，其受力情况如图 3 - 34（c）所示。由平衡方程

$$F_{N1} - F_1 = 0$$

得 AB 段的轴力为

$$F_{N1} = F_1 = 16\ \text{kN}$$

对于 BC 段，仍用截面法，在任一截面 2 - 2 处将杆截开，并选择右段研究其平衡，如图 3 - 34（d）所示，BC 段的轴力为

$$F_{N2} = F_1 - F_2 = 6\ \text{kN}$$

为了计算 BC 段的轴力，同样也可选择截开后的左段为研究对象，如图 3 - 34（e）所示，由该段的平衡条件得

$$F_{N2} = F_3 - F_D = 6\ \text{kN}$$

对于 CD 段，在任一截面 3 - 3 处将杆截开，显然取左段为研究对象计算较简单，如图 3 - 34（f）所示。由该段的平衡条件得

$$F_{N3} = -F_D = -14\ \text{kN}$$

所得 F_{N3} 为负值，说明 $\boldsymbol{F}_{N3}$ 的实际方向与所假设的方向相反，即应为压力。

3）画轴力图。根据所求得的轴力值画出轴力图，如图 3 - 34（g）所示。由轴力图可以看出，轴力的最大值为 16 kN，发生在 AB 段内。

（3）轴力图的快速画法

轴力图也可根据轴力、轴力图随外力的变化规律快速作图。

1）轴力、轴力图随外力的变化规律。

①在没有外力作用处，轴力是常数，轴力图是水平线。

②在有外力作用处，轴力图有突变，突变量等于外力。

2）轴力图的画法。

①先求出约束反力，约束反力与外力同等看待，画出杆件的受力图，如图 3 - 34（b）所示。

（a）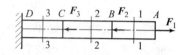

（b）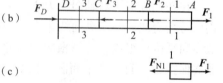

（c）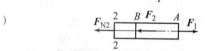

（d）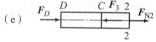

（e）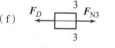

（f）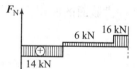

（g）

图 3 - 34　杆的轴力分析

②以构件左端为原点，x 轴表示为构件轴线，垂直于杆轴线的表示轴力 F_N。

③假设向左的外力产生正的轴力（轴力图在该处垂直向上突变，突变量等于外力），向右的外力产生负的轴力（轴力图在该处垂直向下突变，突变量等于外力）。

④根据轴力、轴力图的变化规律画出轴力图，如图 3-34（g）所示。

（4）杆件拉（压）杆横截面上的应力

1）应力的概念。确定了轴力后，单凭轴力并不能判断杆件的强度是否足够。杆件的强度不仅与轴力的大小有关，而且还与横截面积的大小有关，即取决于内力在横截面上分布的密集程度。内力在横截面上的密集度称为应力。如果内力在截面上均匀分布，则应力就是单位面积上的内力。其中，垂直于截面的应力称为正应力，以 σ 表示；平行于截面的应力称为切应力（剪应力），以 τ 表示。应力的单位为帕斯卡，符号为 Pa（$1\ Pa = 1\ N/m^2$），由于此单位较小，故常采用兆帕（MPa）或吉帕（GPa）（$1\ MPa = 10^6\ Pa$，$1\ GPa = 10^9\ Pa$）。

2）拉（压）杆横截面上的应力。为了求得横截面上任意一点的应力，必须了解内力在横截面上的分布规律，为此可通过实验来分析研究。取一等直杆，在杆上画上与杆轴线平行的纵向线和与它垂直的横线，如图 3-35（a）所示。

在两端施加一对轴向拉力 F 之后，可以发现所有纵向线的伸长都相等，而横向线仍保持为直线，并与纵向线垂直，如图 3-35（b）所示。据此现象可设想，杆件由无数纵向纤维所组成，且每根纵向纤维都受到同样的拉伸。假设在变形过程中，横截面始终保持为平面（即平面假设），根据材料的均匀连续性假设可推知，横截面上各点处纵向纤维的变形相同，受力也相同，即内力在横截面上是均匀分布的，且与横截面垂直，如图 3-35（c）所示。

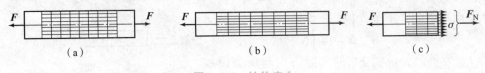

（a）　　　　　　　（b）　　　　　　　（c）

图 3-35　拉伸应力

设杆件横截面的面积为 A，轴力为 F_N，则根据上述假设可知，横截面上各点处的正应力均为

$$\sigma = F_N/A \tag{3-11}$$

式中，F_N 为横截面的轴力（N）；A 为横截面积（mm^2）。

3. 杆线轴向拉伸和压缩的强度计算

（1）极限应力、许用应力、安全系数

试验表明，塑性材料的应力达到屈服强度 σ_s（$\sigma_{0.2}$）后，产生显著的塑性变形，影响构件的正常工作；当脆性材料的应力达到抗拉强度或抗压强度时，发生脆性断裂破坏。构件工作时，发生显著的塑性变形或断裂都是不允许的，通常将发生显著的塑性变形或断裂时的应力称为材料的极限应力，用 σ_u 表示。对于塑性材料，取 $\sigma_u = \sigma_s$（$\sigma_u = \sigma_{0.2}$）；对于脆性材料，取 $\sigma_u = \sigma_b$。

考虑到载荷估计的准确程度、应力计算方法的精确程度、材料的均匀程度以及构件的重要性等因素，为了保证构件安全、可靠地工作，应使它的最大工作应力小于材料的极限应力，使构件留有适当的强度储备。一般把极限应力除以安全系数 n $(n > 1)$ 后的值作为设计时应力的最大允许值，称为许用应力，用 $[\sigma]$ 表示，即

$$[\sigma] = \sigma_u/n \qquad (3-12)$$

正确地选择安全系数关系到构件的安全与经济这一对矛盾的问题，过大的安全系数会浪费材料，过小的安全系数则又可能使构件不能安全工作。各种不同工作条件下构件安全系数 n 的选取，可从有关工作手册中查找。一般对于塑性材料，取 $n = 1.3 \sim 2.0$；对于脆性材料，取 $n = 2.0 \sim 3.5$。

（2）拉（压）杆的强度条件

为了保证轴向拉（压）杆在载荷作用下安全工作，必须使杆内的最大工作应力 σ_{max} 不超过材料的许用应力 $[\sigma]$，即

$$\sigma_{max} = F_{Nmax}/A \leqslant [\sigma] \qquad (3-13)$$

式中，F_{Nmax} 和 A 分别为危险截面上的轴力及其横截面积。

利用强度条件，可以解决下列 3 种强度计算问题：

1）校核强度。已知杆件的尺寸、所受载荷和材料的许用应力，根据强度条件，校核杆件是否满足强度条件。

2）设计截面尺寸。已知杆件所承受的载荷及材料的许用应力，根据强度条件可以确定杆件所需横截面积 A。例如，对于等截面拉（压）杆，其所需横截面积为

$$A \geqslant F_{Nmax}/[\sigma] \qquad (3-14)$$

3）确定许可载荷。已知杆件的横截面尺寸及材料的许用应力，根据强度条件可以确定杆件所能承受的最大轴力，其值为

$$F_{Nmax} \leqslant [\sigma] A \qquad (3-15)$$

【例 3 – 10】 简易悬臂吊车如图 3 – 36 所示，AB 为圆截面钢杆，横截面积 $A_1 = 600 \ mm^2$，许用拉应力 $[\sigma_+] = 160 \ MPa$；BC 为圆截面木杆，横截面积 $A_2 = 10 \times 10^3 \ mm^2$，许用压应力为 $[\sigma_-] = 7 \ MPa$。若起吊量 $F_G = 45 \ kN$，问此结构是否安全？最大起吊量是多少？

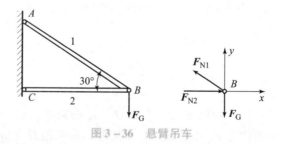

图 3 – 36 悬臂吊车

解：1）求两杆的轴力。分析节点 B 的平衡，有

$$\sum F_x = 0, \quad F_{N2} - F_{N1}\cos 30° = 0,$$

$$\sum F_y = 0, \quad F_{N1}\sin 30° - F_G = 0$$

由上式可解得

$$F_{N1} = 2F_G = 90 \text{ kN},$$

$$F_{N2} = \sqrt{3}F_G = 77.9 \text{ kN}$$

2）校核强度。根据轴向拉（压）强度条件，AB、BC 杆的最大应力为

$$\sigma_{AB} = F_{N1}/A_1 = (90 \times 10^3)/600 = 150 \text{ (MPa)} < [\sigma_+],$$

$$\sigma_{BC} = F_{N2}/A_2 = (77.0 \times 10^3)/10 \times 10^3 = 7.8 \text{ (MPa)} > [\sigma_-]$$

可见，BC 杆的最大工作应力超过了材料的许用应力，所以此结构不安全。

由上面计算可知，若起吊量 $F_G = 45$ kN，则此结构危险，那么现在要问最大起吊量为多少？这就需要确定许可载荷。

根据钢杆 AB 的强度要求，有

$$F_{N1} = 2F_G \leqslant [\sigma_+]A_1,$$

$$F_G = [\sigma_+]A_1/2 = 160 \times 600/2 = 48\ 000(\text{N}) = 48 \text{ kN}$$

根据木杆 BC 的强度要求，有

$$F_{N2} = \sqrt{3}F_G \leqslant [\sigma_+]A_2,$$

$$F_G = [\sigma_+]A_2/\sqrt{3} = 40.4 \text{ kN}$$

可见，吊车的最大起吊量，即许用载荷为 $F_G = 40.4$ kN。

4. 胡克定律、轴向拉伸和压缩的变形计算

（1）纵向线应变和横向线应变

杆件在轴向拉伸或压缩时，沿轴线方向伸长或缩短，与此同时，横向尺寸还会缩小或增大。前者称为纵向变形，后者称为横向变形。如图 3－37 所示，设杆原长为 l，横向尺寸为 d，承受轴向拉力 F，变形后的长度为 l_1，横向尺寸为 d_1，则杆的纵向绝对变形为

图 3－37　拉杆的变形

$$\Delta l = l_1 - l \tag{3-16}$$

杆的横向绝对变形为

$$\Delta d = d_1 - d \tag{3-17}$$

为了消除杆件原尺寸对变形大小的影响，用单位长度内杆的变形，即线应变来衡量杆件的变形程度。与上述两种绝对变形相对应的纵向线应变为

$$\varepsilon = \Delta l/l \tag{3-18}$$

横向线应变为

$$\varepsilon' = \Delta d/d \tag{3-19}$$

（2）轴纵向变形的规律

轴向拉伸和压缩时，应力和应变之间存在着一定的关系，这一关系可通过试验测定。试验表明，当杆内的轴力 F_N 不超过某一限度时，杆的绝对变形 Δl 与轴力 F_N 及杆长 l 成正比，与杆的横截面积 A 成反比，即

$$\Delta l = F_N l/EA \tag{3-20}$$

式（3－20）所表示的关系，称为胡克定律。式（3－20）中，E 称为弹性模量，其值随材料而异，可由试验测定，单位为 GPa。材料的 E 值越大，应变就越小，故它

是衡量材料抵抗弹性变形能力的一个指标。

利用 $\varepsilon = \Delta l / l$ 和 $\sigma = F_N / A$，式（3 – 20）可改写为

$$\sigma = E\varepsilon \qquad\qquad (3 - 21)$$

式（3 – 21）为胡克定律的另一表达形式。

【例 3 – 11】 图 3 – 38（a）所示为阶梯杆。已知横截面积 $A_{AB} = A_{BC} = 500 \text{ mm}^2$，$A_{CD} = 300 \text{ mm}^2$，弹性模量 $E = 200 \text{ GPa}$，试求整个杆的变形量。

解： 1）作轴力图。求出约束反力，$F_{NA} = -20 \text{ kN}$，画出杆 AB 的受力图，如图 3 – 38（b）所示。

2）用轴力图的快速画法画出杆 AB 的轴力图，如图 3 – 38（c）所示。

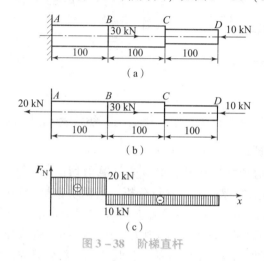

图 3 – 38 阶梯直杆

3）计算各段杆的变形量，则

$$\Delta l_{AB} = F_{NAB} l_{AB} / EA_{AB} = 0.02 \text{ mm},$$

$$\Delta l_{BC} = F_{NBC} l_{BC} / EA_{BC} = -0.01 \text{ mm},$$

$$\Delta l_{CD} = F_{NCD} l_{CD} / EA_{CD} = -0.016\ 7 \text{ mm}$$

4）计算杆的总变形量。杆的总变形量等于各段变形量之和，即

$$\Delta l = \Delta l_{AB} + \Delta l_{BC} + \Delta l_{CD} = -0.006\ 7 \text{ mm}$$

计算结果为负，说明杆的总变形为压缩变形。

三、构件的剪切与挤压变形分析

1. 剪切的概念和实用计算

（1）剪切的概念与实例

工程上一些连接构件，如常用的销（见图 3 – 39）、螺栓（见图 3 – 40）、平键等都是主要发生剪切变形的构件，称为剪切构件。这类构件的受力和变形情况，可概括为如图 3 – 41 所示的简图，其受力特点是：作用于构件两侧面上横向外力的合力，大小相等、方向相反，作用线相距很近。在这样外力的作用下，其变形特点是：两力间的横截面发生相对错动。这种变形形式称为剪切，发生相对错动的截面称为剪切面。

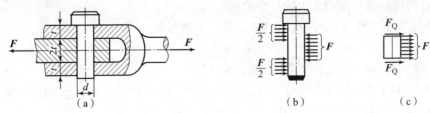

图 3-39　销钉连接

（a）销钉连接工作简图；（b）销钉的受力情况；（c）销钉截面的剪力

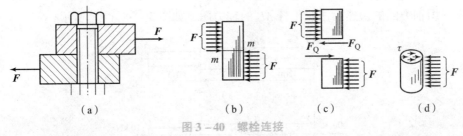

图 3-40　螺栓连接

（a）螺栓连接工作简图；（b）螺栓的受力情况；（c）螺栓截面的剪力；（d）螺栓截面的应力

（2）剪切的实用计算

为了对构件进行剪切强度计算，必须先计算剪切面上的内力。现以图 3-40（a）所示的螺栓为例进行分析。当两块钢板受拉时，螺栓的受力如图 3-40（b）所示。若力 F 过大，螺栓可能沿剪切面 $m-m$ 被剪断。为了求得剪切面上的内力，运用截面法将螺栓沿剪切面假想截开，如图 3-40（c）所示，并取其中一部分研究。由于任一部分均保持平衡，故在剪切面内必然有与外力 F 大小相等、

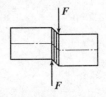

图 3-41　剪切
变形示意图

方向相反的内力存在，这个内力称为剪力，它是剪切面上分布内力的合力。由平衡方程式 $\Sigma F = 0$，得 $F_Q = F$。

剪力在剪切面上分布的情况是比较复杂的，工程上通常采用以实验、经验为基础的实用计算法。在实用计算中，假定剪力在剪切面上均匀分布。前面轴向拉伸和压缩一节中，曾用正应力 σ 表示单位面积上垂直于截面的内力；同样，对剪切构件，也可以用单位面积上平行截面的内力来衡量内力的聚集程度，称为切应力，以 τ 表示，其单位与正应力一样。按假定算出的平均切应力称为名义切应力，一般简称为切应力，切应力在剪切面上的分布如图 3-40（d）所示。所以剪切构件的切应力可按下式计算，即

$$\tau = F_Q/A \qquad (3-22)$$

式中，A 为剪切面面积（m^2），F_Q 为剪切面剪力（N）。

为了保证螺栓安全可靠工作，要求其工作时的切应力不得超过某一许用值。因此螺栓的剪切强度条件为

$$\tau = F_Q/A \leqslant [\tau] \qquad (3-23)$$

式中，$[\tau]$ 为材料许用切应力（Pa）。

式（3-23）虽然是以螺栓为例得出的，但也适用于其他剪切构件。

试验表明，一般情况下，材料的许用切应力 [τ] 和许用拉应力 [σ] 有以下关系：

塑性材料：[τ] = (0.6~0.8)[σ]；

脆性材料：[τ] = (0.8~1.0)[σ]。

运用强度条件，可以进行强度校核、设计截面面积和确定许可载荷等 3 种强度问题的计算。

2. 挤压的概念和实用计算

（1）挤压的概念与实例

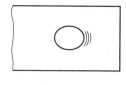

构件在受到剪切作用的同时，往往还伴随着挤压作用。例如，图 3-40（a）中的下层钢板，由于与螺栓圆柱面的相互压紧，在接触面上产生较大的压力，致使接触处的局部区域产生塑性变形，如图 3-42 所示，这种现象称为挤压。此外，连接件的接触表面上也有类似现象。可见，连接件除了可能以剪切的形

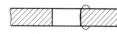

图 3-42 挤压变形

式遭到破坏外，也可能因挤压而被破坏。工程机械上常用的平键，经常发生挤压破坏。构件上产生挤压变形的接触面称为挤压面，挤压面上的压力称为挤压力，用 F_j 表示。一般情况下，挤压面垂直于挤压力的作用线。

（2）挤压的实用计算

由挤压而引起的应力称为挤压应力，用 σ_j 表示。挤压应力与直杆压缩中的压应力不同，压应力遍及整个受压杆件的内部，在横截面上是均匀分布的，而挤压应力则只限于接触面附近的区域，在接触面上的分布也比较复杂。像剪切的实用计算一样，挤压在工程上也采用实用计算方法，即假定在挤压面上应力是均匀分布的，如果以 F_j 表示挤压面上的作用力，A_j 表示挤压面面积，则

$$\sigma_j = F_j/A_j \tag{3-24}$$

于是，建立挤压强度条件为

$$\sigma_j = F_j/A_j \leqslant [\sigma_j] \tag{3-25}$$

式中，[σ_j] 为材料的许用挤压应力，其数值由试验确定，可从有关设计手册中查到，一般可取：

塑性材料：[σ_j] = (1.5~2.5)[σ]；

脆性材料：[σ_j] = (0.9~1.5)[σ]。

关于挤压面面积 A_j 的计算，要根据接触面的具体情况而定。对于螺栓、铆钉等连接件，挤压时接触面为半圆柱面，如图 3-43（a）所示。但在计算挤压应力时，挤压面积采用实际接触面在垂直于挤压力方向的平面上的投影面积，如图 3-43（c）所示的 *ABCD* 面积。这是因为从理论分析得知，在半圆柱挤压面上，挤压应力分布如图 3-43（b）所示，最大挤压应力在半圆柱圆弧的中点处，其值与按正投影面积计算结果相近。对于键连接，其接触面是平面，故挤压面的计算面积就是接触面的面积。

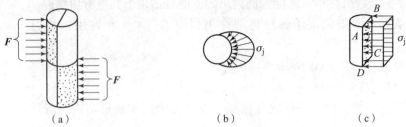

图 3 − 43　圆柱零件挤压图面积的确定

(a) 半圆柱面受挤压力作用；(b) 圆柱面挤压应力的分布；(c) 圆柱零件的挤压面积

【例 3 −12】　　铸铁带轮用平键与轴连接，如图 3 − 44 （a）所示。传递的力偶矩 $T = 350$ N·m，轴的直径 $d = 40$ mm，平键尺寸 $b \times h = 12$ mm × 8 mm，初步确定键长 $l = 35$ mm，键的材料为 45 钢，许用切应力 $[\tau] = 60$ MPa，许用挤压应力 $[\sigma_j] = 100$ MPa。铸铁的许用挤压应力 $[\sigma_j] = 80$ MPa。试校核键连接的强度。

解：以轴（包括平键）为研究对象，其受力图如图 3 − 44 （b）所示，根据平衡条件可得

$$\Sigma M_O = 0, \quad T - F \cdot \frac{d}{2} = 0$$

故　　　　　　　　$F = 2T/d = 2 \times 350/0.04 = 17.5 \times 10^3 \ （N）$

1）校核键的剪切强度。平键的受力情况如图 3 − 44 （c）所示，此时剪切面上的剪力为

$$F_Q = F = 17.5 \times 10^3 \ N$$

剪切面面积为

$$A = b \times l = 12 \times 35 \ mm^2 = 420 \ mm^2$$

所以，平键的工作切应力为

$$\tau = F_Q/A = 17.5 \times 10^3/(420 \times 10^{-6}) = 41.7 \times 10^6 \ （Pa） = 41.7 \ MPa < [\sigma]$$

满足剪切强度条件。

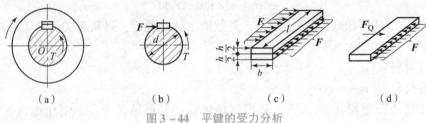

图 3 − 44　平键的受力分析

2）校核挤压强度。由于铸铁的许用挤压应力小，所以取铸铁的许用挤压应力作为核算的依据。

带轮挤压面上的挤压力为

$$F_j = F = 17.5 \times 10^3 \ N$$

带轮的挤压面面积与键的挤压面面积相同，设带轮与键的接触高度为 $h/2$，则挤压面面积为

$$A_j = lh/2 = 35 \times 8/2 \ \text{mm}^2 = 140 \ \text{mm}^2$$

故带轮的挤压应力为

$$\sigma_j = F_j/A_j = \frac{17.5 \times 10^3}{140 \times 10^{-6}} = 125 \times 10^6 \ (\text{Pa}) = 125 \ \text{MPa} > [\sigma_j]$$

不满足挤压强度条件。现需根据挤压强度条件重新确定键的长度。根据式（3 – 25）有

$$A_j \geqslant F_j / [\sigma_j]$$

即 $hl/2 \geqslant F_j / [\sigma_j]$，得键的长度

$$l \geqslant 2F/([\sigma_j]h) = 2 \times 17.5 \times 10^3/(80 \times 10^6 \times 0.008) = 54.7 \times 10^{-3} \ (\text{m})$$

最后确定键的长度为 55 mm。

四、圆轴的扭转变形分析

1. 圆轴扭转的概念与实例

在工程中，常会遇到直杆因受力偶作用而发生扭转变形的情况。例如，当钳工攻螺纹孔时，两手所加的外力偶作用在丝锥杆的上端，工件的反力偶作用在丝锥杆的下端，使得丝锥杆发生扭转变形，如图 3 – 45 所示。如图 3 – 46 所示的汽车转向盘的操纵杆，以及一些传动轴等均是扭转变形的实例。以扭转为主要变形的构件常称为轴，其中圆轴在机械中的应用为最广。本章主要讨论圆轴扭转时应力和变形的分析计算方法，以及强度和刚度计算。

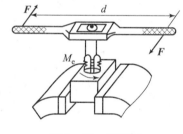

图 3 – 45 丝锥杆

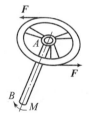

图 3 – 46 汽车转向盘

一般扭转杆件的计算简图如图 3 – 47 所示，其受力特点是：在垂直于杆件轴线的平面内，作用着一对大小相等、转向相反的力偶。其变形特点是：杆件的各横截面绕杆轴线发生相对转动，各纵向线都倾斜了同一个微小角度且杆轴线始终保持直线，这种变形称为扭转变形。杆间任意两截面间的相对角位移，称为扭转角。图 3 – 47 中的 φ_{AB} 是截面 B 相对于截面 A 的扭转角。

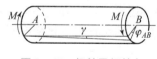

图 3 – 47 扭转及扭转角

2. 扭矩和扭矩图

（1）外力偶矩的计算

为了利用截面法求出圆轴扭转时截面上的内力，要先计算出轴上的外力偶矩。作用在轴上的外力偶矩一般不是直接给出，而是根据所给定轴的传递功率和转速求出来的。功率、转速和外力偶矩之间的关系可由动力学知识导出，其公式为

$$M = 9\,550P/n \tag{3 – 26}$$

式中，M 为外力偶矩（N·m），P 为轴传递的功率（kW），n 为轴的转速（r/min）。

（2）扭矩和扭矩图

若已知轴上作用的外力偶矩，则可用截面法研究圆轴扭转时横截面上的内力。如图 3-48（a）所示，等截面圆轴 AB 两端面上作用有一对平衡外力偶矩 M。在任意 $m-m$ 截面处将轴分为两段，并取左段为研究对象，如图 3-48（b）所示。因 A 端有外力偶矩 M 作用，为保持左段平衡，故在 $m-m$ 截面上必有一个内力偶矩 T 与之平衡，T 称为扭矩，单位为 N·m。由平衡方程

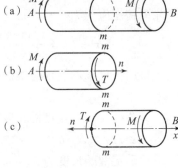

图 3-48　截面法确定圆轴横截面上的扭矩

$$\Sigma M_x = 0, \quad T - M = 0$$

得 $T = M$。

若取右段为研究对象，则所得扭矩数值相同而转向相反，它们是作用与反作用的关系。

为了使不论取左段还是右段求得的扭矩的大小、符号都一致，对扭矩的正、负号规定如下：

用右手螺旋法则，大拇指指向横截面外法线方向，当扭矩的转向与四指的转向一致时，扭矩为正，反之为负，如图 3-49 所示。在求扭矩时，在横截面上均按正向画出，所得为负，则说明扭矩转向与假设相反，此为设正法。

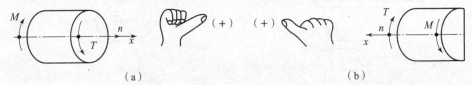

图 3-49　扭矩符号的确定

当轴上作用有多个外力偶矩时，须以外力偶矩所在的截面将轴分成数段，逐段求出其扭矩。为了清楚地看出各截面上扭矩的变化情况，以便确定危险截面，通常把扭矩随截面位置的变化绘成图形，称为扭矩图。作图时，以横坐标表示各横截面的位置、纵坐标表示扭矩。

（3）扭矩图的快速画法

扭矩图也可根据扭矩、扭矩图随外力偶的变化规律快速作出。

1）扭矩、扭矩图随外力偶的变化规律。

①在没有外力偶作用处，扭矩是常数，扭矩图是水平线。

②在有外力偶作用处，扭矩图有突变，突变量等于外力偶。

2）扭矩图的快速画法。

①先求出约束力偶，约束力偶与外力偶同等看待。

②以构件左端为原点，x 轴表示轴线，垂直于轴线的轴表示扭矩 T。

③假设箭头向上的外力偶产生正的扭矩（扭矩图在该处垂直向上突变，突变量等

于该外力偶），箭头向下的外力偶产生负的扭矩（扭矩图在该处垂直向下突变，突变量等于该外力偶），如图 3-50 （b）所示。

④根据扭矩、扭矩图的变化规律画出扭矩图。

【例 3-13】 如图 3-50 （a）所示，转轴的功率由皮带轮 B 输入，齿轮 A、C 输出。已知 $P_A = 60$ kW，$P_C = 20$ kW，转速 $n = 630$ r/min，绘制转轴的扭矩图并求最大扭矩。

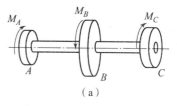

（a）

解：1）计算外力偶矩，由式 （3-26）得

$M_A = 9\,550 P_A/n = 9\,550 \times 60/630 = 909.52$ （N·m），

$M_C = 9\,550 P_C/n = 9550 \times 20/630 = 303.17$ （N·m）

因为 $\Sigma M = 0$，所以

$$M_B = M_A + M_C = 1\,212.7 \text{ N·m}$$

2）用扭矩图的快速画法画出转轴的扭矩图，如图 3-50 （b）所示。

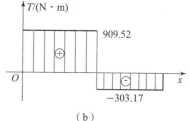

（b）

图 3-50 转轴

3）求最大扭矩。由图 3-50 （b）扭矩图可知：最大扭矩在 AB 段内，且绝对值为 $|T_{max}| = 909.52$ N·m。

3. 圆轴扭转时横截面的应力计算

（1）圆轴扭转时横截面上的应力

应力与变形有关，如图 3-51 所示，先在一个未加载荷的圆轴上画上间隔均匀的横向线和纵向线，然后加载使其发生扭转变形，可以发现：各圆周线的形状、大小及圆周线之间的距离均无变化，各圆周线绕轴线转到了不同的角度，所有纵向线都倾斜了同一个角度 γ。

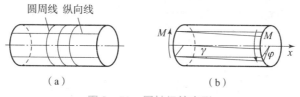

（a）   （b）

图 3-51 圆轴扭转变形

（a）变形前；（b）变形后

由上述现象可以看出：圆轴扭转变形后轴的横截面仍保持平面，其形状和大小不变，半径仍为直线。这就是圆轴扭转的平面假设。由此可以得出：

1）扭转变形时，由于圆轴相邻横截面间的距离不变，即圆轴没有发生纵向变形，所以横截面上没有正应力。

2）扭转变形时，各纵向线同时倾斜了相同的角度，所以横截面上有剪应力，其方向必垂直于半径。

圆轴扭转时，横截面上距离圆心为 ρ 处的剪应力 τ_ρ 的一般公式为

$$\tau_\rho = \frac{T}{I_P}\rho \tag{3-27}$$

式中，T 为扭矩（N·m），I_P 为横截面的极惯性矩（m⁴），ρ 为从欲求剪应力的点到横截面圆心的距离。

显然，当 $\rho = 0$ 时，$\tau_\rho = 0$；当 $\rho = D/2$ 时，剪应力最大，$\tau_{\rho\max} = \dfrac{TD}{2I_P}$，$D$ 为圆柱直径。

扭转变形时，横截面上各点剪应力的大小与该点到圆心的距离成正比，如图 3 – 52 所示。

令 $W_P = 2I_P/D$，则有

$$\tau_{\rho\max} = T/W_P \tag{3-28}$$

式中，W_P 为抗扭截面系数（m³）。

（2）极惯性矩和抗扭截面系数

1）实心圆截面。

对于直径为 D 的实心圆截面，取一距离圆心为 ρ、厚度为 $\mathrm{d}\rho$ 的圆环作为微面积 $\mathrm{d}A$，如图 3 – 53（a）所示，则

$$\mathrm{d}A = 2\pi\rho\mathrm{d}\rho$$

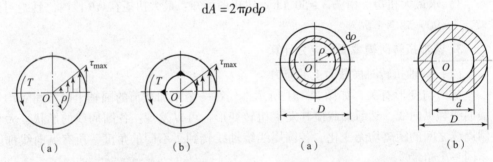

图 3 – 52　剪应力分布示意图　　　　　　图 3 – 53　极惯性矩的计算
（a）实心圆截面剪应力分布；（b）空心圆截面剪应力分布　　　（a）实心圆截面；（b）空心圆截面

于是

$$I_P = \int_A \rho^2 \mathrm{d}A = 2\pi\int_0^{\frac{D}{2}} \rho^3 \mathrm{d}\rho = \frac{\pi D^4}{32} \tag{3-29}$$

所以

$$W_P = \frac{I_P}{R} = \frac{I_P}{\dfrac{D}{2}} = \frac{\pi D^3}{16} \approx 0.2D^3 \tag{3-30}$$

2）空心圆截面。

对于内径为 d、外径为 D 的空心圆截面，如图 3 – 53（b）所示，其极惯性矩可以采用与实心圆截面相同的方法求出，即

$$I_P = \int_A \rho^2 \mathrm{d}A = 2\pi\int_{\frac{d}{2}}^{\frac{D}{2}} \rho^3 \mathrm{d}\rho = \frac{\pi}{32}(D^4 - d^4) \tag{3-31}$$

即

$$I_P = \frac{\pi D^4}{32}(1 - \alpha^4) \approx 0.1D^4(1 - \alpha^4)$$

$$W_P = \frac{I_P}{\frac{D}{2}} = \frac{\pi D^3}{16}(1-\alpha^4) \approx 0.2D^3(1-\alpha^4) \tag{3-32}$$

式中，$\alpha = \frac{d}{D}$，表示内、外径的比值。

4. 圆轴扭转时的强度和刚度计算

(1) 圆轴扭转时的强度计算

为保证圆轴扭转时具有足够的强度而不被破坏，必须限制轴的最大剪应力不得超过材料的扭转许用剪应力。对于等截面圆轴，其最大剪应力发生在扭矩值最大的横截面（称为危险截面）的外边缘处，故圆轴扭转的强度条件为

$$\tau_{max} = \frac{|T_{max}|}{W_P} \leqslant [\tau] \tag{3-33}$$

式中，扭转许用剪应力是根据扭转试验，并考虑安全系数确定的。

与拉压强度问题相似，式（3-33）可以解决强度校核、设计截面尺寸和确定许用载荷等3种扭转强度问题。

【例3-14】 阶梯轴如图3-54所示，M_1 = 5 kN·m，M_2 = 3.2 kN·m，M_3 = 1.8 kN·m，材料的许用切应力 [τ] = 60 MPa。试校核该轴的强度。

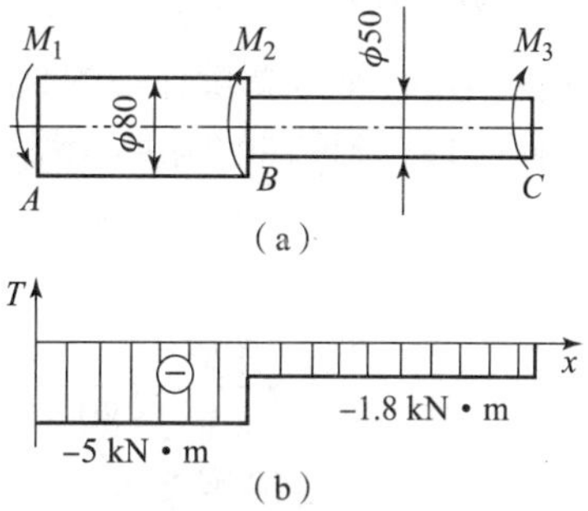

图3-54　阶梯轴

解：1）作扭矩图。用扭矩图快速画法作出扭矩图，如图3-54（b）所示，可得 T_{AB} = -5 kN·m，T_{BC} = -1.8 kN·m。

2）校核轴的强度。因 AB、BC 段的扭矩、直径各不相同，故需分别校核。

AB 段：

$$\tau_{max} = \frac{T_{AB}}{W_{PAB}} = \frac{16 \times 5 \times 10^6}{\pi \times 80^3} = 49.7\ (\text{MPa}) < \tau$$

故 AB 段的强度是安全的。

BC 段：

$$\tau_{max} = \frac{T_{BC}}{W_{PBC}} = \frac{16 \times 1.8 \times 10^6}{\pi \times 50^3} = 73.4\ (\text{MPa}) > \tau$$

故 BC 段的强度不够。

综上所述，阶梯轴的强度不够。

在求 τ_{max} 时，T 取绝对值，其正、负号（转向）对强度计算无影响。

(2) 圆轴扭转时的刚度计算

如前所述，圆轴扭转时的变形是用扭转角来度量的。扭转角就是圆轴扭转时，横截面绕轴线相对转过的角度 φ，其计算公式为

$$\varphi = \frac{Tl}{GI_P}\ (\text{rad}) \tag{3-34}$$

式中，G 为剪切弹性模量（Pa），l 为轴的长度（m）。

为了消除轴的长度对扭转角的影响，可采用单位长度内的扭转角 θ 来度量轴的扭转变形，即

$$\theta = \frac{\varphi}{l} = \frac{T}{GI_P} \qquad (3-35)$$

轴类零件工作时，除应满足强度条件外，经常还有刚度要求，即不允许有较大的扭转变形。通常以下列表示式为其刚度条件，即

$$\theta_{max} = \frac{T_{max}}{GI_P} \leqslant [\theta] \qquad (3-36)$$

式中，θ_{max} 为最大单位长度扭转角（rad/m）；T_{max} 为圆轴上的最大扭矩（N·m）；$[\theta]$ 为许用单位长度扭转角，习惯上以度/米为单位，记为（°）/m，故在使用式（3-36）时，要将 θ_{max} 的单位换算成（°）/m，则式（3-36）变为

$$\theta_{max} = \frac{T_{max}}{GI_P} \times \frac{180°}{\pi} \leqslant [\theta] \qquad (3-37)$$

不同类型轴的扭转角 $[\theta]$ 的值，可从有关工程手册中查得。

【例 3-15】 一传动轴，承受的最大扭矩 $T_{max} = 183.6$ N·m，按强度条件设计的直径为 $d = 31.5$ mm。若已知 $G = 80$ GPa，$[\theta] = 1°/m$，试求校核轴是否满足刚度要求。若刚度不足，则重新设计轴的直径。

解：1）校核轴的刚度。因

$$\theta_{max} = \frac{T_{max}}{GI_P} \times \frac{180°}{\pi}, \quad I_P = \frac{\pi d^4}{32}$$

故

$$\theta_{max} = \frac{T_{max}}{GI_P} \times \frac{180°}{\pi} = \frac{183.6 \times 32}{80 \times 10^9 \times 3.14 \times 31.5^4 \times 10^{-12}} \times \frac{180}{\pi} = 13.6°/m > [\theta]$$

所以，不满足刚度要求。

2）按刚度条件再设计轴的直径。由

$$\theta_{max} = \frac{T_{max}}{GI_P} \times \frac{180°}{\pi} \leqslant [\theta]$$

则

$$\sqrt[4]{\frac{32 \times 180 \times T_{max}}{\pi^2 \times G \times [\theta]}} = \sqrt[4]{\frac{32 \times 180 \times 183.6}{\pi^2 \times 80 \times 10^9 \times 1}} = 34 (mm)$$

所以，取 $d = 34$ mm。

五、平面弯曲和组合变形分析

1. 平面弯曲的概念与实例

弯曲变形是工程中最常见的一种基本变形形式，比如经常遇到像火车轮轴（见图 3-55）、桥式起重机大梁（见图 3-56）这样的杆件，这些杆件的受力特点为：在杆件的轴线平面内受到力偶或垂直于杆轴线的外力作用，杆的轴线由原来的直线变为曲线，这种形式的变形称为弯曲变形。垂直于杆件轴线的力，称为横向力。以弯曲变形为主的杆件，习惯上称为梁。

在工程问题中，绝大多数受弯杆件的横截面都有一根对称轴。图 3-57 所示为常

见梁的截面形状，y轴为横截面对称轴。通过截面对称轴与梁轴线确定的平面，称为梁的纵向对称面。如图 3–58 所示，若作用在梁上的所有外力（包括约束力）都作用在梁的纵向对称面内，则变形后梁的轴线将是在纵向对称面内的一条平面曲线，这种弯曲变形称为平面弯曲。平面弯曲是最常见、最简单的弯曲变形。

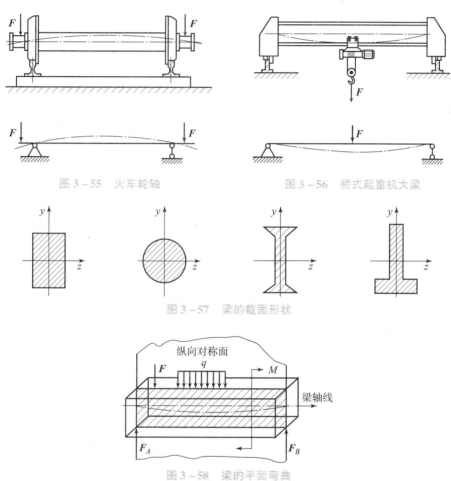

图 3–55 火车轮轴　　　　　　　　图 3–56 桥式起重机大梁

图 3–57 梁的截面形状

图 3–58 梁的平面弯曲

为了便于分析和计算，需将梁进行简化，即以梁的轴线表示梁；将作用在梁上的载荷简化为集中力 F 或集中力偶 m 或均布载荷 q；梁的约束（支撑梁轴线情况）可简化为固定铰链支座、活动铰链支座或固定端。通常将静定梁简化为 3 种情况：

（1）简支梁

一端为固定铰链支座，另一端为活动铰链支座的梁，如图 3–59（a）所示。

（2）外伸梁

具有一端或两端外伸部分的简支梁，如图 3–59（b）所示。

（3）悬臂梁

一端为固定端支座，另一端自由的梁，如图 3–59（c）所示。

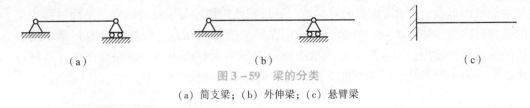

（a）　　　　　　　　　（b）　　　　　　　　　（c）

图 3 – 59　梁的分类

（a）简支梁；（b）外伸梁；（c）悬臂梁

2. 平面弯曲的内力

（1）剪力和弯矩

为对梁进行强度计算，当作用于梁上的外力确定后，可用截面法来分析梁任意截面上的内力。

如图 3 – 60（a）所示的悬臂梁，已知梁长为 l，主动力为 F，则该梁的约束力可由静力平衡方程求得，即

$$F_B = F, \quad M_B = Fl$$

现欲求任意截面 $m – m$ 上的内力，可在 $m – m$ 处将梁截开，取左段为研究对象，如图 3 – 60（b）所示，将该段上所有外力向截面 $m – m$ 的形心简化。列平衡方程，有

$$\sum F_y = 0$$

得 $F - F_Q = 0$，即

$$F_Q = F$$

式中，F_Q 称为横截面 $m – m$ 上的剪力，它是与横截面相切的分布内力的合力。

再由

$$\sum M_O(\boldsymbol{F}) = 0$$

可得 $M – Fx = 0$，即

$$M = Fx$$

式中，M 称为横截面 $m – m$ 上的弯矩，它是与横截面垂直的分布内力的合力偶矩。

取右段为研究对象，如图 3 – 60（c）所示，同理可求得截面 $m – m$ 上的 F_Q 和 M，与左段是等值、反向的。

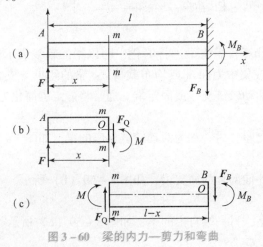

图 3 – 60　梁的内力—剪力和弯曲

为使取左段和取右段得到的同一截面上的内力符号一致，特规定如下：

凡使所取梁段具有做顺时针转动趋势的剪力为正，反之为负，如图 3 - 61 所示。凡使梁段产生向下弯曲变形的弯矩为正，反之为负，如图 3 - 62 所示。

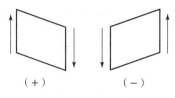

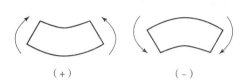

图 3 - 61　剪力符号表示　　　　　　图 3 - 62　弯矩符号表示

【例 3 - 16】　求简支梁（见图 3 - 63）$n - n$ 截面的弯矩。

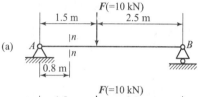

解：1）求支反力。根据平衡条件，可得

$$F_A = \frac{2.5}{4}F = \frac{2.5}{4} \times 10 = 6.25 \text{（kN）},$$

$$F_B = \frac{1.5}{4}F = \frac{1.5}{4} \times 10 = 3.75 \text{（kN）}$$

2）计算 $n - n$ 截面上的弯矩。先取左段为研究对象，如图 3 - 63（c）所示，设剪力 F_Q 的方向为正，弯矩 M 的转向为正，由平衡方程

$$\sum F = 0, \quad F_A - F_Q = 0$$

得

$$F_Q = F_A = 6.25 \text{ kN}$$

由

$$\sum M_C(\boldsymbol{F}) = 0, \quad M - F_A \times 0.8 = 0,$$

$$M = F_A \times 0.8 = 5 \text{ kN} \cdot \text{m}$$

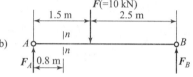

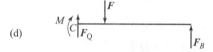

图 3 - 63　简支梁

或者以右段为研究对象，如图 3 - 63（d）所示，设剪力 F_Q 的方向为正，弯矩 M 的转向为正，由平衡方程，得

$$\sum F = 0, \quad F_B + F_Q - F = 0, \quad F_Q = F - F_B = 6.25 \text{ kN},$$

$$\sum M_C(\boldsymbol{F}) = 0, \quad F_B \times 3.2 - M - F \times 0.7 = 0, \quad M = F_B \times 3.2 - F \times 0.7 = 5 \text{ kN} \cdot \text{m}$$

从以上计算可知，无论取左、右哪一段为研究对象，计算结果都是一样的。通过分析结果可以得出以下结论：

①横截面上的剪力等于截面左侧（或右侧）所有外力的代数和。左侧向上及右侧向下的外力均产生正的剪力，即"左上右下，剪力为正"。

②横截面上的弯矩等于截面左侧（或右侧）所有外力对截面形心力矩的代数和。左侧顺时针及右侧逆时针的力矩均为正，即"左顺右逆，弯矩为正"。

这样，在实际计算中就可以不必截取研究对象通过平衡方程去求剪力和弯矩了，而是可以直接根据截面左侧或右侧的外力来求横截面上的剪力和弯矩。

梁弯曲时横截面上的内力一般包含剪力和弯矩这两个内力分量，虽然这两者都会影响梁的强度，但是对于跨度 l 与横截面高度 h 之比较大的非薄壁截面梁（$l/h > 5$），剪力影响是很小的，一般均略去不计。

（2）剪力图和弯矩图

梁横截面上的弯矩一般是随着截面位置而变化的。为了描述其变化规律，用坐标 x 表示横截面沿梁轴线的位置，将梁各横截面上的剪力和弯矩表示为坐标 x 的函数，即 $F_Q = F_Q(x)$，$M = M(x)$，函数表达式分别称为剪力方程和弯矩方程，其图形则称为剪力图和弯矩图。

剪力图和弯矩图的基本作法是：先求出梁支座的约束力，以横截面沿轴线的位置 x 为横坐标，建立剪力方程和弯矩方程（以表示各截面的剪力、弯矩为纵坐标），应用函数作图法作图。

【例 3–17】 如图 3–64（a）所示，简支梁 AB 作用有均布载荷 q。试作剪力图和弯矩图。

解： 1）求约束力。如图 3–64（b）所示，由静力平衡方程可得

$$F_A = F_B = ql/2$$

2）列剪力、弯矩方程。计算距左端（A 为坐标原点）x 处横截面剪力、弯矩，得

$$F_Q(x) = ql/2 - qx = q(l - x) \qquad (0 < x < l),$$

$$M(x) = F_A \cdot x - qx\frac{x}{2} = \frac{q}{2}(lx - x^2) \qquad (0 \leqslant x \leqslant l)$$

3）画剪力图和弯矩图。由剪力方程可知，剪力图为一条直线，$F_Q(0) = ql/2$，$F_Q(l) = -ql/2$，作这两点连线得剪力图，如图 3–64（c）所示。

由弯矩方程可知，弯矩图为抛物线，$M(0) = 0$，$M(l) = 0$，$M\left(\dfrac{l}{2}\right) = ql^2/8$。由函数作图法可画出弯矩图，如图 3–64（d）所示。

【例 3–18】 如图 3–65（a）所示，简支梁在 C 点处受集中力 F 的作用，试画出该梁的剪力图和弯矩图。

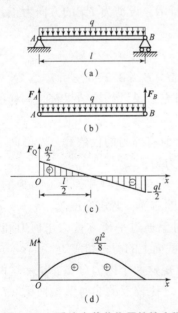

图 3–64　受均布载荷作用的简支梁

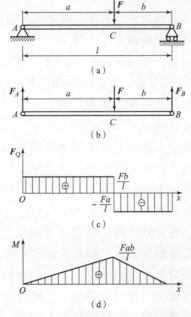

图 3–65　受集中力作用的简支梁

解：1）求约束力。如图 3 – 65（b）所示，由静力学平衡方程可得

$$F_A = \frac{Fb}{l}, \quad F_B = \frac{Fa}{l}$$

2）列剪力、弯矩方程。由于在点 C 处作用有集中力 $\boldsymbol{F}$，故应将梁分为 AC 和 CB 两段，分段列剪力、弯矩方程，并分段画剪力图和弯矩图。用距 A 点为 x 的任一截面截 AC 段，取左段列平衡方程得

$$F_Q(x) = Fb/l \quad (0 < x < a),$$

$$M(x) = \frac{Fb}{l}x \quad (0 \leqslant x \leqslant a)$$

同理，用距 A 点为 x 的任一截面截 CB 段得

$$F_Q(x) = Fb/l - F = Fa/l \quad (0 < x < l),$$

$$M(x) = \frac{Fb}{l}x - F(x - a) = \frac{Fa}{l}(l - x) \quad (a \leqslant x \leqslant l)$$

3）画剪力图和弯矩图。按剪力、弯矩方程分段绘制图形，剪力图在 C 点有突变，弯矩图在 C 点发生转折，如图 3 – 65（c）和图 3 – 65（d）所示。

【例 3 – 19】　简支梁受集中力偶作用，如图 3 – 66（a）所示。若已知 M、a、b，试作此梁的剪力、弯矩图。

解：1）求约束力。如图 3 – 66（b）所示，即

$$\sum M = 0, \quad F_A = F_B = M_B/l$$

式中，$l = a + b$。

2）列剪力、弯矩方程。由于在截面 C 处作用有集中力偶，应分别列出 AC 和 CB 两段上的剪力、弯矩方程，并均以 A 点为坐标原点，则有

AC 段：

$$F_Q(x) = \frac{M}{a + b} \quad (0 < x \leqslant a),$$

$$M(x) = -\frac{M}{l}x \quad (0 \leqslant x \leqslant a)$$

CB 段：

$$F_Q(x) = -\frac{M}{a + b} \quad (a \leqslant x < l),$$

$$M(x) = (M/l)x - M \quad (a \leqslant x \leqslant l)$$

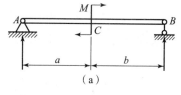

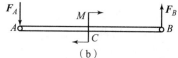

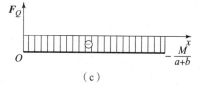

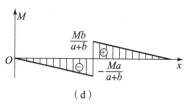

图 3 – 66　受力偶作用的简支梁

3）画剪力图和弯矩图。根据上述剪力、弯矩方程作剪力、弯矩图，如图 3 – 66（c）和图 3 – 66（d）所示。

若 $a < b$，则最大弯矩值为

$$|M_{\max}| = Mb/l$$

（3）剪力图、弯矩图的快速画法

剪力图和弯矩图也可根据内力随外力的变化规律快速作图。

1）剪力图弯矩图随外力的变化规律

①在无载荷作用的梁段上剪力图是水平线，弯矩图是斜直线，如图 3 - 65 和图 3 - 66 中的 AC、CB 段所对应的剪力图、弯矩图。

②在集中力作用处剪力有突变，突变量等于集中力的大小，突变的方向与集中力同向；弯矩图则在集中力作用处发生转折，如图 3 - 65 中 A、C、B 三点对应的剪力图和弯矩图。

③在集中力偶作用处剪力图无变化，弯矩图有突变，突变量等于集中力偶的大小，突变方向是：集中力偶顺时针转，弯矩向上突变；反之则向下突变，如图 3 - 66 中 C 点对应的剪力图、弯矩图。

④在均布载荷作用的梁段上剪力图为斜直线，均布载荷方向下，斜直线斜率为负，反之为正；弯矩图为二次曲线，曲线的凹向与均布载荷同向，通常在剪力等于零的截面，曲线有极值，如图 3 - 64 所示。

2）剪力图、弯矩图的快速画法

①画图。正确求解梁的约束力，画受力图。

②分段。凡梁上有集中力、力偶作用的点及均布载荷 q 的起止点，都作为分段点。

③求值。计算各段起止点的剪力、弯矩及弯矩图的极值点，并利用剪力图、弯矩图的变化规律判断剪力图、弯矩图的大致形状。

④连线。连成直线或光滑的抛物线。

3. 梁弯曲时横截面上的正应力

在确定了弯曲梁横截面上的弯矩和剪力后，还应进一步研究其横截面上的应力分布规律，以便建立梁的强度条件，进行强度计算。

（1）纯弯曲与横力弯曲

梁弯曲时横截面上只有弯矩 M 而没有剪力 F_Q 的弯曲称为纯弯曲；弯矩 M 和剪力 F_Q 同时存在的弯曲称为横力弯曲，也称为剪力弯曲。

（2）梁纯弯曲时横截面上的正应力

取一矩形截面梁，在梁的侧面画平行于轴线和垂直于轴线的线，形成许多正方形的网格，如图 3 - 67（a）所示。然后在梁两端施加一对力偶（力偶矩为 M），使之产生弯曲变形，梁的变形如图 3 - 67（b）所示。从弯曲变形后的梁上可以看到：各纵向线弯曲成彼此平行的圆弧，内凹一侧的原纵向线缩短，而外凸一侧的原纵向线伸长；各横向线仍然为直线，只是相对转过了一个角度，但仍与纵向线垂直。

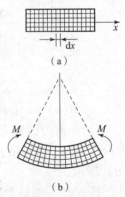

图 3 - 67 梁纯弯曲变形现象

由于变形的连续性，在伸长纤维和缩短纤维之间必然存在一层既不伸长也不缩短的纤维，这一纵向纤维层称为中性层。中性层与横截面的交线称为中线轴，如图 3 - 68 所示，横截面上位于中性轴两侧的各点分别承受拉应力和压应力，中性轴上各点的应力为零。经分析可证明，中性轴必然通过横截面的形心。

由梁弯曲时的变形，可推导出梁横截面上任一点（距中性轴的距离为 y）的正应力 σ 的计算公式为

$$\sigma = \frac{M}{I_z} y \tag{3-38}$$

式中，M 为弯矩（N·m）；$I_z = \int_A y^2 \mathrm{d}A$，为横截面对中性轴的惯性矩（$\mathrm{m}^4$ 或 mm^4），是一个仅与截面形状和尺寸有关的几何量。

式（3-38）表明，横截面上任一点的正应力与该点到中性轴的距离 M 成正比，在距中性轴等远处各点的正应力相等。正应力的分布如图 3-69 所示。

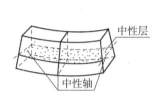

图 3-68　中性层和中性轴

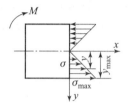

图 3-69　弯曲时的正应力分布

在中性轴（$y = 0$）上，各点的正应力为零；在中性轴的两侧，其各点的应力分别为拉应力和压应力。在离中性轴最远处（$y = y_{max}$），产生最大正应力

$$\sigma_{max} = \frac{M}{I_y} y_{max} \tag{3-39}$$

式（3-38）是梁在纯弯曲的情况下建立的，对于横力弯曲的梁，若其跨度 l 与截面高度 h 之比 l/h 大于 5，可以证明，应用式（3-39）计算误差很小。工程上，一般梁的 l/h 往往大于 5，因此常将式（3-38）推广应用于横力弯曲梁的正应力计算。

对于各种几何形状的截面，对中性轴的轴惯性矩计算公式采用与扭转中极惯性矩公式类似的推导方法得出，此处略。常用的梁截面的轴惯性矩计算公式见表 3-1。

表 3-1　常用的梁截面的轴惯性矩及抗弯截面模量计算公式

截面形状	(矩形截面)	(圆形截面)	(圆环截面)
轴惯性矩	$I_z = \dfrac{bh^3}{12}$ $I_y = \dfrac{hb^3}{12}$	$I_z = I_y = \dfrac{\pi D^4}{64}$ $\approx 0.05 D^4$	$I_z = I_y = \dfrac{\pi}{64}\,(D^2 - d^2)$ $\approx 0.05 D^4\,(1 - a^4)$ 式中，$a = \dfrac{d}{D}$
抗弯截面模量	$W_z = \dfrac{bh^2}{6}$ $W_y = \dfrac{hb^2}{6}$	$W_z = W_y = \dfrac{\pi D^3}{32}$ $\approx 0.1 D^3$	$W_z = W_y = \dfrac{\pi D^2}{32}\,(1 - a^4)$ $\approx 0.1 D^3\,(1 - a^4)$ 式中，$a = \dfrac{d}{D}$

4. 梁弯曲时的强度计算

等截面直梁弯曲时，弯曲绝对值最大的横截面是危险截面，全梁最大正应力 σ_{max} 发生在危险截面上离中性轴最远处，其计算式为

$$\sigma_{max} = \frac{|M|_{max}}{I_y} y_{max} \tag{3-40}$$

式中，I_y 和 y_{max} 都是只与截面形状和尺寸有关的几何量。令

$$W_z = \frac{I_y}{y_{max}} \tag{3-41}$$

W_z 称为抗弯截面模量，其值与横截面形状和尺寸有关，单位为 m^3 或 mm^3。常用截面形状的抗弯截面模量计算公式见表 3-1。

各种型钢的抗弯截面模量可以从型钢表中查得。

将式（3-41）代入式（3-40），得

$$\sigma_{max} = \frac{|M|_{max}}{W_z} \tag{3-42}$$

为了保证安全工作，最大工作应力 σ_{max} 不得超过材料的弯曲许用应力 $[\sigma]$，即

$$\sigma_{max} = \frac{|M|_{max}}{W_z} \leqslant [\sigma] \tag{3-43}$$

许用弯曲应力 $[\sigma]$ 的数值可从有关设计手册查得。

式（3-43）只适用于抗拉和抗压强度相等的材料。对于像铸铁等脆性材料制成的梁，因材料的抗压强度远高于抗拉强度，故其相应强度条件为

$$\sigma_{max}^+ \leqslant [\sigma^+], \quad \sigma_{max}^- \leqslant [\sigma^-] \tag{3-44}$$

式中，σ_{max}^+，σ_{max}^- 分别为梁的最大弯曲拉应力和最大弯曲压应力。

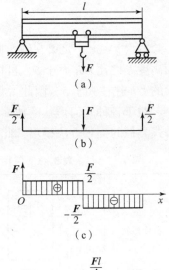

应用强度条件，可以进行三方面强度的计算，即校核梁的强度、设计梁的截面尺寸和确定梁的许用载荷。

【例 3-20】 吊车大梁用 32c 工字钢制成，可将其简化为一简支梁，如图 3-70（a）和图 3-70（b）所示，梁长 $l = 10$ m，自重不计。若最大起重载荷 $F = 35$ kN（包括葫芦和钢丝绳），抗弯截面模量 $W_z = 7.6 \times 10^5$ mm^3，许用应力为 $[\sigma] = 130$ MPa，试校核梁的强度。

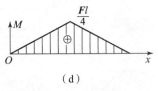

图 3-70 吊车大梁

解：1）求最大弯矩。当载荷在中点时，该处产生最大弯矩，由图 3-70（c）可得

$M = Fl/4 = (35 \times 10^3 \times 10)/4 = 8.75 \times 10^4$ （N·m）

2）校核梁的强度为

$$\sigma = M_{max}/W_z = 8.75 \times 10^4 \times 10^3/(7.6 \times 105) \approx 115 (MPa) < [\sigma]$$

所以，该梁满足强度要求。

5. 工程上构件的组合变形分析

在工程实际中有许多构件在载荷作用下，常常同时产生两种或两种以上的基本变形，这种情况称为组合变形。构件在组合变形下的应力计算，在变形较小且材料服从胡克定律的条件下可用叠加原理，即构件在几个载荷同时作用下的效果，等于每个载荷单独作用时所产生效果的总和。这样，当构件处于组合变形时，只需将载荷进行适当的分解，分解成几组载荷，使每组载荷在单独作用下只产生一种基本变形，分别计算各基本变形时所产生的应力，最后将同一截面上同一点的应力叠加，就得到组合变形时的应力。下面简要介绍常见的拉伸（压缩）与弯曲组合变形、弯曲与扭转组合变形时的强度问题。

（1）拉伸（压缩）与弯曲组合变形的强度条件

图 3 – 71（a）所示为钻床立柱的受力、变形分析，用截面法将立柱沿 $m - m$ 截面解开，取上半部分为研究对象，上半部分在外力 F 和截面内力的作用下应处于平衡状态，故截面上有轴力 F_N 和弯矩 M 共同作用，如图 3 – 71（b）所示。由平衡方程求解得

$$F_N = F, \quad M = Fe$$

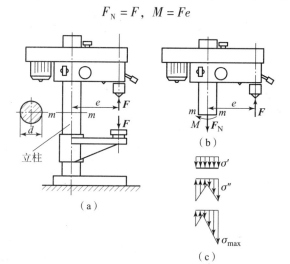

图 3 – 71　钻床立柱的受力、变形分析

所以，立柱将发生拉弯组合变形。其截面上既有均匀分布的拉伸正应力，又有不均匀分布的弯曲正应力，截面上各点同时作用的正应力可以进行代数相加，如图 3 – 71（c）所示。截面左侧边缘点处有最大压应力，截面右侧边缘点处有最大拉应力，其值分别为

$$\sigma_{max}^- = \frac{F_N}{A} - \frac{M}{W_z}, \quad \sigma_{max}^+ = \frac{F_N}{A} + \frac{M}{W_z}$$

所以，拉伸（压缩）与弯曲组合变形的强度条件为

$$\sigma_{max}^+ = \frac{F_N}{A} + \frac{M}{W_z} \leqslant [\sigma] \tag{3 – 45}$$

$$\sigma_{max}^- = \frac{F_N}{A} - \frac{M}{W_z} \leqslant [\sigma] \tag{3 – 46}$$

式（3-45）和式（3-46）只适用于许用拉应力和许用压应力相等的材料。拉伸和弯曲组合变形按式（3-45）进行强度计算；压缩和弯曲组合变形按式（3-46）进行强度计算。

对于许用拉应力和许用压应力不相等的材料，需对构件内的最大拉应力和最大压应力分别进行强度计算，即

$$\sigma_{max}^{+} \leqslant [\sigma^{+}], \quad \sigma_{max}^{-} \leqslant [\sigma^{-}] \tag{3-47}$$

【例3-21】 如图3-71（a）所示的钻床钻孔时，钻削力 $F = 15$ kN，偏心距 $e = 0.4$ m，圆截面铸铁立柱的直径 $d = 125$ mm，许用拉应力 $[\sigma^{+}] = 35$ MPa，许用压应力 $[\sigma^{-}] = 120$ MPa，试校核立柱的强度。

解： 1）求内力。由上述分析可知，立柱各截面发生拉、弯组合变形，其内力分别为

$$F_N = F = 15 \text{ kN}, \quad M = Fe = 15 \times 0.4 = 6 \text{ (kN·m)}$$

2）强度计算。由于立柱材料为铸铁，其抗压性能优于抗拉性能，故只需对立柱截面右侧边缘点处的拉应力进行强度校核，即

$$\sigma_{max}^{+} = \frac{F_N}{A} + \frac{M}{W_z} = \frac{15 \times 10^3}{\frac{\pi}{4} \times 125^2} + \frac{6 \times 10^3}{0.1 \times 125^2} \approx 32 \text{ (MPa)} < [\sigma^{+}]$$

所以，立柱的强度足够。

2）扭转与弯曲组合变形的强度条件

如图3-72所示的轴是最常见的弯曲和扭转组合变形的构件，它是由塑性材料制成的圆轴，变形时，危险截面上离中性轴最远处（圆的边缘处）分别产生最大扭转剪应力和最大弯曲正应力，分别为

$$\sigma_{max} = \frac{M_{max}}{W_z}, \quad \tau_{max} = \frac{T}{W_P}$$

两种应力叠加但不能取代数和，它们对轴的强度的影响可以用一个应力来代替，这个应力称为相当应力，以 σ_v 表示。根据第三、第四强度理论的强度条件，其相当应力分别为

$$\sigma_{v3} = \sqrt{\sigma^2 + 4\tau^2} \leqslant [\sigma], \tag{3-48}$$

$$\sigma_{v4} = \sqrt{\sigma^2 + 3\tau^2} \leqslant [\sigma] \tag{3-49}$$

式中，σ_{v3}，σ_{v4} 分别为第三、四强度理论的相当应力（MPa），$[\sigma]$ 为材料的许用应力。式（3-48）和式（3-49）只适用塑性材料。

第三强度理论也称为最大剪应力理论，该理论认为最大剪应力是引起材料塑性屈服破坏的主要原因。第四强度理论也称为形状改变比能理论，该理论认为形状改变比能是引起材料塑性屈服破坏的主要原因。

对于圆轴弯曲和扭转组合变形时的第三、第四强度理论的强度条件分别为

$$\sigma_{v3} = \frac{\sqrt{M_{max}^2 + T^2}}{0.1d^3} \leqslant [\sigma], \tag{3-50}$$

$$\sigma_{v4} = \frac{\sqrt{M_{max}^2 + 0.75\,T^2}}{0.1d^3} \leqslant [\sigma] \qquad (3-51)$$

式中，M_{max}、T 分别为危险截面上的弯矩和扭矩，d 为圆轴直径。

【例 3 – 22】　如图 3 – 72（a）所示，电动机驱动带轮轴转动，轴的直径 $d = 50$ mm，轴的许用应力 $[\sigma] = 120$ MPa，带轮的直径 $D = 300$ mm，带的紧边拉力 $T = 5$ kN、松边拉力 $t = 2$ kN。试校核轴的强度。

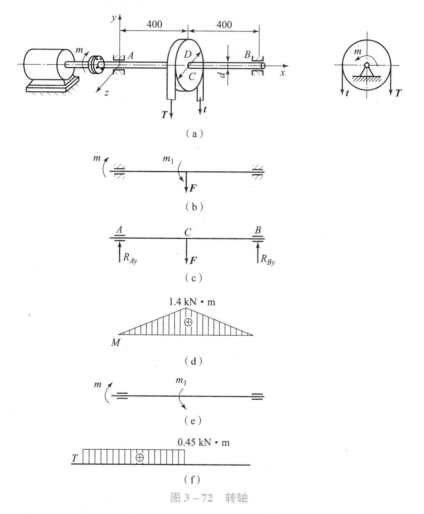

图 3 – 72　转轴

解： 1）外力分析。把作用于带轮边缘上的紧边拉力 T 和松边拉力 t 都平移到轴线上，并去掉带轮，得到 AB 轴的受力简图，如图 3 – 72（c）所示。

铅垂力

$$F = T + t = 5 + 2 = 7\ (kN)\ = 7\ 000\ N$$

平移后的附加力偶矩

$$M_1 = \frac{TD}{2} - \frac{tD}{2} = (5 - 2) \times 1\ 000 \times 150 = 0.45 \times 10^6 (N \cdot mm)$$

可见，圆轴 AB 在铅垂力 F 的作用下发生弯曲，而圆轴的 AC 段在附加力偶 m_1 及

电动机驱动力偶 m 的共同作用下发生扭转，CB 段并没有扭转变形，即圆轴的 AC 段发生弯曲与扭转的组合变形。

2）内力分析。由铅垂力 $\boldsymbol{F}$ 所产生的弯矩如图 3 – 72（d）和图 3 – 72（e）所示，其最大值为

$$M = Fl = 7\,000 \times 800/4 = 1.4 \times 10^6 \ (\text{N} \cdot \text{mm})$$

不考虑由铅垂力 $\boldsymbol{F}$ 所产生的剪力，由附加力偶 m 所产生的扭矩图 3 – 72（f）和图 3 – 72（g）可知，其 AC 段的扭矩值处处相等，即

$$T = m_1 = m = 0.45 \times 10^6 \ \text{N} \cdot \text{mm}$$

由此可见，轴的中央截面 C 处为危险截面。

3）强度计算。按第三强度理论的强度条件式可得

$$\sigma_{v3} = \sqrt{\sigma^2 + 4\,\tau^2}/\,(0.1d^3) \ = 120 \ \text{MPa} = [\,\sigma\,]$$

所以，此轴有足够强度。

✖ 知识拓展

平面任意力系简介

作用在物体上的力都分布在同一平面内，或近似地分布在同一平面内，则该力系称为平面力系。根据力系中各力作用线分布的特点不同，平面力系除平面汇交力系外还有平面任意力系。

1. 平面任意力系的简化

在工程实际中，经常遇到平面任意力系的问题，即作用在物体上的力都分布在同一平面内，或近似地分布在同一平面内，但它们的作用线任意分布且不相交于一点。例如，如图 3 – 73 所示的悬臂吊车的横梁 AB，受载荷 $\boldsymbol{Q}$、重力 $\boldsymbol{G}$、支座反力 $\boldsymbol{F}_{Ax}$ 和 $\boldsymbol{F}_{Ay}$ 及拉力 $\boldsymbol{T}$ 的作用，显然这些力构成一个平面力系。有些构件虽不是受平面力系的作用，但当构件有一个对称平面，而且作用于构件的力系也对称于该平面时，则可以把它简化为对称平面内的平面力系。如高炉加料小车上的受力，即可简化为料车对称平面内的平面力系，如图 3 – 74 所示。

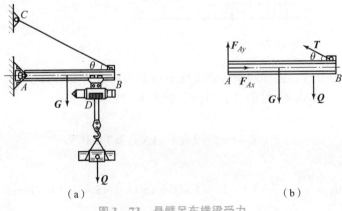

（a） （b）

图 3 – 73　悬臂吊车横梁受力

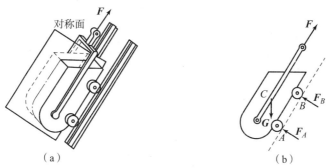

图 3 - 74　高炉加料小车受力

若作用于物体上各力的作用线在同一平面内且任意分布，则称该力系为平面任意力系（简称平面力系）。

（1）平面任意力系的简化

平面任意力系的简化，通常是利用力的平移定理，将力系向作用面内一点简化。

1）力的平移定理。

设力 F 作用于刚体的 A 点，另任选一点 B，它与力 F 作用线的距离为 d，如图 3 - 75 所示。

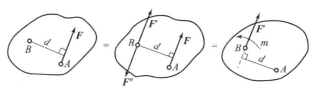

图 3 - 75　力的平移

在 B 点加上一对平衡力 F' 和 F''，且 $F = F' = F''$，则 F，F' 和 F'' 所组成的力系与力 F 等效。而力 F'' 与力 F 等值、反向，且作用线平行，故构成力偶（F，F''），于是作用在 A 点的力 F 就与作用于 B 点的力 F' 和力偶（F，F''）等效，力偶（F，F''）之矩等于力 F 对 B 点之矩，即

$$m = m_B(F)$$

可见，作用于刚体上的力 F 可平移到刚体上的任一点，但必须附加一个力偶，此力偶之矩等于原来的力 F 对平移点之矩，这就是力的平移定理。

力的平移定理是分析力对物体作用效果的一个重要方法。例如，在图 3 - 76（a）中，转轴上大轮受到力 F 的作用。为了分析力 F 对转轴的作用效应，可将力 F 向轴心 O 点平移。根据力的平移定理，力 F 平移到 O 点时，要附加一力偶，如图 3 - 76（b）所示。设齿轮节圆半径为 r，则附加力偶矩为 $m = F \cdot r$。由此可见，力 F 对转轴的作用，相当于在轴上作用一力 F' 和一力偶，这力偶使轴转动，而力 F' 使轴弯曲，并使轴颈和轴承压紧，引起轴承压力。

2）平面任意力系向一点的简化。

设刚体上作用一平面力系 F_1，F_2，…，F_n，如图 3 - 77（a）所示。将力系中各力向平面内任意一点 O（称为简化中心）平移，按力的平移定理得到一个汇交于 O 点的平面

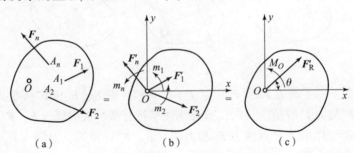

图 3-76 力的平移定理的应用

汇交力系 F_1，F_2，$\cdots$，F_n 和一个附加的平面力偶系 m_1，m_2，$\cdots$，m_n，如图 3-77（b）所示。平面汇交力系可以合成为作用于简化中心 O 点的一个合力 F'_R，其等于力 F_1，F_2，$\cdots$，F_n 的矢量和。由于 F'_1，F'_2，$\cdots$，F'_n 分别与原力系中 F_1，F_2，$\cdots$，F_n 各力的大小相等、方向相同，所以

$$F'_R = F'_1 + F'_2 + \cdots + F'_n = \Sigma F' = \Sigma F$$

矢量 F'_R 称为原力系的主矢，如图 3-77（c）所示。

平面附加力偶系可以合成为一个力偶，此力偶的矩 M_O 等于各附加力偶矩的代数和，即

$$M_O = m_1 + m_2 + \cdots + m_n = \Sigma m$$

而各附加力偶矩分别等于原力系中相应各力对简化中心 O 点的矩，即

$$m_1 = m_O(F_1)，\quad m_2 = m_O(F_2)，\quad \cdots，\quad m_n = m_O(F_n)$$

所以 $M_O = \Sigma m_O(F)$。

M_O 称为原力系的主矩，如图 3-77（c）所示。

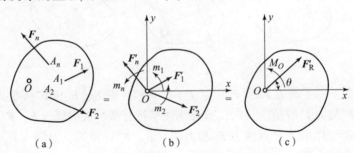

图 3-77 平面任意力系向一点的简化

于是可得结论：平面力系向平面内任一点简化，得到一个力和一个力偶。此力称为该力系的主矢，等于力系中各力的矢量和，作用于简化中心；此力偶的矩称为该力系对简化中心的主矩，等于力系中各力对简化中心之矩的代数和。

应当指出，主矢 F'_R 是原力系的矢量和，所以它与简化中心的选择无关。显然，主矩 M_O 与简化中心的选择有关。选取不同的简化中心，可得到不同的主矩（各力矩的力臂及转向变化）。所以凡提到主矩，必须指明其相应的简化中心。

为了求主矢 F'_R 的大小和方向，建立直角坐标系 xOy，如图 3-77（c）所示。根据合力投影定理得

$$F'_{Rx} = F_{x1} + F_{x2} + \cdots + F_{xn} = \Sigma F_x，$$
$$F'_{Ry} = F_{y1} + F_{y2} + \cdots + F_{yn} = \Sigma F_y$$

于是主矢 F'_R 的大小和方向可由下式确定，即

$$F'_R = \sqrt{(F'_{Rx})^2 + (F'_{Ry})^2} = \sqrt{(\sum F_x)^2 + (\sum F_y)^2}$$

$$\tan\theta = \left| \frac{\sum F_x}{\sum F_y} \right|$$

式中，θ 为 F'_R 与 x 轴所夹的锐角。F'_R 的指向由 F'_{Rx} 和 F'_{Ry} 的正、负号判定。

下面应用平面力系的上述简化结论，分析固定端约束及其约束反力的特点。所谓固定端约束，就是物体受约束的一端既不能向任何方向移动，也不能转动。以一端插入墙内的杆为例，如图 3 – 78（a）所示，在主动力 F 的作用下，杆插入墙内部分与墙接触的各点都受到约束反力的作用，组成一平面力系，如图 3 – 78（b）所示。该力系向 A 点简化，得一约束反力 R_A（通常用正交的两分力 F_{Ax}、F_{Ay} 表示）和一个力偶矩为 M_A 的约束反力偶，图 3 – 78（c）所示即为固定端约束反力的画法。约束反力限制了杆件在约束处沿任意方向的移动，约束反力偶限制了杆件的转动。

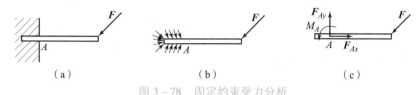

（a）　　　　　　　（b）　　　　　　　（c）

图 3 – 78　固定约束受力分析

3）平面任意力系简化结果的讨论

由上述可知，平面力系向一点简化，可得一个主矢 F'_R 和一个主矩 M_O。

①若 $F'_R \neq 0$，$M_O = 0$，则 F'_R 就是原力系的合力 F'，通过简化中心。

②若 $F'_R \neq 0$，$M_O \neq 0$，如图 3 – 79（a）所示，则力系仍可以简化为一个合力，只要将简化所得的力偶（力偶矩等于主矩）等效变换，使其力的大小等于主矢 F'_R 的大小，力偶臂 $d = M_O/F'_R$，然后转移此力偶，使其中一个力 F''_R 作用于简化中心，并与主矢 F'_R 取相反方向，如图 3 – 79（b）所示，则 F'_R 和 F''_R 抵消，只剩下作用在 O_1 点的力 F_R，此即为原力系的合力，如图 3 – 79（c）所示。合力 F_R 的大小和方向与主矢 F'_R 相同，而合力的作用线与简化中心的距离为

$$d = M_O/F'_R = M_O/F_R$$

合力作用线在 O 点的哪一边，可以由主矩 M_O 的正负号来决定。

③若 $F'_R = 0$，$M_O \neq 0$，则原力系简化为一个力偶，其力偶矩等于原力系对简化中心的主矩。由于力偶对其平面内任一点的矩恒等于力偶矩，所以在这种情况下，力系的主矩与简化中心的选择无关。

④若 $F'_R = 0$，$M_O = 0$，则原力系简化为一平衡力系。

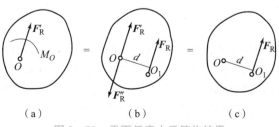

（a）　　　　　　　（b）　　　　　　　（c）

图 3 – 79　平面任意力系简化结果

2. 平面任意力系的平衡及应用

平面力系向一点简化后，若主矢 F'_R 和主矩 M_O 不全为零，则原力系可简化为一个力或一个力偶，原力系便不可能保持平衡。可见，平面力系平衡的充要条件是：力系的主矢和力系对平面内任一点的主矩 M_O 都等于零。由前所述，得平面力系平衡的解析条件为

$$\Sigma F_x = 0, \quad \Sigma F_y = 0, \quad \Sigma M_O = 0$$

即力系中各力在两个任选的直角坐标轴上投影的代数和分别等于零，且各力对平面内任一点之矩的代数和也等于零。上式称为平面力系的平衡方程，包括两个力的投影方程和一个力矩方程。在求解实际问题时，为了使方程尽可能出现较少的未知量而便于计算，通常选取未知力的交点为矩心，投影轴则尽可能与该力系中多个力的作用线垂直或平行。

有时采用力矩式进行计算比采用力的投影式更简便，可选择 2 个或 3 个矩心，列出力矩方程，以代替一个或两个力的投影方程，从而得出平面力系平衡方程的二力矩形式（二矩式）和三力矩形式（三矩式）：

（1）二矩式

$$\Sigma F_x = 0(\text{或} \Sigma F_y = 0), \quad \Sigma M_A = 0, \quad \Sigma M_B = 0$$

式中，A，B 为平面上任意两点，但 AB 连线不能垂直于 x（或 y）轴。

（2）三矩式

$$\Sigma M_A = 0, \quad \Sigma M_B = 0, \quad \Sigma M_C = 0$$

式中，A，B，C 为平面上任意 3 个点，但不共线。

无论选用哪组形式的平衡方程，对于同一个平面力系来说，最多只能列出 3 个独立的方程，因而只能求出 3 个未知量。

【**例 3 – 23**】 如图 3 – 80（a）所示，水平托架承受两个管子，管重 $G_1 = G_2 = 300$ N，A、B、C 处均为铰链连接，不计杆的重量，试求 A 处的约束反力及支杆 BC 所受的力。

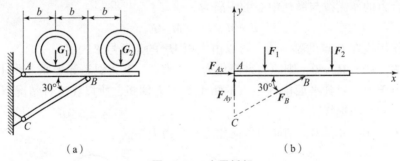

（a） （b）

图 3 – 80 水平托架

解：1）取水平杆 AB 为研究对象。作用于水平杆上的力有管子的压力 F_1、F_2，其大小分别等于管子重量 G_1、G_2，竖直向下；因杆重不计，故 BC 杆是二力杆，水平杆 B 处的约束反力 F_B 沿 BC 杆轴线，指向暂假设；铰链支座 A 处的约束反力方向未知，故用两正交分力 F_{Ax}、F_{Ay} 表示，水平杆的受力如图 3 – 80（b）所示。这是一个平衡平面任意力系。

2）建立直角坐标系 xAy，列平衡方程有

$$\Sigma F_x = 0, \quad F_{Ax} + F_B\cos30° = 0 \qquad ①$$
$$\Sigma F_y = 0, \quad F_{Ay} - F_1 - F_2 + F_B\sin30° = 0 \qquad ②$$
$$\Sigma M_A = 0, \quad -F_1 b - F_2 \cdot 3b + F_B \cdot 2b\sin30° = 0 \qquad ③$$

由式③解得

$$F_B = 1\,200 \text{ N}$$

将 F_B 的值代入式①，得

$$F_{Ax} = -F_B\cos30° = -1\,200 \times 0.866 = -1\,039 \text{（N）}$$

将 F_B 的值代入式②，得

$$F_{Ay} = F_1 + F_2 - F_B\sin30° = 300 + 300 - 1\,200 \times 0.5 = 0$$

上述计算结果中，F_B 为正值，表示假设的指向就是实际指向；F_{Ax} 为负值，说明假设的指向与实际指向相反，即 F_{Ax} 的实际指向为水平向左。

本例亦可用二矩式和三矩式求解，请读者自解。

【例 3 – 24】　如图 3 – 81（a）所示，悬臂梁 AB 作用有集度为 $q = 4$ kN/m 的均布载荷及集中载荷 $F = 5$ kN。已知 $\alpha = 25°$，$l = 3$ m，求固定端 A 的约束反力。

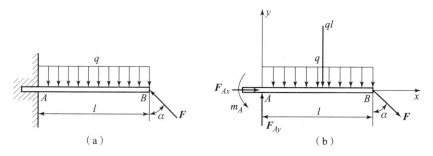

图 3 – 81　悬臂梁

解：1）取梁 AB 为研究对象。梁上作用有均布载荷 q，相当于合力 ql 作用于 l 中点。

作用于梁上的力有集中载荷 F 及固定端约束反力 F_{Ax}、F_{Ay}、M_A。其受力分析如图 3 – 81（b）所示。这是一个平衡的平面任意力系。

2）建立直角坐标系 xAy，列平衡方程为

$$\Sigma F_x = 0, \quad F_{Ax} + F\sin\alpha = 0 \qquad ①$$
$$\Sigma F_y = 0, \quad F_{Ay} - F\cos\alpha - ql = 0 \qquad ②$$
$$\Sigma M_A = 0, \quad M_A - Fl\cos\alpha - ql(l/2) = 0 \qquad ③$$

由式①得 $F_{Ax} = -2.113$（kN）。

由式②得 $F_{Ay} = 16.53$（kN）。

由式③得 $M_A = 31.59$（kN·m）。

上述计算结果中，F_{Ax} 为负值，表示 F_{Ax} 假设的指向与实际指向相反。

【例 3 – 25】　梁 AB 的支撑及载荷情况如图 3 – 82（a）所示，求支座 A、B 处的约束力。

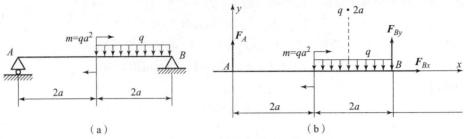

（a）   （b）

图 3 - 82　梁的支撑及载荷

解：1）取梁 AB 为研究对象。梁上 $2a$ 段作用有均布载荷 q，相当于合力 $q \cdot 2a$ 作用于 $2a$ 中点；集中力偶为 qa^2；约束反力为 F_A、F_{Bx}、F_{By}。其受力分析如图 3 - 82（b）所示。这是一平衡的平面任意力系。

2）建立直角坐标系 xAy，列平衡方程为

$$\Sigma F_x = 0, \quad F_{Bx} = 0 \tag{①}$$

$$\Sigma F_y = 0, \quad F_A + F_B - q \cdot 2a = 0 \tag{②}$$

$$\Sigma M_A = 0, \quad F_{By} \cdot 4a - q \cdot 2a \cdot 3a - qa^2 = 0 \tag{③}$$

解式①～式③，得 $F_A = 1/4qa$，$F_{Bx} = 0$，$F_{By} = 7/4qa$。

3. 考虑摩擦时的平衡问题

前面各节都把物体间的接触面看成是绝对光滑的，但实际上绝对光滑的接触面是不存在的，或多或少总存在一些摩擦，只是当物体间接触面比较光滑或润滑良好时，才忽略其摩擦作用而看成是光滑接触的。但有些情况下，摩擦却是不容忽视的，如夹具利用摩擦把工件夹紧、螺栓连接靠摩擦锁紧等。工程上利用摩擦来传动和制动的实例更多。

（1）滑动摩擦力和滑动摩擦定律

当相互接触的两个物体有相对滑动或相对滑动趋势时，接触面间有阻碍相对滑动的机械作用（阻碍运动的切向阻力），这种机械作用（阻力）称为滑动摩擦力。

1）静滑动摩擦力和静滑动摩擦规律。

为了研究滑动摩擦规律，用一个试验来说明，如图 3 - 83（a）所示。设重为 G 的物体放在一固定的水平面上，并给物体作用一水平方向的拉力 P。当拉力较小时，物体不动但有向右滑动的趋势，为使物体平衡，接触面上除了有一个法向反力 N 外，还存在一个阻止物滑动的

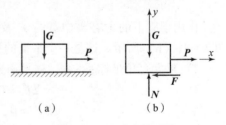

（a）   （b）

图 3 - 83　滑动摩擦试验

力 F，如图 3 - 83（b）所示。力 F 称为静滑动摩擦力（简称静摩擦力），它的方向与两物体间相对滑动趋势的方向相反，大小可根据平衡方程求得为

$$F = P$$

静摩擦力 F 随着主动力 P 的增大而增大，这是静摩擦力和一般约束反力共同的性质。但静摩擦力又和一般的约束反力不同，它并不随主动力 P 的增大而无限增大。当

主动力 P 增大到某一限值时，物体处于将要滑动而尚未滑动的临界状态，此时静摩擦力达到最大值，称为最大静摩擦力，以 F_{max} 表示。实验证明，最大静摩擦力的大小与法向反力成正比，即

$$F_{max} = fN$$

这就是静滑动摩擦定律。式中，比例常数 f 称为静滑动摩擦系数，简称静摩擦系数。f 的大小与接触物体的材料及表面状况（粗糙度、温度、湿度等）有关，而与接触面积的大小无关。

2）动滑动摩擦力与动滑动摩擦定律。

在图 3－83 中，当主动力 P 增大到略大于 F_{max} 时，最大静摩擦力不能阻止物体滑动。物体相对滑动时的摩擦力，称为动滑动摩擦力，它的方向与相对速度方向相反。试验证明，动滑动摩擦力 F' 的大小也与法向反力成正比，即

$$F' = f'N$$

这就是动滑动摩擦定律。式中，f' 称为动滑动摩擦系数（简称动摩擦系数），它除了与接触面的材料、表面粗糙度、温度、湿度有关外，还与物体相对滑动速度有关。一般可近似认为动摩擦系数与静摩擦系数相等。

（2）摩擦角和自锁现象

考虑摩擦时，支撑面对物体的约束反力包括法向反力 N 和切向反力（摩擦力）F。法向反力 N 与摩擦力 F 的合力 R 称为支撑面对物体的全反力，如图 3－84（a）所示。全反力 R 与法向反力 N 之间的夹角 ϕ 随着摩擦力的增大而

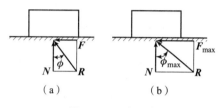

图 3－84　全反力

增大。当物体处于将滑而未滑的临界状态时，摩擦力 F 达到最大值 F_{max}，这时 ϕ 角也达到最大值 ϕ_{max}，如图 3－84（b）所示，ϕ_{max} 称为摩擦角。由图 3－84（b）可得

$$\tan\phi_{max} = \frac{F_{max}}{N} = \frac{fN}{N} = f$$

这表明摩擦角的正切等于静摩擦系数。

综上所述，物体静止平衡时，由于静摩擦力 F 的大小总是小于或等于最大静摩擦力 F_{max}，因此支撑面的全反力 R 与接触面法线的夹角 ϕ 也总是小于或等于摩擦角 ϕ_{max}，即 $0 \le \phi \le \phi_{max}$，表明物体平衡时全反力作用线的位置不可能超出摩擦角的范围。

如果作用于物体的主动力的合力 Q 的作用线位于摩擦角范围内，如图 3－85（a）所示，则不论这个力有多大，总有一个全反力 R 与之平衡。如果主动力的合力 Q 的作用线位于摩擦角之外，如图 3－85（b）所示，则无论这个力有多小，物体也不能保持平衡。这种与力的大小无关而与摩擦角有关的平衡条件称为自锁条件。物体在自锁条件下的平衡现象称为自锁现象。

例如，重量为 G 的物体放在斜面上，如图 3－86（a）所示，物体与斜面间的摩擦系数为 f。以物体为研究对象，如图 3－86（b）所示，物体在重力 G 和斜面全反力 R 的作用下静止于斜面上，即 G 与 R 等值、反向、共线，由于全反力 R 的作用线不能超出摩擦角 ϕ_{max} 的范围，所以有 $\lambda \le \phi_{max} = \arctan f$。

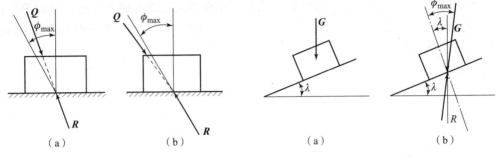

图 3-85　自锁条件　　　　　　　图 3-86　斜面摩擦

这就是物体在斜面上的自锁条件，即斜面的倾斜角小于或等于摩擦角。

工程上，在螺纹连接、蜗轮蜗杆传动中都有利用自锁的例子。螺纹展开就是一个斜面，如图 3-87 所示，若螺旋升角 λ 小于摩擦角 ϕ_{max}，则在轴向载荷的作用下，螺杆与螺母之间就不会滑动，即螺母拧紧后不会自动松弛。蜗杆传动中，只要蜗杆的螺旋角小于摩擦角，就具有自锁作用，即只能由蜗杆带动蜗轮转，而蜗轮不能带动蜗杆转，从而起到制动的作用。但是，对于某些传动，要避免自锁现象，以免使机构"卡死"。

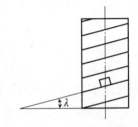

图 3-87　螺纹展开成斜面

（3）考虑摩擦时的平衡问题

求解有摩擦物体的平衡问题，在分析物体受力情况时，必须考虑摩擦力。静摩擦力的方向与相对滑动趋势的方向相反，它的大小在零与最大值之间，是个未知数。要确定这些新增加的未知量，除列出平衡方程外，还需要列出补充方程，即

$$F \leqslant fN$$

在实际工程中，有不少问题只需要分析平衡的临界状态，这时静摩擦力等于最大值，补充方程中只取等号。有时为了方便，先就临界状态进行计算，求得结果后再进行分析讨论。

【例 3-26】　物体重为 P，放在倾角为 α 的斜面上，它与斜面间的摩擦系数为 f，如图 3-88（a）所示。当物体处于平衡时，试求水平力 Q 的大小。

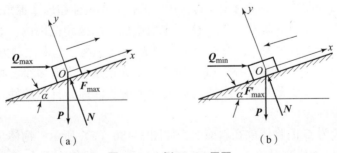

图 3-88　例 3-26 用图

解：由经验易知，力 Q 太大，物块将上滑；力 Q 太小，物块将下滑。因此，力 Q 的数值必在一范围内。

1）先求力 Q 的最大值。当力 Q 达到此值时，物体处于将要向上滑动的临界状态。在此情形下，摩擦力 F 沿斜面向下，并达到最大值。物体共受 4 个力作用：已知力 P，未知力 Q，N，F_{max}，如图 3-88（a）所示。

列平衡方程，得

$$\Sigma F_x = 0, \quad Q_{max}\cos\alpha - P\sin\alpha + F_{max} = 0 \quad\quad ①$$

$$\Sigma F_y = 0, \quad N - Q_{max}\sin\alpha - P\cos\alpha = 0 \quad\quad ②$$

此外，还有一个关系式，即

$$F_{max} = fN \quad\quad ③$$

要注意，这里摩擦力的最大值 F_{max} 并不等于 $fP\cos\alpha$，因 $N \neq P\cos\alpha$，故力 N 的值须由平衡方程解出。

三式联立，可解得

$$Q_{max} = P\frac{\tan\alpha + f^n}{1 - f\tan\alpha}$$

2）再求 Q 的最小值。当力 Q 达到此值时，物体处于将要向下滑动的临界状态。在此情形下，摩擦力 F 沿斜面向上，并达到另一最大值（因此时力 N 的值与第一种情形不同），用 F'_{max} 表示此力，物体的受力情况如图 3-87（b）所示。列平衡方程，得

$$\Sigma F_x = 0, \quad Q_{max}\cos\alpha - P\sin\alpha + F'_{max} = 0 \quad\quad ④$$

$$\Sigma F_y = 0, \quad N - Q_{max}\sin\alpha - P\cos\alpha = 0 \quad\quad ⑤$$

此外，根据静摩擦定律还可列出

$$F'_{max} = fN \quad\quad ⑥$$

综合上述两个结果可知，只有当力 Q 满足以下条件时，物体才能处于平衡，即

$$P\frac{\tan\alpha - f}{1 + f\tan\alpha} \leqslant Q \leqslant P\frac{\tan\alpha + f}{1 - \beta\tan\alpha}$$

如引入摩擦角的概念，即 $f = \tan\phi$，上式可改写为

$$P\tan(\alpha - \phi) \leqslant Q \leqslant P\tan(\alpha + \phi)$$

在此题中，如果斜面的倾角小于摩擦角，即 $\alpha < \phi$，上式左端成为负值，即 Q_{min} 为负值，这说明不需要力 Q 的支持，物块就能静止在斜面上，而且无论力 P 为多大，均不会破坏平衡状态。

🔯 知识归纳整理

一、知识点梳理

为了大家对所学知识能有更好的理解和掌握，利用树图形式归纳如下，仅供参考。

二、自我反思

1. 学习中的收获或体会

_____

_____

_____

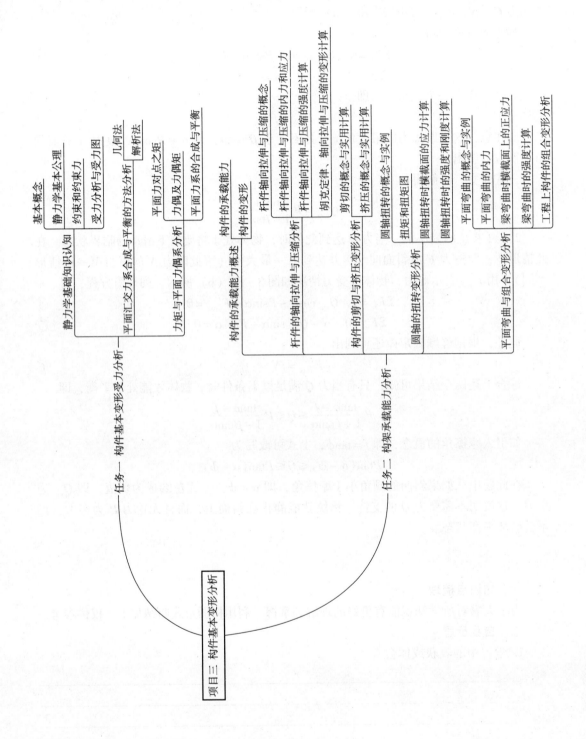

2. 工程上常用的构件变形认知

项目四　工程常用机构识别

【项目描述】

通过学习本项目中绘制平面机构的运动简图、计算机构自由度的方式来掌握平面机构的相关基础知识及平面机构具有确定运动的条件，并通过重点学习工程上的平面连杆机构、凸轮机构以及螺旋机构的运动规律和基本性质等，为在工程上进行简单的机构设计做好准备。

4-0-01
自动装卸机构

【学习目标】

(1) 了解平面机构运动副的表示方法；

(2) 掌握平面机构绘制步骤，能够绘制常用机构的运动简图；

(3) 了解平面机构自由度的计算方法，能够确定机构运动条件；

(4) 了解平面连杆、凸轮机构的基本常识；

(5) 掌握铰链四杆机构、平面四杆机构的基本机构形式及应用；

(6) 掌握凸轮机构的应用条件、从动件的运动规律以及了解工程上的凸轮机构及其所用材料；

(7) 通过完成本项目的学习，使学生能够初步识别出工程上常用的机构类别，并逐步提升简单机构的设计能力。

相关知识

任务一　平面机构的知识储备

【任务目标】

(1) 熟悉平面运动副表示方法；

(2) 熟悉构件的表示方法；

(3) 掌握机构运动简图的绘制步骤；

(4) 能够绘制机构的运动简图；

(5) 能够计算出各运动机构的自由度；

(6) 会判断机构是否具备确定的运动。

我们在日常生活和工作中接触到的缝纫机、洗衣机、自行车、汽车，工业生产中的机床、纺织机、起重机、机器人等，都称为机器。机器是执行机械运动的装置，用来变换或传递能量。机器的种类繁多，其结构、功用各异，但从机器的组成来分析，它们有着共同之处：都是人为的实体组合；各实体间具有确定的相对运动；能实现能量的转换或完成有用的机械功。同时具备这三个特征的称为机器，仅具备前两个特征的称为机构。

所谓机构就是多个实物通过可动连接实现的组合，能实现预期的机械运动。这种连接不同于焊接、铆接之类的刚性连接，它既要对彼此连接的两构件的运动加以限制，又允许其间产生相对运动。如图 4-1 所示的内燃机由活塞、连杆、曲轴、齿轮、凸轮、顶杆及气缸体等组成，它们构成了连杆机构、齿轮机构和凸轮机构，如图 4-2 所示。内燃机的功能是将燃料的热能转化为曲轴转动的机械能，其中连杆机构将燃料燃烧时体积迅速膨胀而使活塞产生的直线移动转化为曲轴的转动；凸轮机构用来控制适时启闭进气阀和排气阀；齿轮机构保证进、排气阀与活塞之间形成协调动作。由此可见，机器是由机构组成的，从运动的观点来看两者并无差别，所以工程上把机器和机构统称为机械。

组成机械的各个相对运动的实体称为构件，机械中不可拆的制造单元称为零件。构件可以是

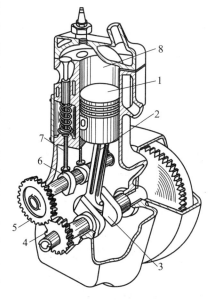

图 4-1　内燃机

1—活塞；2—连杆；3—曲轴；4，5—齿轮；
6—凸轮；7—顶杆；8—气缸体

单一零件，如内燃机的曲轴，也可以是由多个零件组成的一个刚性整体，如内燃机的连杆。由此可见，构件是机械中的运动单元，零件是机械中的制造单元。

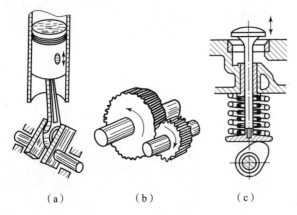

4－0－02　内燃机动画

图 4－2　组成内燃机的机构

(a) 连杆机构；(b) 齿轮机构；(c) 凸轮机构

构件的分类如下：

①机架，机构中固定不动的构件，它支撑着其他活动构件；

②原动件，机构中接受外部给定运动规律的活动构件；

③从动件，机构中随原动件运动的活动构件。

零件又可分为两类：一类是在各种机器中都可能用到的零件，称为通用零件，如螺母、螺栓、齿轮、凸轮、链轮等；另一类则是在特定类型机器中才能用到的零件，称为专用零件，如曲轴、活塞等。

一、平面机构的概述

机械一般由若干机构组成，而机构是由两个以上有确定相对运动的构件组成的。若组成机构的所有构件都在同一平面或平行平面中运动，则该机构为平面机构。工程上常见的机构大多属于平面机构。

1. 运动副

在机构中含有多个可动连接，一般它们是各种各样的接触式连接，这种两个构件直接接触而又能产生一定相对运动的连接称为运动副。运动副也分为平面运动副和空间运动副。运动副中两构件的接触形式不同，其限制的运动也不同，其接触形式有点、线、面三种形式。两构件通过面接触而组成的运动副称为低副，通过点或线的形式相接触而组成的运动副称为高副。

常见的平面低副有移动副和转动副（见图 4－3），常见的平面高副有凸轮副和齿轮副（见图 4－4）。

2. 平面运动副的表示方法

两构件组成转动副时，转动副的结构及简化画法如图 4－5 所示，画有斜线的构件代表机架。

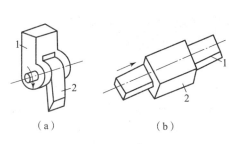

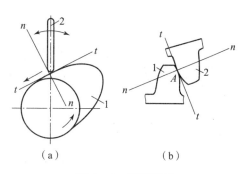

图 4-3 平面低副

（a）转动副；（b）运动副

图 4-4 平面高副

（a）凸轮副；（b）齿轮副

4-1-01 平面低副（移动副）

4-1-02 平面高副

两构件组成移动副时，其表示方法如图 4-6 所示，画有斜线的构件代表机架。

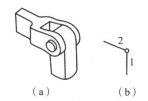

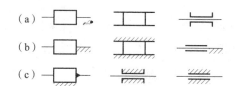

图 4-5 转动副的表示方法图

图 4-6 移动副的表示方法

3. 多个运动副构件的表示方法

图 4-7 表示包含两个运动副元素的构件的各种画法，图 4-8 表示包含 3 个运动副元素的构件的各种画法。

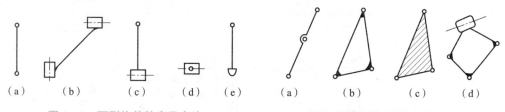

图 4-7 两副构件的表示方法

图 4-8 三副构件的表示方法

某些特殊零件有其习惯表示方法。例如，凸轮和滚子，通常画出它们的全部轮廓，如图 4-9 所示；圆柱齿轮的画法，则如图 4-10 所示，两个相切的圆表示两个齿轮的节圆。

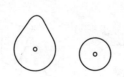

图 4-9 凸轮和滚子的表示方法

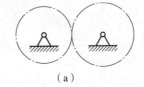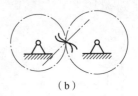

（a）   （b）

图 4-10 齿轮副的表示方法

二、平面机构的运动简图

对机构进行分析或设计新机构时，并不需要了解机构的真实外形和具体结构，只需简明地表达机构的传动原理，用简单的符号及线条画出图形进行方案讨论，以及进行运动和受力分析。这种撇开机构中与运动无关的因素（如构件的形状、组成构件的零件数目和运动副的具体结构等），仅用简单的线条和规定的符号来表示构件及运动副，并按比例确定各运动副的相对位置，说明机构中各构件间相对运动关系的图形，称为机构运动简图。

1. 机构运动简图的绘制步骤

1）分析机构的组成，确定机架、原动件和从动件。

2）由原动件开始，依次分析构件间的相对运动形式，确定运动副的类型和数目。

3）选择适当的视图平面和原动件的位置。

4）选择适当的比例尺 $\mu = \dfrac{构件实际尺寸}{构件图样尺寸}$（单位：m/mm 或 mm/mm），按照各运动副间的距离和相对位置，以规定的线条和符号绘图。机构运动简图常用符号见表 4-1。

2. 机构运动绘制实例

【例 4-1】 绘制图 4-1 所示内燃机的机构运动简图。

解：1）分析、确定构件类型。内燃机包括曲轴、凸轮、齿轮等 3 个机构，其运动平面平行，故可视为一个平面机构，活塞 2 为原动件，气缸体 8 为机架，连杆 2、曲轴 3（包含小齿轮 4）、大齿轮 5（包含凸轮 6）、顶杆 7 为从动件。

表 4-1 机构运动简图常用符号

	名称	简图符号		名称	简图符号
构件	杆、轴	————	机架	基本符号	/////
	三副构件			机架是转动副的一部分	
	构件的固定连接			机架是移动副的一部分	

续表

名称		简图符号	名称	简图符号
平面低副	转动副		平面高副	齿轮副外啮合	
	移动副			齿轮副内啮合	
				凸轮副	

2）确定运动副类型。活塞与气缸体构成移动副，活塞与连杆构成转动副，连杆与曲轴构成转动副，曲轴与机架构成转动副，大齿轮和小齿轮构成齿轮高副，凸轮与气缸体构成转动副，凸轮与顶杆构成平面高副，顶杆与气缸体构成移动副。

3）选定视图方向。连杆运动平面为视图方向。

4）选择比例尺，绘制机构运动简图，如图 4 - 11 所示。

【例 4 - 2】 绘制如图 4 - 12（a）所示柱塞油泵机构的运动简图。

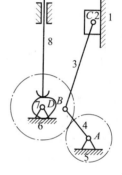

图 4 - 11 内燃机的机构运动简图

1—气缸体；2—活塞；3—连杆；
4—曲轴；5、6—齿轮；
7—凸轮；8—顶杆

解：1）分析、确定构件类型。柱塞油泵由曲柄 1、柱塞 2、泵芯 3 和机架 4 组成。曲柄 1 是原动件，构件 4 是机架，柱塞 2 和泵芯 3 是从动件。

2）确定运动副类型。曲柄 1 转动时，泵芯 3 摆动，柱塞 2 相对泵芯 3 上、下移动。构件 2 与 3 是相互移动的关系，用移动副表示；构件 3 与 4 是相互转动的关系，用转动副表示。

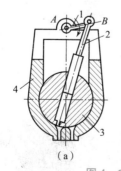

（a）

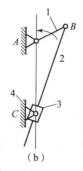

（b）

图 4 - 12 柱塞油泵机构

（a）柱塞油泵；（b）柱塞油泵运动简图
1—曲柄；2—柱塞；3—泵芯；4—机架

3）选定视图方向。选择构件的运动平面为视图平面。

4）选择比例尺，绘制机构运动简图，如图 4-12（b）所示。

三、平面机构的自由度计算

1. 自由度和约束

1）自由度

做平面运动的构件相对给定参考系所具有的独立运动的数目，称为构件的自由度。一个做平面运动的自由构件具有 3 个独立的运动，即如图 4-13 所示的 xOy 坐标系中，沿 x 轴和 y 轴的移动，以及绕任一垂直于 xOy 平面的轴线的转动，因此做平面运动的构件有 3 个自由度，或者说需用 3 个参数才能确定构件的位置。两个互相独立的构件具有 6 个自由度（在平面坐标系中用 6 个参数才能表示清楚它们的位置）。

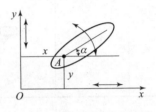

图 4-13　自由构件的自由度

2）约束

当构件与构件用运动副连接后，它们之间的某些相对运动将不能实现，这种对相对运动的限制，称为约束。自由度随着约束的引入而减少。

不同类型的运动副引入的约束不同，如图 4-14（a）中的转动副，被约束的是运动构件沿 x、y 轴的移动，只保留了平面的转动自由度；如图 4-14（b）所示的移动副则只保留了沿一个坐标轴的移动，沿另一坐标轴的移动和平面内的转动均被限制；如图 14-14（c）所示的高副连接，约束了沿接触点法线 $n-n$ 方向的移动，保留了绕接触点的转动和沿切线 $t-t$ 方向的移动两个自由度。

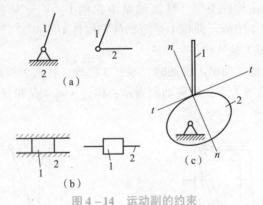

图 4-14　运动副的约束

（a）转动副；（b）移动副；（c）平面高副

1，2—构件

总结上述分析可知：在平面机构中，每引入一个低副，即引入两个约束，构件失去两个自由度；每引入一个高副，即引入一个约束，构件失去一个自由度。也就是说，平面低副具有两个约束，保留一个自由度；平面高副引入一个约束，保留两个自由度。

2. 机构自由度的计算

设一个平面机构由 N 个构件组成，其中必取一个构件作机架，则活动构件数为 $n = N-1$。若一个平面机构中有 n 个活动构件，在未用运动副相连之前，应有 $3n$ 个自由度。若用 P_L 个低副和 P_H 个高副连接成机构，则会引入 $(2P_L + P_H)$ 个约束，即减少 $(2P_L + P_H)$ 个自由度。如用 F 表示机构的自由度数，则计算公式为

$$F = 3n - 2P_L - P_H$$

机构的原动件数等于机构自由度，是机构具有确定运动的条件。多数时候机构只有 1 个原动件，这时机构的自由度为 1，即任何时候机构只有一种状态（一个确定的位置）。

3. 平面机构具有确定运动的条件

平面机构只有机构自由度大于零，才有可能运动。同时，机构自由度又必须和原动件数 W 相等，机构才具有确定的运动。因此，平面机构具有确定运动的条件为：平面机构的自由度大于零，且等于原动件数，即 $F > 0$，且 $F = W$。

当 $W <$ 自由度数 F 时，机构无确定运动；当 $W > F$ 时，机构在薄弱处损坏；当 $W = F = 0$ 时，机构不动。

在图 4 – 15 所示的机构中，$n = 4$，$P_L = 5$，$P_H = 0$，则

$$F = 3n - 2P_L - P_H = 3 \times 4 - 2 \times 5 - 0 = 2$$

为了使该机构有确定的运动，则需要两个原动件。

根据机构具有确定运动的条件可以分析和认识已有的机构，如图 4 – 15 所示，具有两个自由度的平面机构也可以计算和检验新构思的机构能否达到预期的运动要求。

4. 计算平面机构自由度时应注意的事项

（1）复合铰链

两个以上的构件在同一处以同轴线的转动副相连，称为复合铰链。图 4 – 16 所示为 3 个构件在 A 处形成复合铰链。从侧视图可见，这 3 个构件实际上组成了轴线重合的两个转动副，而不是一个转动副。在计算自由度时，应注意找出复合铰链。复合铰链处的转动副数，等于汇集在该处的构件数减 1。采用复合铰链可以使机构结构紧凑。

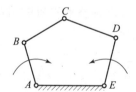

图 4 – 15 具有两个自由度的平面机构

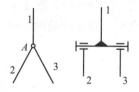

图 4 – 16 复合铰链
1，2，3—构件

（2）局部自由度

与机构运动无关的构件独立运动，称为局部自由度。在计算自由度时，局部自由度应略去不计。在图 4 – 17 所示的凸轮机构中，凸轮 1 为主动件，滚子绕其轴线的自由转动不影响从动件 2 的运动，这种不影响机构输出运动的自由度，即为局部自由度。在计算该机构的自由度时，可将滚子与从动件看成一个构件，如图 4 – 17（b）所示，

以消除局部自由度。局部自由度虽不会影响机构的运动关系，但可以减少高副接触处的摩擦和磨损。

（3）虚约束

在机构中，如果某个约束与其他约束重复，而不起独立限制运动的作用，则该约束称为虚约束。在计算机构自由度时，虚约束应除去不计。虚约束常出现在下列场合，如两构件间形成多个具有相同作用的运动副的情况：

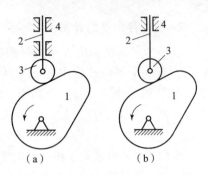

图 4-17　局部自由度
1—凸轮；2—连杆；3—滚轮；4—机架

（1）两构件在同一轴线上形成多个转动副，如图 4-18（a）所示，轮轴 1 与机架 2 在 A、B 两处组成两个转动副，从运动关系看，只有一个转动副起约束作用，计算机构自由度时应按一个转动副计算。

（2）两构件形成多个导路平行或重合的移动副，如图 4-18（b）所示，构件 1 与机架 2 组成了 A、B、C 3 个导路平行的移动副，计算自由度时应只算作一个移动副。

（3）两构件组成多处接触点、公法线重合的高副，如图 4-18（c）所示，同样应只考虑一处高副，其余为虚约束。

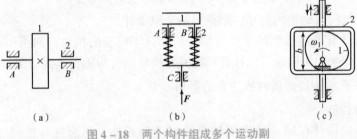

图 4-18　两个构件组成多个运动副
1, 2—构件

【例 4-3】　绘制破碎机［见图 4-19（a）］的运动简图并计算自由度。

解：1）运动简图。

飞轮绕机架上的孔 A 转动，飞轮上的偏心轴与连杆连接在孔 B，因此飞轮起曲柄作用。连杆另一端与摇杆连接于 C，移动 D 位置可以调整破碎机的出口大小，这是一个曲柄摇杆机构。画运动简图，如图 4-19（b）所示。

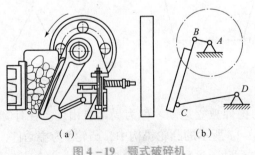

图 4-19　颚式破碎机
（a）结构图；（b）运动简图

2）自由度计算。机构中有 3 个运动件、4 个转动副，自由度为 $F = 3 \times 3 - 4 \times 2 = 1$。

<h2 style="text-align:center">任务二 常用机构的识别</h2>

【任务目标】

(1) 能够判断四杆机构的类型；

(2) 熟悉常见四杆机构在工程上的典型应用；

(3) 能够设计简单的平面四杆机构；

(4) 掌握凸轮机构的工作原理、类型及工程应用；

(5) 能够设计简单的从动件凸轮工作轮廓；

(6) 熟悉螺旋机构的典型应用。

一、平面连杆机构

平面连杆机构是由若干个刚性构件用低副相互连接而成的。低副是面接触，便于制造，容易获得较高的制造精度，并且压强低、磨损小、承载能力大。活动构件均在同一平面或在相互平行的平面内运动，但是，低副中存在难以消除的间隙，从而产生运动误差，不易准确地实现复杂的运动，且不宜用于高速的场合。平面连杆机构广泛应用于各种机械和仪器中，用以传递动力、改变运动形式。

工程中，常用的平面连杆机构是平面四杆机构。平面四杆机构可分为两大类：铰链四杆机构及含有移动副的平面四杆机构。铰链四杆机构是平面四杆机构的基本形式。

1. 铰链四杆机构的基本结构及其应用

运动副都是转动副的平面四杆机构称为铰链四杆机构，如图 4-20 所示。在铰链四杆机构中，固定不动的构件 4 是机架，与机架 4 相连的构件 1 和 3 称为连架杆，不与机架相连的构件 2 称为连杆。在连架杆中，能绕机架上的转动副做整周转动的构件（如 1）称为曲柄，只能在某一角度内绕机架上的转动副摆动的构件（如 3）称为摇杆。根据两连架杆是否成为曲柄或摇杆，铰链四杆机构分为曲柄摇杆机构、双曲柄机构和双摇杆机构三种形式。

4-2-01 四杆机构

（1）曲柄摇杆机构

在铰链四杆机构的两个连架杆中，若一个连架杆为曲柄，另一个连架杆为摇杆，则该机构称为曲柄摇杆机构（见图 4-21）。

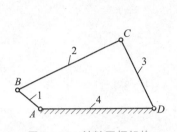

图 4－20　铰链四杆机构

1，3—连架杆；2—连杆；4—机架

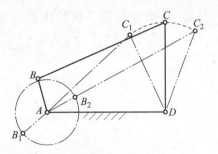

图 4－21　曲柄摇杆机构

曲柄摇杆机构可实现曲柄整周旋转运动与摇杆往复摆动的互相转换。图 4－22 所示为汽车前窗的刮水器。当主动曲柄 AB 转动时，从动摇杆 CD 做往复摆动，利用摇杆的延长部分实现刮水动作。在曲柄摇杆机构中，也可以以摇杆为主动件，曲柄为从动件，将主动摇杆的往复摆动转化为从动曲柄的整周转动。

（2）双曲柄机构

两个连架杆都是曲柄的铰链四杆机构称为双曲柄机构。通常主动曲柄等速转动时，从动曲柄做变速转动。如图 4－23 所示的惯性筛机构，其中机构 ABCD 是双曲柄机构。当主动曲柄 1 做等速转动时，利用从动曲柄 3 的变速转动，通过构件 5 使筛子 6 做变速往复的直线运动，以达到筛分物料的目的。

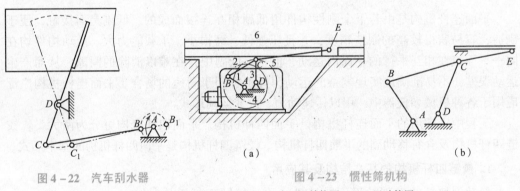

图 4－22　汽车刮水器

（a）

图 4－23　惯性筛机构

（a）结构图；（b）运动简图

（b）

在双曲柄机构中，如果对边两构件长度分别相等，则称为平行双曲柄机构或平行四边形机构。当两曲柄转向相同时，它们的角速度始终相等，连杆也始终与机架平行，则称为正平行双曲柄机构，如图 4－24 所示的摄影车坐斗的升降机构，即利用了平行四边形机构，使坐斗与连杆固接做平动。当两曲柄转向相反时，它们的角速度不等，称为反平行双曲柄机构。图 4－25 所示为车门启闭机构，它利用反平行双曲柄机构使两扇车门朝相反方向转动，从而保证两扇门能同时开启或关闭。

（3）双摇杆机构

两连架杆均为摇杆的铰链四杆机构称为双摇杆机构，常用于操纵机构、仪表机构等。如图 4－26（a）所示，港口起重机构可实现货物的水平移动，以减少功率消耗。

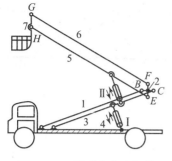

图 4-24　摄影车升降机构

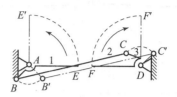

图 4-25　车门启闭机构

在双摇杆机构中，若两摇杆长度相等，则称为等腰梯形机构。等腰梯形机构的运动特性是两摇杆摆角不相等，如图 4-26（b）所示的汽车前轮转向机构，$ABCD$ 呈等腰梯形，构成等腰梯形机构。当汽车转弯时，为了保证轮胎与地面之间做纯滚动，以减轻轮胎磨损，AB、DC 两摇杆摆角不同，使两前轮转动轴线汇交于后轮轴线上的 O 点，这时 4 个车轮绕 O 点做纯滚动。

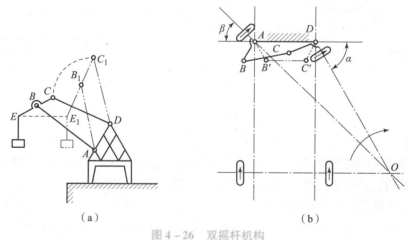

（a）　　　　　　　　　　　　　（b）

图 4-26　双摇杆机构

（a）港口起重机机构；（b）车辆前轮转向机构

（4）铰链四杆机构类型的判别

由以上分析可见，铰链四杆机构三种基本形式的主要区别就在于连架杆是否为曲柄。而机构是否有曲柄存在，则取决于机构中各构件的相对长度以及最短构件所处的位置。

对于铰链四杆机构，可按下述方法判别其类型：

在铰链四杆机构中，如果最短杆与最长杆长度之和小于或等于其余两杆长度之和，则：

1）取与最短杆相邻的杆作机架时，该机构为曲柄摇杆机构［见图 4-27（a）］。

2）取最短杆为机架时，该机构为双曲柄机构［见图 4-27（b）］。

3）取与最短杆相对的杆为机架时，该机构为双摇杆机构［见图 4-27（c）］。

在铰链四杆机构中，如果最短杆与最长杆长度之和大于其余两杆长度之和，则该机构必为双摇杆机构［见图 4-27（d）］。

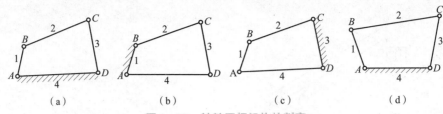

图 4 - 27　铰链四杆机构的判定

（a）曲柄摇杆机构；（b）双曲柄机构；（c），（d）双摇杆机构

2. 含有移动副的四杆机构

凡含有移动副的四杆机构，均称为滑块四杆机构，简称滑块机构。

（1）曲柄滑块机构

如图 4 - 28 所示，图中 1 为曲柄，2 为连杆，3 为滑块，4 为机架。若滑块移动导路中心通过曲柄转动中心，则称为对心曲柄滑块机构［见图 4 - 28（a）］；若不通过曲柄转动中心，则称为偏置曲柄滑块机构［见图 4 - 28（b）］，其中 e 为偏距。

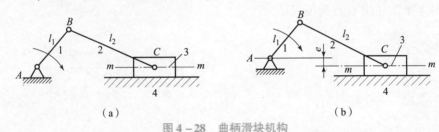

图 4 - 28　曲柄滑块机构

（a）对心曲柄滑块机构；（b）偏置曲柄滑块机构

1—曲柄；2—连杆；3—滑块；4—机架（导轨）

曲柄滑块机构的用途很广，主要用于将回转运动转变为往复移动，如发动机内的曲柄连杆机构、手动冲孔钳（见图 4 - 29）等，都应用了曲柄滑块机构。

当对心曲柄滑块机构的曲柄长度较短时，常把曲柄做成偏心轮的形式（见图 4 - 30），称为偏心轮机构。这样不但增大了轴颈的尺寸，提高了偏心轴的强度和刚度，而且当轴颈位于轴的中部时还便于安装整体式连杆，从而使连杆结构简化。

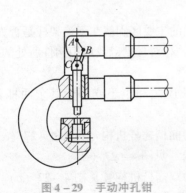

图 4 - 29　手动冲孔钳

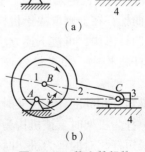

（a）

（b）

图 4 - 30　偏心轮机构

（a）机构运动简图；（b）结构示意图

1—曲柄；2—连杆；3—滑块；4—机架

偏心轮机构广泛应用于剪床、冲床、内燃机、颚式破碎机等机械设备中。

（2）曲柄导杆机构

导杆机构在对心曲柄滑块机构中，如图 4 - 31（a）所示，如果以构件 1 作为机架，构件 2 和构件 4 为连架杆，其中构件 2 和 4 可以分别绕 B、A 点做整周运动，视为曲柄；滑块 3 一方面与构件 4 一同绕 A 点转动，另一方面与构件 4 之间做往复移动。由于构件 4 充当了滑块 3 的导路，因此称为导杆。由曲柄、导杆、滑块和机架组成的机构，称为曲柄导杆机构。

由于导杆能做整周转动，因此称为转动导杆机构，此时机架长度小于曲柄长度。

若取机架长度大于曲柄长度，则导杆 4 只能做往复摆动，形成摆动导杆机构，如图 4 - 31（b）所示。如图 4 - 31（a）所示的这种机构常与其他构件组合，用于简易刨床、插床以及转动式发动机等机械中，如图 4 - 32 所示。

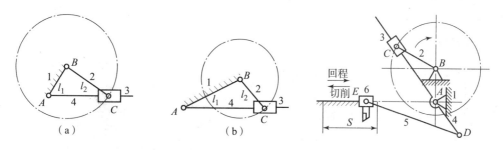

图 4 - 31　曲柄导杆机构

（a）转动导杆机构；（b）摆动导杆机构

图 4 - 32　简易刨床的导杆机构

（3）摇块机构

如图 4 - 33（a）所示，在曲柄滑块机构中，如取原连杆构件为机架，原曲柄构件做整周运动时，原导路构件（图中为构件 2）就摆动，则滑块成了绕机架上 C 点做往复摆动的摇块，故称为摇块机构。

这种机构常用于摆动液压泵［见图 4 - 33（b）］和液压驱动装置中。图 4 - 33（c）所示为自卸汽车的翻斗机构，其是摇块机构的实际应用。

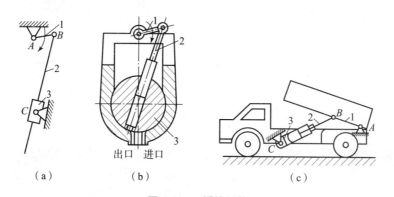

图 4 - 33　摇块机构

（a）运动简图；（b）摆动液压泵；（c）自卸汽车的翻斗机构

（4）定块机构

如图 4 – 34（a）所示，在曲柄滑块机构中，如取滑块 3 为机架，即得定块机构。如图 4 – 34（b）所示的手动压水机就是定块机构的应用实例。

3. 平面四杆机构的基本性质

（1）急回特性

某些连杆机构，如插床、刨床等单向工作的机械，当主动件（一般为曲柄）等速转动时，为了缩短机器的非生产时间、提高生产率，要求从动件快速返回。这种当主动件等速转动时，做往复运动的从动件在返回行程中的平均速度大于工作行程的平均速度的特性，称为急回特性。

在如图 4 – 35 所示的曲柄摇杆机构中，设曲柄 AB 为主动件，摇杆 CD 为从动件。当曲柄 AB 以角速度 ω 顺时针做等速转动时，摇杆 CD 做变速往复摆动。曲柄 AB 在转动一周的过程中，有两次与连杆 BC 共线，此时摇杆 CD 分别位于两极限位置 C_1D 与 C_2D，从动摇杆在两极限位置 C_1D 与 C_2D 之间往复摆动的角度称为摆角 ψ。

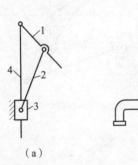

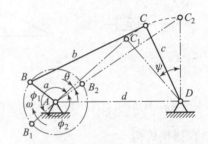

图 4 – 34　定块机构　　　　图 4 – 35　平面四杆机构的急回特性
（a）运动简图；（b）手动压水机

曲柄与连杆两次共线时，曲柄在两位置之间所夹的锐角称为极位夹角 θ。在曲柄摇杆机构中，设摇杆由 C_1D 摆到 C_2D 的运动过程为工作行程。在这一行程中，曲柄转角 $\phi_1 = 180° + \theta$，所需时间为 $t_1 = \dfrac{\phi_1}{\omega} = \dfrac{180° + \theta}{\omega}$，摇杆的摆角为 ψ，摇杆在工作行程中的平均速度为 $\nu_1 = \overparen{C_1C_2}/t_1$。摇杆由 C_2D 摆回 C_1D 的运动过程为回程。在这一回程中，曲柄转角 $\phi_2 = 180° - \theta$，所需时间为 $t_2 = \dfrac{\phi_2}{\omega} = \dfrac{180° - \theta}{\omega}$，摇杆的摆角为 ψ，摇杆在回程中的平均速度为 $\nu_2 = \overparen{C_2C_1}/t_2$。因为 $180° + \theta > 180° - \theta$，即 $t_1 > t_2$，所以 $\nu_2 > \nu_1$，表明曲柄摇杆机构具有急回特性。

急回特性的程度用 ν_2 和 ν_1 的比值 K 来表示，K 称为行程速比系数，即

$$K = \frac{v_2}{v_1} = \frac{t_1}{t_2} = \frac{180° + \theta}{180° - \theta}$$

上式表明，机构的急回程度取决于极位夹角 θ 的大小。θ 越大，K 值越大，机构的急回程度越明显，但机构的传动平稳性下降；反之，θ 越小，K 值越小，机构的急回程

度越不明显；而当 $\theta = 0°$ 时，$K = 1$，机构无急回特性，如图 4 – 36（a）所示。因此在设计时，应根据工作要求，合理地选择 K 值，通常取 1.2 ~ 2.0。

偏置曲柄滑块机构和摆动导杆机构也具有急回特性。值得注意的是，在摆动导杆机构中 $\theta = \psi$，如图 4 – 36（b）和图 4 – 36（c）所示。

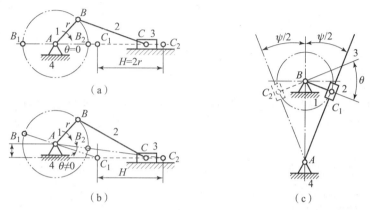

图 4 – 36　机构急回特性的判定

（a）对心曲柄滑块机构；（b）偏置曲柄滑块机构；（c）摆动导杆机构

（2）压力角和传动角

在设计平面四杆机构时，不仅应使其实现预期的运动，而且应运转轻便、效率高，即具有良好的传力性能。

在如图 4 – 37 所示的曲柄摇杆机构中，如不计各杆质量和运动副中的摩擦，则连杆 BC 可视为二力杆，它作用于从动件摇杆 CD 上的力 F 沿 BC 方向。作用在从动件上的驱动力 F 与其受力点速度 v_c 方向线之间所夹的锐角 α 称为压力角，压力角的余角 γ 称为传动角。

压力角和传动角在机构运动过程中是变化的。压力角越小或传动角越大，对机构的传动越有利；而压力角越大或传动角越小，会使转动副中的压力增大，磨损加剧，降低机构的传动效率。由此可见，压力角和传动角是反映机构传力性能的重要指标。为了保证机构的传力性能良好，规定工作行程中的最小传动角 $\gamma_{min} \geqslant 40° ~ 50°$。

1）曲柄摇杆机构最小传动角 γ_{min} 位置。

在曲柄摇杆机构中，当曲柄为原动件、摇杆为从动件时，γ_{min} 可能出现在曲柄与机架共线的两个位置之一（摇杆与连杆的夹角），可通过计算或作图获取此两位置的传动角（γ_1，γ_2），其中的小值即为 γ_{min}，如图 4 – 37 所示。

2）曲柄滑块机构最小传动角 γ_{min} 位置。

在曲柄滑块机构中，若曲柄为原动件、滑块为从动件，则当曲柄与滑块的导路相垂直时，压力角最大（传动角最小）。但对于偏置式曲柄滑块机构，最小传动角 γ_{min} 出现在曲柄位于偏置方向相反一侧的位置（曲柄与连杆的夹角），如图 4 – 38 所示。

3）导杆机构最小传动角 γ_{min} 位置

对于以曲柄为主动件的摆动导杆机构和转动导杆机构，在不考虑摩擦时，由于滑块

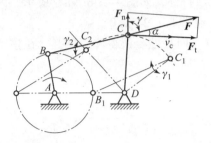

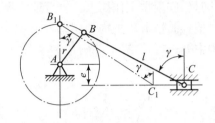

图 4－37 曲柄摇杆机构的压力角和传动角   图 4－38 偏置曲柄滑块的最小传动角

对导杆的作用力总与导杆垂直，而导杆上力的作用点的线速度方向总与作用力同向，因此压力角恒等于 0°，传动角恒等于 90°，如图 4－39（a）所示，所以导杆机构的传动性能很好。

若以导杆为原动件，则其压力角在 0°～90° 之间变化，如图 4－39（b）所示，传动角也在 0°～90° 之间变化，γ_{min} 等于 0° 出现在导杆的极限位置。

（3）死点位置

在如图 4－40 所示的曲柄摇杆机构中，若摇杆为主动件，当摇杆处于两极限位置时，从动曲柄与连杆共线，主动摇杆通过连杆传给从动曲柄的作用力通过曲柄的转动中心，此时曲柄的压力角 $\alpha = 90°$，传动角 $\gamma = 0°$，因此无法推动曲柄转动，机构的这个位置称为死点位置。死点就是机构从动件无法运动的现象。

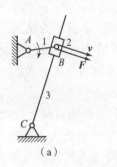

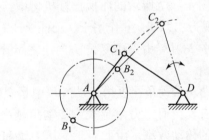

图 4－39 导杆机构的最小传动角   图 4－40 曲柄摇杆机构的死点

在如图 4－41（a）和图 4－41（b）所示的曲柄滑块机构中，当以滑块为主动件时，在连杆与曲柄共线时的两个位置会出现死点，而此时若以曲柄为主动件，不会出现死点。由此可见，平面四杆机构是否存在死点位置，取决于从动件是否与连杆共线且哪个构件作为主动件。对于曲柄摇杆机构和曲柄滑块机构，只有当曲柄为从动件且从动件连杆共线时才具有死点位置。

为了能顺利渡过机构的死点位置而连续正常工作，一般采用在从动轴上安装质量较大的飞轮以增大其转动惯性，利用飞轮的惯性来渡过死点位置。例如缝纫机、柴油机等就是利用惯性来渡过死点位置的，也可采用相同机构错位排列的方法来渡过死点位置。如机车的两组机构交错排列，以使左右两机构不同时处于死点位置。

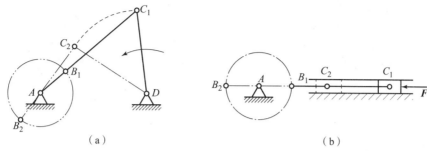

图 4 – 41 死点位置

（a）曲柄摇杆机构的死点位置；（b）曲柄滑块机构的死点位置

在工程上，有时也需利用机构的死点位置来进行工作。例如，飞机的起落架、折叠式家具和夹具等机构，如图 4 – 42 和图 4 – 43 所示。

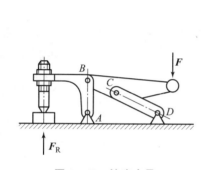

图 4 – 42 钻床夹具

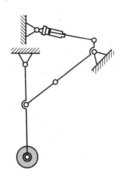

图 4 – 43 飞机降落架

二、凸轮机构

1. 凸轮机构的应用和类型

（1）凸轮机构的特点和应用

凸轮机构是一种转换运动形式的机构，它可以将主动件连续的转动转变为从动件连续的或间歇的往复移动或摆动。

如图 4 – 44 所示，凸轮机构由凸轮 1、从动件 2 和机架 3 三个构件组成。凸轮是一个具有曲线轮廓或凹槽的构件，通常作为主动件，当它运动时，通过其曲线轮廓或凹槽与从动件形成高副接触，使从动件获得预期的规律运动。

图 4 – 45 所示为内燃机的气门机构，当具有曲线轮廓的凸轮 1 （主动件）做等速回转时，凸轮曲线轮廓通过与气门 2 （从动件）的平底接触，迫使气门 2 相对于气门导管 3 （机架）做往复直线运动，从而控制气门有规律地开启和闭合。气门的运动规律取决于凸轮曲线轮廓的形状。

4 – 2 – 02
凸轮机构

凸轮机构的特点是：结构简单，设计较方便，利用不同的凸轮廓线可以使从动件准确地实现各种预定的运动规律，故在机械自动化工程中应用广泛。但凸轮与从动件为高副接触，因此，接触应力大，易磨损。

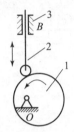
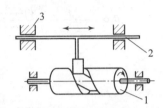
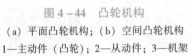

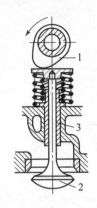

图 4-44　凸轮机构

（a）平面凸轮机构；（b）空间凸轮机构

1—主动件（凸轮）；2—从动件；3—机架

图 4-45　内燃机气门机构

1—凸轮；2—气门；

3—气门导管

（2）凸轮机构的类型

凸轮机构应用广泛，类型很多，通常按以下方法分类。

1）按凸轮的形状和运动形式分类。

①盘形回转凸轮。凸轮绕固定轴旋转，其向径（曲线上各点到回转中心的距离）在发生变化，是凸轮的基本型式，如图 4-45 所示的凸轮 1。

4-2-03　凸轮机构—配气机构

②平行移动凸轮。这种凸轮外形通常呈平板状，如图 4-46 所示，可以看作回转中心位于无穷远处的盘形凸轮，它相对于机架做直线往复移动。

③圆柱回转凸轮。凸轮是一个具有曲线凹槽的圆柱形构件。它可以看成是将移动凸轮卷成圆柱体演化而成的，如图 4-47 所示的自动车床进刀机构中的凸轮 1。

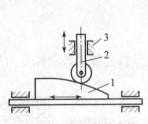

图 4-46　平行移动凸轮

1—凸轮；2—从动件；3—机架

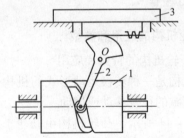

图 4-47　自动车床进刀机构中的凸轮

1—凸轮；2—从动件；3—机架

4-2-04　空间凸轮机构——移动机构

4-2-05　空间凸轮机构——进刀机构

盘形凸轮和移动凸轮与其从动件之间的相对运动是平面运动，所以它们属于平面凸轮机构。圆柱凸轮与从动件的相对运动为空间运动，故它属于空间凸轮机构。

2）按从动件的结构形式分类。

①尖顶从动件。如图4-48（a）和图4-48（d）所示，尖顶能与复杂的凸轮轮廓保持接触，因而能实现任意预期的运动，但尖顶极易磨损，故只适用于受力不大的低速场合。

②滚子从动件。如图4-48（b）和图4-48（e）所示，为了减轻尖顶磨损，在从动件的顶尖处安装一个滚子。滚子与凸轮轮廓之间为滚动，磨损较小，可用来传递较大的动力，应用最为广泛。

③平底从动件。如图4-48（c）和图4-48（f）所示，这种从动件与凸轮轮廓表面接触处的端面做成平底（即为平面），结构简单，与凸轮轮廓接触面间易形成油膜，润滑状况好、磨损小。当不考虑摩擦时，凸轮对从动件的作用力始终垂直于平底，故受力平稳、传动效率高，常用于高速场合。但仅能与轮廓全部外凸的凸轮相互作用构成凸轮机构。

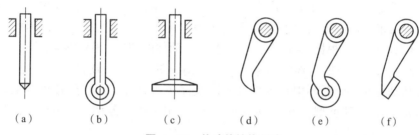

图4-48 从动件结构形式

（a），（b）尖顶从动件；（b），（e）滚子从动件；（c），（f）平底从动件

另外，还可以按从动件的运动形式分为直动和摆动从动件，即根据工作需要选用一种凸轮和一种从动件形式组成直动或摆动凸轮机构。凸轮机构在工作时，必须保证从动件相关部位与凸轮轮廓曲线始终接触，可采用重力、弹簧力或特殊的几何形状来实现。

2. 从动件的运动规律

（1）凸轮机构工作过程

图4-49（a）所示为对心尖顶直动从动件盘形凸轮机构，其中以凸轮轮廓最小向径 r_b 为半径所作的圆称为凸轮基圆。在图示位置时，从动件处于上升的最低位置，其尖顶与凸轮在 A 点接触。当凸轮以等角速度 ω 逆时针方向转动时，凸轮向径逐渐增大，将推动从动件按一定的运动规律运动。当凸轮转过一个 Φ_0 角度时，从动件尖顶运动到 B' 点，此时尖顶与凸轮 B 点接触。AB' 是从动件的最大位移，用 h 表示，称为从动件推程（或行程），对应的凸轮转角 Φ_0 称为凸轮推程运动角；当凸轮继续转动时，凸轮与尖顶从 B 点移到 C 点接触，由于凸轮的向径没有变化，故从动件在最大位移处 B' 点停留不动，这个过程称为从动件远休止，对应的凸轮转角 Φ_s 称为凸轮的远休止角；当凸轮接着转动时，凸轮与尖顶从 C 点移到 D 点接触，凸轮向径由最大变化到最小（基圆半径 r_b），从动件按一定的运动规律返回到起始点，这个过程称为从动件回程，对应的凸轮转角 Φ'_0 称为凸轮回程运动角；当凸轮再转动时，凸轮与尖顶从 D 点又移到 A 点接触，由于该段基圆弧上各点向径大小不变，故从动件在最低位置不动（从动件的位

移没有变化），这一过程称为近休止，对应转角 Φ'_s 称为近休止角，此时凸轮转过了一整周。当凸轮连续回转时，从动件将重复升—停—降—停的运动循环。

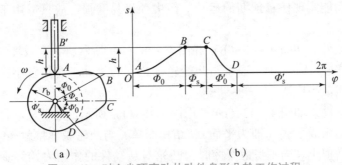

图 4-49 对心尖顶直动从动件盘形凸轮工作过程

以凸轮转角 φ 为横坐标、从动件的位移 s 为纵坐标，可用曲线将从动件在一个运动循环中的工作位移变化规律表示出来，如图 4-49（b）所示，该曲线称为从动件的位移线图（$s-\varphi$ 图）。由于凸轮通常做等速运动，其转角与时间成正比，因此该线图的横坐标也代表时间 t。根据 $s-\varphi$ 图，可以求出从动件的速度线图（$v-\varphi$ 图）和从动件的加速度线图（$a-\varphi$ 图），统称为从动件的运动线图，反映从动件的运动规律。

按照从动件在一个循环中是否需要停歇及停在何处等，可将凸轮机构从动件的位移曲线分成以下 4 种类型：升—停—回—停型、升—回—停型、升—停—回型、升—回型，如图 4-50 所示。

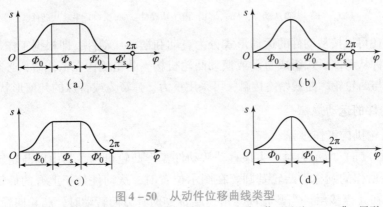

图 4-50 从动件位移曲线类型

（a）升—停—回—停型；（b）升—回—停型；（c）升—停—回型；（d）升—回型

（2）常用从动件常用运动规律

1）等速运动规律。

特点：从动件在推程或回程的速度为常数。

从动件在推程中的运动方程为

$$
\begin{cases}
s = \dfrac{h}{\Phi_0}\varphi \\[2mm]
v = \dfrac{h}{\Phi_0}\omega \\[2mm]
\alpha = 0
\end{cases}
$$

从动件的运动如图 4 – 51 所示，在行程的开始和终止两位置由于速度突然改变，其瞬时加速度趋于无穷大，因而产生无穷大的惯性力，致使机构发生强烈刚性冲击。

等速运动规律只适用于低速的凸轮机构。

2）等加速等减速运动规律。

这种运动规律的特点是：从动件在前半行程做等加速运动，在后半行程做等减速运动，其加速度的绝对值相等。当初速度为零时，从动件在推程中的运动方程为

等加速度

$$s = \frac{2h}{\Phi_0^2}\varphi^2$$

$$v = \frac{4h\omega}{\Phi_0^2}\varphi$$

$$\alpha = \frac{4h\omega^2}{\Phi_0^2}$$

$$0 \leqslant \varphi \leqslant \frac{\Phi_0}{2}$$

等减速度

$$s = h - \frac{2h}{\Phi_0^2}(\Phi_0 - \varphi^2)$$

$$v = -\frac{4h\omega}{\Phi_0^2}(\Phi_0 - \varphi)$$

$$\alpha = -\frac{4h}{\Phi_0^2}\omega^2$$

$$\frac{\Phi_0}{2} \leqslant \varphi \leqslant \Phi_0$$

这种运动规律在速度改变方向时加速度产生有限值的突变，所引起的惯性力也是有限值，由此产生的冲击称柔性冲击，如图 4 – 52 所示，适用于中低速的凸轮机构。

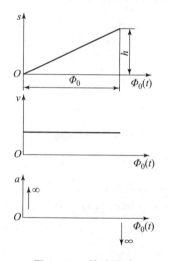

图 4 – 51　等速运动

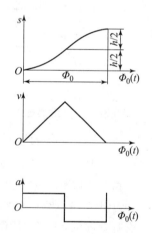

图 4 – 52　等加速和等减速运动规律

3）余弦加速度运动规律

从动件做简谐运动，所引起的惯性力也是有限值，由此产生的冲击称柔性冲击，适用于中速的凸轮机构。

$$s = \frac{h}{2}\left(1 - \cos\frac{\pi}{\Phi_0}\varphi\right)$$

$$v = \frac{h\pi\omega}{\Phi_0}\sin\frac{\pi}{\Phi_0}\varphi$$

$$\alpha = \frac{h\pi^2\omega^2}{2\Phi_0^2}\cos\frac{\pi}{\Phi_0}\varphi$$

4）正弦加速度运动规律。

这种规律没有加速度突变，则既不存在刚性冲击，又不存在柔性冲击，适用于高速轻载的场合。

3. 凸轮的结构与材料

凸轮的结构形式及与轴的固定方式有整体式 ｛［见图4-53（a）］、键连接式［见图4-53（b）］、销连接式［见图4-53（c）］、弹性开口锥套螺母连接式［见图4-53（d）］，多用于凸轮与轴的角度需要经常调整的场合｝等。

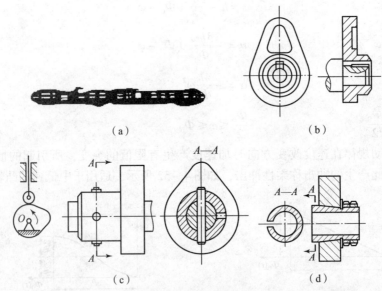

（a）　　　　　　　　　　　　（b）

（c）　　　　　　　　　　　　（d）

图4-53　凸轮的结构形式

（a）凸轮轴；（b）用平键连接；（c）用圆锥销连接；（d）用弹性锥套和圆螺母连接

凸轮的材料应具有较高的强度和耐磨性，载荷不大，低速时可选用 HT250、HT300、QT800—2、QT900—2 等作为凸轮的材料，轮廓表面需经热处理，以提高其耐磨性；中速及中载的凸轮常用 45、40Cr、20Cr、20CrMn 钢等材料，并经表面淬火，使硬度达到 55～60HRC；高速、重载凸轮可用 40Cr，表面淬火至 56～60HRC，或用 38CrMoAl，经渗氮处理至 60～67HRC。

三、螺旋机构

1. 螺旋机构的组成和工作原理

有关螺纹连接基础知识详见项目五　任务二中常用连接零（部）件识别中螺纹连接部分。

有螺旋副连接的机构称为螺旋机构，用来传递运动和动力。

图4-54所示为最基本的螺旋机构，它是由螺杆1、螺母2和机架3组成的，螺杆与螺母组成螺旋副 B，螺杆与机架组成转动副 A，螺母与机架组成移动副 C。通常，螺杆为主动件做匀速转动，螺母为从动件做轴向匀速直线移动，螺杆转动一周，螺母的

轴向位移为一个螺纹导程。有时也可以使螺母不动，螺杆在旋转时轴向移动。

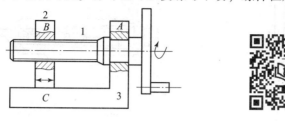

图4-54 螺旋机构

1—螺杆；2—螺母；3—机架

4-2-06 螺旋机构

按螺旋副摩擦性质不同，螺旋机构可分为滑动螺旋机构和滚动螺旋机构。

2. 滑动螺旋机构的特点

滑动螺旋机构具有结构简单、工作连续、传动精度高、易于实现自锁等优点，在工程中应用广泛。但由于螺旋副之间是滑动摩擦，工作时磨损大、效率低，故不能用于传递大功率动力。

3. 把旋转运动转化为直线运动

（1）单螺旋副传动机构

单螺旋副传动机构常用来传递动力，可以制成螺杆同时旋转和轴向移动，而螺母固定不动的增力机构，如图4-55所示的螺旋千斤顶和压力机；也可以制成螺杆旋转、螺母轴向移动的传力机构，如图4-56所示的车床丝杠进给机构，等等。

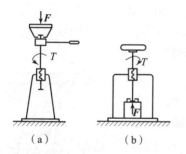

图4-55 螺旋增力机构

（a）螺旋千斤顶；（b）压力机

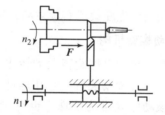

图4-56 车床丝杠进给机构

（2）双螺旋副传动机构

双螺旋副传动机构中有两个螺旋副，常用来传递运动。当两螺旋副的旋向相同时，两螺母的运动位移变化很慢，称为差动螺旋机构，如图4-57所示。

如图4-58所示的镗刀微调机构，就是差动螺旋机构的一种应用。

当两螺旋副的旋向相反时，两螺母的运动位移变化很快，称为复式螺旋机构，如图4-59所示的螺旋拉紧装置。

4. 把直线运动转化为旋转运动

当螺旋副的导程角较大时，其反行程不能自锁，能将移动变为转动。如图4-60所示的手压螺丝刀是将螺母的直线移动转化为螺杆旋转运动的应用实例。

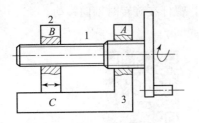

图 4-57 双螺母机构

1—螺杆；2—可动螺母；3—固定螺母

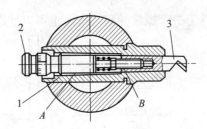

图 4-58 镗刀微调机构

1—固定螺母；2—螺母；3—镗刀头（可动螺母）

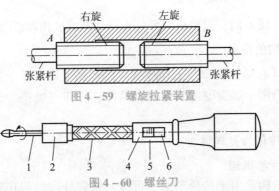

图 4-59 螺旋拉紧装置

图 4-60 螺丝刀

1—螺丝刀头；2—刀头夹紧器；3—螺丝刀杆；4—空心手柄；5—旋向控制钮

在图 4-60 中，1 是螺丝刀头；2 是刀头夹紧器；3 是开有左右大导程角的螺丝刀杆；4 是装有左、右旋螺母的空心手柄，分别与 3 组成螺旋副；5 是旋向控制钮，可控制左、右螺旋副分别作用。工作时在手柄上施加压力，手柄在轴线方向做直线运动，螺丝刀头便会产生左旋或右旋运动，用以装拆螺钉。

5. 滚动螺旋机构

滚动螺旋机构是把旋转运动转化为直线运动且应用非常广泛的一种传动装置，它在螺杆与螺母的螺纹滚道间装上了滚动体（常为滚珠，也有少数用滚子），因而提高了螺旋机构的传动效率，如图 4-61 所示。当螺杆或螺母转动时，滚动体在螺纹滚道内滚动，摩擦状态为滚动摩擦，其摩擦损失比滑动螺旋机构小，故传动效率也比滑动螺旋机构高。

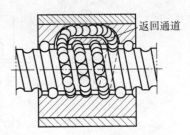

图 4-61 滚动螺旋机构

在数控机床、直线电机、汽车转向、飞机起落架等机构中，滚动螺旋机构有着广泛应用。

🔲 知识拓展

间歇运动机构简介

一、概述

在生产中，某些机器当主动件做连续运动时，常常需要从动件做周期性的运动和停歇，实现这种运动的机构称为间歇运动机构。间歇运动机构广泛应用于自动机床的进给机构、送料机构、刀架的转位机构、电影放映机中胶片的驱动机构等。间歇运动机构的类型很多，常用的间歇运动机构有棘轮机构、槽轮机构、不完全齿轮机构和凸轮式间歇运动机构。

二、棘轮机构

1. 棘轮机构的组成和工作原理

棘轮机构是利用主动件做往复摆动，实现从动件的间歇转动，有外啮合（见图4 – 62）和内啮合两种形式。在图4 – 62中，棘轮机构一般由主动件、驱动棘爪、棘轮、止动爪，以及机架等构件组成，主动件和棘轮可分别以 O_3 点为中心转动。为保证棘爪、止动爪工作可靠，常利用弹簧使其紧压齿面。在图中当主动件逆时针摆动时，主动件上铰接的棘爪插入棘轮的齿内，推动棘轮同向转动一定角度。当主动件顺时针摆动时，止动爪阻止棘轮反向转动，此时棘爪在棘轮的齿背上滑过并落入棘轮的另一齿内，棘轮静止不动。当主动件连续往复摆动时，棘轮便得到单向的间歇运动。

2. 棘轮机构的特点

棘轮机构的特点是：结构简单，制造容易，运动可靠；棘轮的转角在很大范围内可调；工作时，有较大的冲击和噪声，运动精度不高，常用于低速场合；棘轮机构还常用作防止机构逆转的停止器。

3. 棘轮机构的类型和应用

根据棘轮机构的棘爪和棘轮结构，将其分为齿式（见图4 – 62）和摩擦式（见图4 – 63）两大类。根据工作需要，还有双动式棘轮机构（见图4 – 64）和可变向棘轮机构（见图4 – 65）。

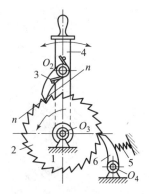

图4 – 62　齿轮棘轮机构
1—机架；2—棘轮；3—驱动棘爪；
4—主动件；5—弹簧；6—止动爪

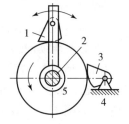

图4 – 63　摩擦式棘轮机构
1—棘爪；2—传动轴；3—止退棘爪；
4—机架；5—棘轮

（1）齿式棘轮机构

齿式棘轮机构结构简单，棘轮的转角容易实现有级调节。但这种机构在回程时，棘爪在棘轮齿背上滑过时有噪声；在运动开始和终止时，速度骤变而产生冲击，传动平稳性较差，棘轮齿易磨损，故常用于低速、轻载等场合实现间歇运动。

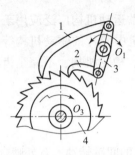

图 4-64 双动式几轮机构

1，2—棘爪；3—摇杆；4—棘轮

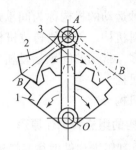

图 4-65 可变向棘轮机构

1—棘轮；2—棘爪；3—摇杆

（2）摩擦式棘轮机构

摩擦式棘轮机构传递运动较平稳，无噪声，棘轮的转角可做无级调节，但运动准确性差，不宜用于运动精度要求高的场合。

棘轮机构常用于送进、制动和超越等工作中，如图 4-66 所示。

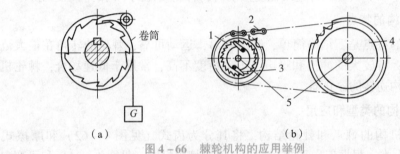

（a） （b）

图 4-66 棘轮机构的应用举例

（a）制动；（b）超越

1—小链轮；2—链条；3—棘爪；4—大链轮；5—传动轴

三、槽轮机构

1. 槽轮机构的组成和工作原理

如图 4-67 所示，槽轮机构是由带有圆柱销 A 的主动拨盘 1 和具有径向槽的从动槽轮 2 及机架组成。当主动拨盘 1 顺时针做等速连续回转时，其上圆柱销 A 未进入槽轮的径向槽时，槽轮的内凹锁止弧 $\beta\beta$ 被拨盘外凸锁止弧 $\alpha\alpha$ 锁住，则槽轮静止不动。当圆柱销 A 开始进入槽轮的径向槽，即图 4-67 所示位置时，$\alpha\alpha$ 弧和 $\beta\beta$ 弧脱开，圆柱销 A 驱动槽轮沿逆时针方向转动。当圆柱销 A 开始脱出槽轮径向槽时，槽轮的另一内凹锁止弧 $\beta'\beta'$ 又被锁住，致使槽轮静止不动，直到圆柱销再次进入槽轮的另一径向槽，又重复以上运动循环，从而实现从动槽轮的单向间歇转动。

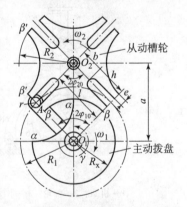

图 4-67 外啮合槽轮机构

2. 槽轮机构的特点

槽轮机构优点是：结构简单、工作可靠、机械效率高，能较平稳、间歇地进行转位。缺点是：圆柱销突然进入与脱离径向槽，传动存在柔性冲击，不适合高速场合，转角不可调节，只能用在定角场合。

3. 槽轮机构的类型和应用

槽轮机构有平面槽轮机构（主动拨盘轴线与槽轮轴线平行）和空间槽轮机构（主动拨盘轴线与槽轮轴线相交）两大类。平面槽轮机构可分为外啮合槽轮机构和内啮合槽轮机构。图4-67所示为外啮合槽轮机构，其主动拨盘和从动槽轮的转向相反。图4-68所示为内啮合槽轮机构，其主动拨盘和从动拨盘的转向相同。

图4-69所示为空间槽轮机构，从动槽轮呈半球形，槽和锁止弧均分布在球面上，主动件的轴线、销的轴线都与槽轮的回转轴线汇交于槽轮球心 O，故又称为球面槽轮机构。当主动件连续回转时，槽轮做间歇转动。

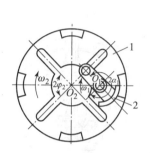

图4-68 内啮合槽轮机构
1—从动槽轮；2—主动拨盘

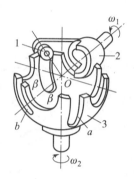

图4-69 空间槽轮机构
1—圆销；2—主动拨盘；3—从动槽轮

槽轮机构结构简单、工作可靠，但在运动过程中的加速度变化较大、冲击较严重。同时在每一个运动循环中，槽轮转角与其径向槽数和拨盘上的圆柱销数有关，每次转角一定，无法任意调节。所以槽轮机构不适用于高速传动，一般用于转速不是很高、转角不需要调节的自动机械和仪器仪表中。图4-70所示为槽轮机构在电影放映机中用作送片的应用实例，图4-71所示为槽轮机构在转塔车床刀架转位的应用实例。

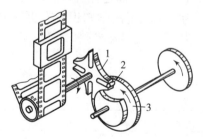

图4-70 放映机上的槽轮机构
1—从动槽轮；2—圆销；3—主动拨盘

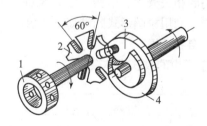

图4-71 转塔车床刀架转位的棘轮机构
1—刀架；2—槽轮；3—圆销；4—拨盘

四、其他间歇运动机构

1. 不完全齿轮机构

不完全齿轮机构由普通渐开线齿轮机构演化而成，其基本结构分内啮合不完全齿轮机构和外啮合不完全齿轮机构两种，如图4-72所示。不完全齿轮机构的主动轮只有一个或几个齿，从动轮具有若干个与主动轮相啮合的轮齿和锁止弧，可实现主动轮的连续转动和从动轮的有停歇转动。

其优点是结构简单、制造方便，从动轮的运动时间和静止时间的比例不受机构结构的限制；缺点是从动轮在转动开始及终止时速度有突变，冲击较大，一般仅用于低速、轻载场合。

2. 凸轮式间歇运动机构

图4-73所示为凸轮式间歇运动机构。凸轮式间歇运动机构的优点是结构简单、运转可靠、传动平稳、无噪声，适用于高速、中载和高精度分度的场合；缺点是凸轮加工比较复杂，装配与调整要求也较高。凸轮式间歇运动机构主要用于垂直交错轴间的传动。

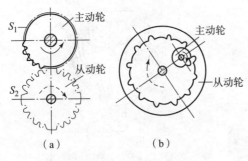

图4-72　不完全齿轮机构

（a）内啮合；（b）外啮合

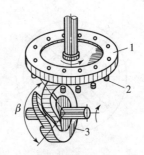

图4-73　凸轮式间歇运动机构

1—从动圆盘；2—圆柱销；3—主动凸轮

知识归纳整理

一、知识点梳理

通过前面课程学习，我们了解平面机构运动副的表示方法、如何绘制运动简图及平面机构自由度的简单计算，基本掌握了工程常用机构，如平面连杆机构、凸轮机构、螺旋机构的相关概念、结构、参数及各部分名称。为了大家对所学知识能有更好的理解和掌握，利用树图形式归纳如下，仅供参考。

二、自我反思

1. 学习中的收获或体会

_____

_____

_____

2. 你碰到的工程上的典型机构描述

_____

_____

_____

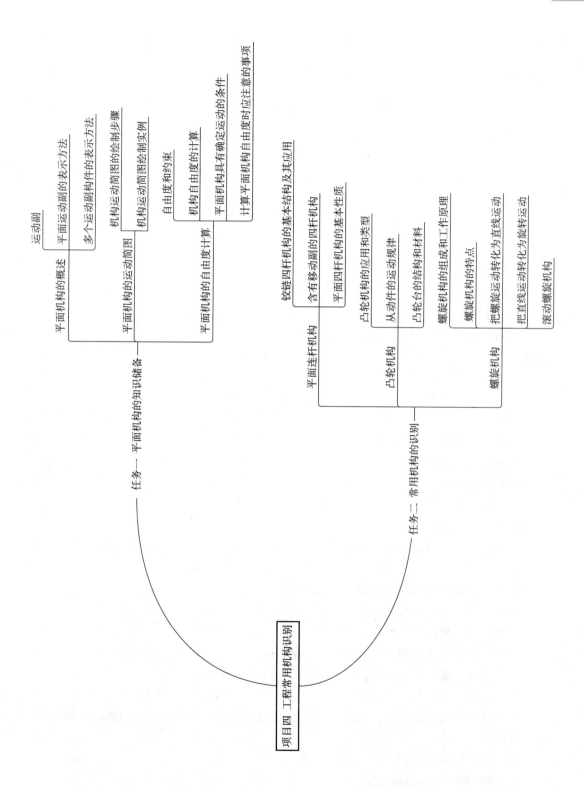

自测题

任务一　平面机构的知识储备

简答题

1. 什么是运动副？平面高副与平面低副各有什么特点？
2. 平面机构具有确定运动的条件是什么？

任务二　工程常用机构的识别

一、填空题

1. 机器中的构件是指相互之间能做_____运动的物体。
2. 杠杆传动不宜做_____的往复运动。

二、选择题

1. 做等速运动的凸轮机构，一般适用于凸轮做（　　　）和从动杆质量不大的场合。

　　A. 低速运动　　　　　　B. 中速运动　　　　　　C. 变速运动　　　　　　D. 高速运动

2. 为保证机构正常工作，摆动杆凸轮的许用升程压力角 α <（　　　）。

　　A. 25°　　　　　　　　B. 35°　　　　　　　　C. 45°　　　　　　　　D. 55°

3. 凸轮等速运动曲线采用（　　　）画线比较精确。

　　A. 圆弧画线法　　　　　　　　　　　　　B. 逐点画线法

　　C. 分段画线法　　　　　　　　　　　　　D. 箱体画线法

三、判断题

1. 机构是由构件组成的。　　　　　　　　　　　　　　　　　　　　　　（　　　）
2. 从动件做简谐运动时，其加速度按余弦规律变化，故又称余弦加速度规律。

　　　　　　　　　　　　　　　　　　　　　　　　　　　　　　　　　　（　　　）

3. 杠杆传动的作用原理是力矩作用原理。　　　　　　　　　　　　　　　（　　　）
4. 两构件通过点或线接触组成的运动副称为高副。　　　　　　　　　　　（　　　）
5. 构件是机械的运动单元。　　　　　　　　　　　　　　　　　　　　　（　　　）
6. 把一组协同工作的零件组成的独立制造或独立装配的组合体称为部件。（　　　）
7. 组成运动副的两构件只能做相对转动，这种运动副称为移动副。　　　（　　　）
8. 机构的原动件数等于机构自由度，是机构具有确定运动的条件。　　　（　　　）
9. 若干构件用低副连接，且所有构件间的相对运动均为平面运动的机构，称为平面连杆机构。

　　　　　　　　　　　　　　　　　　　　　　　　　　　　　　　　　　（　　　）

10. 一个构件在平面内自由运动时，有两个独立运动。　　　　　　　　　（　　　）
11. 使两构件直接接触并能产生一定相对运动的连接称为运动副。　　　　（　　　）
12. 构件独立运动的数目称为构件的自由度。　　　　　　　　　　　　　（　　　）

13. 运动副限制构件运动的作用称为约束。 （ ）

14. 组成运动副的两个构件只能做相对直线移动，这种运动副称为转动副。

（ ）

15. 构件都在同一平面或相互平行的平面内运动称为空间机构。 （ ）

16. 若铰链四杆机构的两连架杆均为摇杆，则此四杆机构称为双摇杆机构。

（ ）

17. 与凸轮不保持直接接触的构件称为从动件。 （ ）

项目五　工程常用机械传动方式识别

【项目描述】

本项目主要学习工程上带、链、齿轮、蜗轮蜗杆等常用的机械传动方式的基础知识，了解其优缺点及使用范围，掌握工程上常用轴、滚动轴承、滑动轴承、连接等零部件各自的优缺点、适用场合，以及各零部件在工程上的典型应用，使得学生能够了解所学习内容对应工程所学的技能点，达到学以致用。

【学习目标】

（1）掌握带传动的类型、特点以及带传动的张紧形式和维护方式；

（2）掌握链传动的应用条件、运动特性及失效形式以及链传动的润滑维护；

（3）了解齿轮的基本参数，掌握齿轮使用、失效形式及齿轮常用材料；

（4）了解蜗轮蜗杆的相关知识；

（5）掌握工程上常用轴系零件的结构和强度计算要求；

（6）掌握滚动轴承和滑动轴承的结构、分类、失效形式、安装及润滑等要求及注意事项；

（7）掌握滑动轴承的类型、特点和应用，轴瓦的结构及滑动轴承的润滑；

（8）认知螺纹连接、轴毂连接、联轴器与离合器、弹簧的相关知识和应用；

（9）通过完成本项目的学习，使学生能够恰当选用机械传动方式，逐步提升简单机械传动方式结构设计的能力。

相关知识

任务一　工程常用传动方式识别

【任务目标】

(1) 依据带传动的特点选用合适的带传动；

(2) 能够简单计算 V 带的结构和尺寸；

(3) 了解带传动的失效形式并加以维护；

(4) 掌握工程上带传动的安装、张紧与维护方法；

(5) 能进行传动带的更换；

(6) 掌握工程中链传动的失效形式；

(7) 能进行链的润滑及更换；

(8) 掌握齿轮的失效形式及其维护；

(9) 能正确进行齿轮的更换及识别齿轮所使用的材料。

一、带传动识别

带传动属于挠性传动，是一种应用较广的机械传动。带传动是通过中间的挠性件——传动带，把主动轴的运动和动力传递给从动轴的。通常带传动用于减速装置，一般安装在传动系统的高速级。

1. 带传动的类型和特点

如图 5-1 (a) 所示，带传动是由主动带轮 1、从动带轮 2 和柔性传动带 3 组成的。按带传动的工作原理将其分为摩擦带传动和啮合带传动。摩擦带传动靠带与带轮接触面上的摩擦来传递运动和动力；啮合带传动靠带齿与带轮齿之间的啮合来传递运动和动力，这种带传动称为同步带传动。

1) 摩擦带传动按其截面形状分为平带 [见图 5-1 (b)]、V 带 [见图 5-1 (c)]、多楔带 [见图 5-1 (d)] 和圆带 [见图 5-1 (e)] 等。

平带的截面为扁平矩形，其工作面是与带轮接触的内表面。它的长度不受限制，可依据需要截取，然后用接头（传动带卡子）将两端连接到一起，形成一条环形带。平带传动的结构简单、传动效率较高，主要用于高速和中心距较大的场合。

V 带的横截面形状为等腰梯形，其工作面是与带轮槽相接触的两侧面。由于轮槽的楔形增压效应，在同样张紧的情况下 V 带传动产生的摩擦力比平带大 3 倍，故传递功率也较大。另外，V 带没有接头，传动较平稳。因此 V 带在机械传动中应用较广泛。其基体是由多根 V 带组成的。它相当于平带与多根 V 带的组合，兼有平带挠性好和 V 带摩擦力较大的优点，适用于传递功率较大且要求结构紧凑的场合。

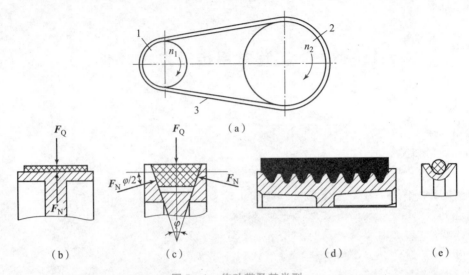

图 5 - 1 传动带及其类型

（a）带传动的组成；（b）平带；（c）V带；（d）多楔带；（e）圆带

1—主动带轮；2—从动带轮；3—传动带

圆带的截面形状为圆形，其传动能力较小，常用于小功率传动，如缝纫机、牙科医疗器械等。

2）啮合式带传动。啮合式带传动靠传动带与带轮上的齿相互啮合来实现传动。同步带为啮合型传动带（见图 5 - 2），其横截面为矩形，长度方向为齿形，所以没有弹性打滑，可用于要求传动比准确、结构紧凑的场合，如数控机床、纺织机械等。同步带薄而轻、强度高，带速可达 40 m/s，传动比可达 10，传递功率可达 200 kW；传动效率高，可接近 0.98。但它对制造和安装要求较高。

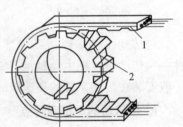

图 5 - 2 同步带传动

1—节线；2—节圈

3）带传动的特点。

①带是挠性体，富有弹性，故可缓冲、吸振，因而工作平稳、噪声小。

②过载时，传动带会在小带轮上打滑，可防止其他零件的损坏，起到过载保护作用。

③结构简单，成本低廉，制造、安装、维护方便，适用于较大中心距的场合。

④传动比不够准确，外廓尺寸大，传动效率较图 5 - 2 同步带传动低，不适用于有易燃、易爆气体的场合。

因此，带传动多用于机械中要求传动平稳、传动比要求不严格、中心距较大的高速传动。一般带速 $v = 5 \sim 25$ m/s，传动比 $i < 5$，传递功率 $P < 50$ kW，效率 $\eta = 0.92 \sim 0.97$。

本章仅讨论摩擦式带传动。

2. 普通 V 带

V 带按其宽度和高度相对尺寸的不同，又分为普通 V 带、窄 V 带、宽 V 带、汽车 V 带、大楔角 V 带等多种类型。

目前，普通 V 带应用最广。普通 V 带的结构如图 5 - 3 所示，由包皮层、拉伸层、强力层、压缩层四部分组成。

普通 V 带分帘布芯［见图 5 - 3（a）］和绳芯［见图 5 - 3（b）］两种结构。帘布芯结构的 V 带，

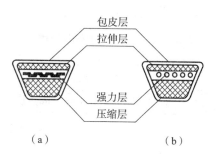

图 5 - 3　普通 V 带结构
（a）帘布芯结构；（b）绳芯结构

制造方便、抗拉强度好；而绳芯结构的 V 带，柔韧性好、抗弯强度高，适用于带轮直径小、转速较高的场合。在 V 带轮上，与 V 带节宽 b_p 处于同一位置的轮槽宽度，称为基准宽度，仍以 b_p 表示；基准宽度处的带轮直径称为 V 带轮的基准直径，用 d_a 表示，它是 V 带轮的公称直径。普通 V 带（楔角 $\theta = 40°$，$h/b_p \approx 0.7$）已标准化，有 Y、Z、A、B、C、D、E 七个型号（见表 5 - 1），分别对应不同的基准宽度（反映 V 带的粗细程度）。

表 5 - 1　普通 V 带和窄 V 带尺寸（GB/T 11544—1997）及 V 带轮
轮槽尺寸（GT/T 13575.1—2008）

型号		Y	Z	A	B	C	D	E
b_p/mm		5.3	8.5	11.0	14.0	19.0	27.0	32.0
b/mm		6	10	13	17	22	32	38
h/mm		4	6	8	11	14	19	23
θ		40°						
每米带长的质量 $q/(\mathrm{kg \cdot m^{-1}})$		0.02	0.06	0.10	0.17	0.30	0.62	0.90
h_{fmin}/mm		4.7	7	8.7	10.8	14.3	19.9	23.4
h_{fmin}/mm		1.6	2.0	2.75	3.5	4.8	8.1	9.6
e/mm		8±0.3	12±0.3	15±0.3	19±0.4	25.5±0.5	37±0.6	44.5±0.7
f_{min}/mm		6	7	9	11.5	16	23	28
b_p/mm		5.3	8.5	11.0	14.0	19.0	27.0	32.0
δ_{min}/mm		5	5.5	6	7.5	10	12	15
B/mm		$B = (z-1)e + 2f$（z 为轮槽数）						
φ	32°	d_d/mm	≤60						
	34°			≤80	≤118	≤190	≤315		
	36°		>60					≤475	≤600
	38°			>80	>118	>190	>315	>475	>600

在规定的张紧力下，位于带轮基准直径上的周线长度，称为 V 带的基准长度，用 L_d 表示，它是 V 带的公称长度。V 带基准长度的尺寸系列见表 5 - 2。

表 5 - 2 普通 V 带基准长度 L_d 的标准系列值

普通 V 带的标记是由型号、基准长度和标准号三部分组成的，如基准长度为 1 800 mm 的 B 型普通 V 带，其标记为：B—1800 - GB/T 11544—1997。V 带的标记及制造年月及生产厂名通常都压印在带的顶面。为使各根带受力比较均匀，带传动使用的根数不宜过多，一般取 2 ~ 5 根为宜，最多不能超过 8 根。

3. V 带轮

普通 V 带的带轮一般由轮缘、轮毂及轮辐组成。根据轮辐结构的不同，常用 V 带轮分为三种类型，即实心式、腹板式和辐条式（参见齿轮结构）。V 带轮的结构形式可根据 V 带型号、带轮的基准直径 d_a 和轴孔直径来确定。V 带轮的结构尺寸按《机械设计手册》提供的图表选取；轮缘截面上槽形的尺寸见表 5 - 1；普通 V 带的楔形角 θ 为 40°，当绕过带轮弯曲时，会产生横向变形，使其楔形角变小。为使带轮轮槽工作面和 V 带两侧面接触良好，一般轮槽制成后的楔角都小于 40°，带轮直径越小，所制轮槽楔角也越小。

V 带轮常用的材料有灰铸铁、铸钢、铝合金、工程塑料等，其中灰铸铁应用最广。当 $v < 30$ m/s 时，用 HT200；当 $v > 25$ m/s 时，用孕育铸铁或铸钢；小功率传动可选用铸铝或工程塑料。

4. 带传动的张紧和维护

（1）带传动的张紧装置

传动带使用一段时间后会因带的伸长而松弛，及时将传动带张紧是保证带传动正常工作的基础。一般利用调整螺钉来调整中心距。在水平传动（或接近水平）时，电动机装在滑槽上，利用调整螺钉调整中心距〔见图 5 - 4（a）〕。图 5 - 4（b）所示为垂直传动时的调整螺钉。也可利用电动机自身的重量〔见图 5 - 4（c）〕来达到自动张紧的目的，这种方法多用在小功率的传动中。

当中心距不能调整时可采用张紧轮装置。图 5 - 5 所示为 V 带传动时采用的张紧轮装置，其位置应安放在 V 带松边的内侧、靠近大带轮，这样可使 V 带传动时只受到单方向的弯曲，同时小带轮的包角不至于过分减小。

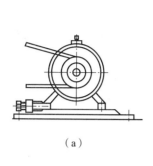
（a）

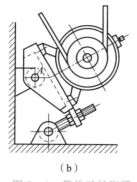
（b）

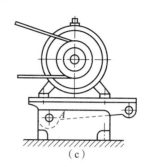
（c）

图 5-4　带传动的张紧

（2）带传动的维护

1）传动带应防止与酸、碱、油等对橡胶有腐蚀的介质接触，以延长其使用寿命；也不宜在阳光下曝晒，工作温度一般不超过 60 ℃，以防 V 带加速老化。

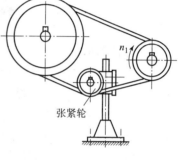
张紧轮

图 5-5　用张紧轮张紧

2）对于 V 带传动，更换 V 带时，应全部更换，以免新旧带混用形成载荷分配不均，造成新带的急剧损耗。

3）安装传动带时，两轴必须平行，两带轮的轮槽必须对准，否则会加速带的磨损。

4）安装传动带时，应使松边在上，这样可以增加包角。

5）安装时应先将中心距减小，松开张紧轮，带装好后再调整到合适的张紧程度，不能将带强行撬入。

6）为确保安全，带传动一般应安装防护罩，并在使用过程中定期检查，调整带的张紧力。

二、链传动识别

1. 链传动的结构和应用

链传动为具有中间挠性件的啮合传动，它同时具有刚、柔特点，是一种应用十分广泛的机械传动形式。如图 5-6 所示，链传动由主动链轮 1、从动链轮 2 和套在链轮上的链条 3 组成的，它依靠链节与链轮齿的啮合来传递运动和动力。

根据用途的不同，链分为传动链、起重链和牵引链。传动链用来传递动力和运动，起重链用于起重机械中提升重物，牵引链用于链式输送机中移动重物。常用的传动链有套筒滚子链和齿形链（见图 5-6、图 5-7）。

图 5-6 所示为链传动，通常由安装在两根平行轴上的主动链轮、从动链轮和链条组成，它是靠链轮轮齿与链条的啮合来传递运动和动力的。

与带传动相比链传动有以下优点：

1）由于是啮合传动，故在相同的时间内，两个链轮转过的链齿数是相同的，故能保证平均传动比恒定不变。

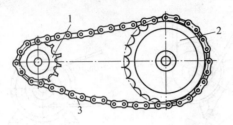

图 5-6 链传动（套筒滚子链）

图 5-7 齿形链

1—主动链轮；2—从动链轮；3—链条

2）链条安装时不需要初拉力，故工作时作用在轴上的力相比于带传动小，有利于延长轴承寿命。

3）可在恶劣的环境下（如高温、多尘、油污、潮湿等）可靠地工作，故广泛应用于农业、矿山、石油、化工、食品等行业。

4）链条本身强度高，能传递较大的圆周力，故在相同条件下，链传动装置的结构尺寸比带传动小。

链传动的主要缺点是运行平稳性差，工作时不能保证恒定的瞬时传动比，故噪声和振动大，高速时尤其明显；对制造和安装的精度要求较带传动高；过载时不能起保护作用。

由于链传动的这些特点，它常在两轴的中心距较大而又不宜用带传动或齿轮传动的场合中使用。链传动一般应用范围为：功率 $P < 100$ kW，传动比 $i \leqslant 6$，链速 $v < 15$ m/s，中心距 $a < 5$ m，效率 $\eta = 0.92 \sim 0.98$。

为使链节和链轮齿能顺畅地进入和退出啮合，主动链轮的转向应使传动的紧边在上。若松边在上，会由于垂度增大，链条与链轮齿相干扰，破坏正常啮合，或者引起松边与紧边相碰。链传动最好水平布置，链轮轴也应水平方向布置，避免垂直布置，如图 5-8 所示。

为避免链条在垂度过大时产生啮合不良和链条的振动，当中心距不能调整时，应采用张紧轮，如图 5-9 所示。

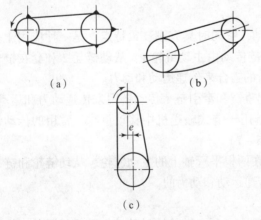

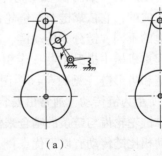

图 5-8 传动链的布置

图 5-9 张紧轮的应用

（a）弹簧力张紧；（b）重力张紧

2. 滚子链和链轮

1）滚子链

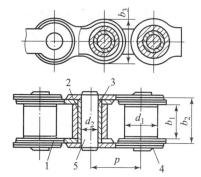

图 5 – 10　滚子链结构

1—内链板；2—滚子；3—套筒；
4—外链板；5—销轴

如图 5 – 10 所示，滚子链由内链板 1、滚子 2、套筒 3、外链板 4、销轴 5 组成。内链板与套筒、外链板与销轴均为过盈配合，套筒与销轴、滚子与套筒均为间隙配合，这样使内、外链节间构成可相对转动的运动副，并减少链条与链轮间的摩擦和磨损。为减轻重量及使链板各截面强度接近相等，链板制成 8 字形。滚子链使用时为封闭形，当链节数为偶数时，链条一端的外链板正好与另一端的内链板相连，用与外链板销孔为间隙配合的销轴穿过内外链板销孔，再用开口销或弹簧夹锁紧，如图 5 – 11（a）和图 5 – 11（b）所示。若链节数为奇数，则需采用过渡链节连接，如图 5 – 11（c）所示。链条受拉时，过渡链节的弯链板承受附加的弯矩作用，所以，设计时链节数应尽量避免取奇数。

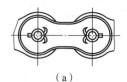 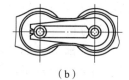 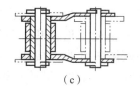

（a）　　　　　　　　　（b）　　　　　　　　　（c）

图 5 – 11　滚子链连接

（a）开口销锁紧；（b）弹簧夹锁紧；（c）过渡链节

链条相邻两滚子中心间的距离称为节距，用 p 表示，它是链的重要参数。

滚子链已标准化，GB/T 1243.1—1983 规定，滚子链分 A、B 两个系列，常用的滚子链的主要参数和尺寸见有关标准。

滚子链标记为"链号等级一排数×链节数标准号"。例如，A 系列滚子链，节距为 15.875 mm，单排，86 节的滚子链，标记号为：10A – l×86GB/T 1243—1997。链条各元件的材料为经热处理的碳素钢或合金钢，具体牌号及热处理后的硬度值见有关标准。

2）链轮

链轮的齿形应保证链节能平稳、顺利地进入和退出啮合，受力均匀，不出现脱链现象，且便于加工。国家标准 GB/T 1244—1985 规定，链轮端面齿廓由 3 段圆弧 $\widehat{aa}$、$\widehat{ab}$、$\widehat{cd}$ 和一段直线 bc 组成，如图 5 – 12 所示。

链轮的轴向齿廓两侧制成圆弧形，以便于链条进入和退出链轮，轴向齿廓应符合 GB/T 1244—1985 的规定。

图 5 – 13 所示为几种常用的链轮结构。小直径的链轮制成整体实心式结构，如图 5 – 13（a）所

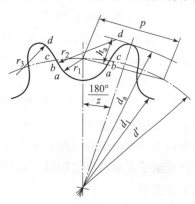

图 5 – 12　链轮端面齿形

示；中等直径的链轮多采用孔板式，如图5－13（b）所示；大直径的链轮常采用组合式，齿轮与轮芯可用不同材料制成，用螺栓连接，如图5－13（c）所示，或如图5－13（d）所示焊接成一体，前者在齿圈磨损后可便于更换。

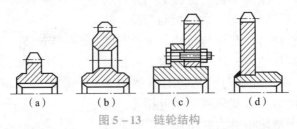

图5－13　链轮结构

链轮的材料应保证轮齿具有足够的耐磨性和强度，常用材料有碳钢（如45、50、ZG310－570）、灰铸铁（如HT200），重要的链轮可采用合金钢（如40Cr、35SiMn）齿形面做热处理。小链轮啮合次数比大链轮多，故其材料应优于大链轮。

3. 链传动的运动特性及失效形式

（1）运动特性

由于链条是由刚性链节通过销轴铰接而成，故当链绕在两链轮上时，其链节与相应的轮齿啮合后，这一段链条将曲折成正多边形的一部分，如图5－14所示。因此，链传动相当于两多边形轮子间的带传动。链条节距 p 与链轮齿数 z 分别为多边形的边长和边数。

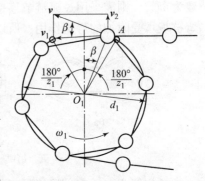

图5－14　链传动的失效分析

但应注意，链的瞬时速度和链传动的瞬时传动比都是变化的。另外，链节进入链轮的瞬间，以一定相对速度相啮合，使链轮受到冲击。

所以，链传动工作时，不可避免地要产生振动冲击和动载荷。因此，链传动不宜用在高速级，且当链速 v 一定时，采用较多链齿和较小链节距，这对减少冲击、振动是有利的。

（2）滚子链的失效形式

1）链条链轮的磨损。链在工作时，销轴和套筒承受较大的压力，且做相对运动，因而会产生表面磨损，磨损后会使链节增长，达到一定程度时将导致跳齿或脱链。润滑密封不良时，磨损更加严重，会使链条使用寿命急剧降低。磨损是开式链传动的主要失效形式。

2）链条的疲劳破坏。链在工作时，不断地由松边到紧边反复地做环形绕转，因此链条在变应力状态下工作。当应力循环次数达到一定时，链条中的某一零件产生疲劳破坏而失效。由试验可知，润滑良好、工作速度较低时，链板首先疲劳断裂；高速时，套筒或滚子表面将会出现疲劳点蚀或疲劳裂纹。此时，疲劳强度是限制链传动承载能力的主要因素。

3）链条铰链胶合。润滑不当或转速过高时，组成铰链副的销轴和套筒的摩擦表面易发生胶合破坏。

4）链条过载拉断或多冲破断。低速重载的链条过载时，易发生静强度不足而断裂。经常启动、制动、反转或受重复冲击载荷时，链条的各元件受到较大且多次重复的冲击载荷，不等发生疲劳就产生了冲击断裂，故叫多冲破断。

一般情况下，链轮的寿命为链条寿命的 2 ~ 3 倍以上，故链传动的承载能力主要取决于链条的强度和寿命。

4. 链传动的润滑

良好的润滑能减少链条较链的磨损，延长使用寿命。因此，润滑对链传动是必不可少的。图 5 – 15 所示为几种常见的润滑方法。图 5 – 15（a）所示为用油刷或油壶人工定期润滑；图 5 – 15（b）所示为滴油润滑，用油杯通过油管将油滴入松边链条元件各摩擦面间；图 5 – 15（c）所示为链浸入油池的油浴润滑；图 5 – 15（d）所示为飞溅润滑，由甩油轮将油甩起进行润滑；图 5 – 15（e）所示为压力润滑，润滑油由油泵经油管喷在链条上，循环的润滑油还可起冷却作用，润滑油可采用 N32、N46、N68 机械油。为了安全与防尘，链传动应装防护罩。

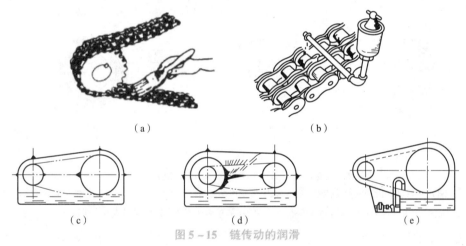

（a）　　　　　　　　　　　　　　（b）

（c）　　　　　　　（d）　　　　　　　（e）

图 5 – 15　链传动的润滑

（a）人工定期润滑；（b）滴油润滑；（c）油浴润滑；（d）飞溅润滑；（e）压力润滑

三、齿轮传动识别

1. 概述

齿轮传动是应用最广泛的传动机构之一。按照两轴的相对位置，可将其分为平面齿轮机构和空间齿轮机构两大类。

5 – 1 – 01
各种齿轮
传动动画演示

两轴平行的齿轮传动称为平面齿轮传动或圆柱齿轮传动，如图 5 – 16（a）~ 图 5 – 16（e）所示；两轴不平行的齿轮传动称为空间齿轮传动，如图 5 – 16（f）~ 图 5 – 16（j）所示。

按照齿轮工作时的密封条件，齿轮传动可分为闭式传动和开式传动。闭式传动的齿轮封闭在刚性箱体内，润滑和工作条件良好，重要的齿轮传动都采用闭式传动；开式传动的齿轮是外露的，不能保证良好润滑，且易落入灰尘、杂质，故齿面易磨损，只用于低速传动。

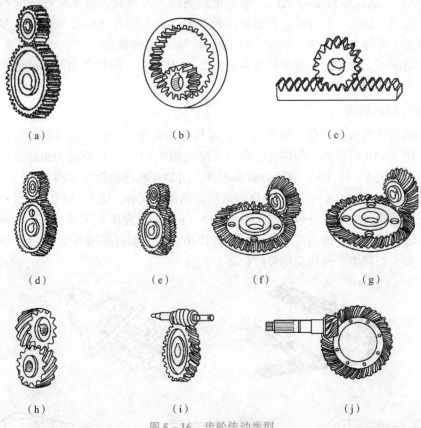

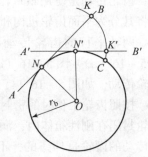

图 5－16 齿轮传动类型

（a）外啮合直齿圆柱齿轮传动；（b）内啮合直齿圆柱齿轮传动；（c）齿轮齿条传动；

（d）平行轴斜齿圆柱齿轮传动；（e）人字齿轮传动；（f）锥齿轮传动；（g）弧齿锥齿轮传动；

（h）交错轴斜齿轮圆柱齿轮传动；（i）蜗轮蜗杆传动；（j）准双曲面齿轮传动

齿轮传动具有以下特点：运行平稳，能保证恒定的传动比；结构紧凑、工作可靠、寿命长、效率高；功率和速度的适用范围广。但齿轮传动的制造和安装精度要求高，故成本较高；不适合于中心距较大的传动；精度低时，工作噪声较大。

2. 渐开线齿廓

齿轮的轮齿齿廓（即外形）曲线并非随意选取的，为了保证齿轮传动的平稳性，对齿轮齿廓曲线的特性有一定的要求，即任一瞬时的传动比恒定。满足这一要求的齿廓曲线有渐开线、摆线、圆弧等，目前广泛用于各类机械的齿轮齿廓曲线是渐开线，称为渐开线齿轮。

（1）渐开线的形成及其性质

当一直线 AB 在半径为 r_b 的圆上做纯滚动时（见图 5－17），直线上任一点 K 的轨迹称为该圆的渐开线。该圆称为基圆，r_b 称为基圆半径，直线 AB 称为发生线。

由渐开线的形成过程可知，渐开线具有以下性质：

图 5－17   渐开线的形成

1）发生线在基圆上滚过的长度等于基圆上被滚过的弧长，即 $KN = CN$。

2）因发生线在基圆上做纯滚动，所以 K 点附近的渐开线可以看成是以 N 为圆心的一段圆弧。于是 N 点是渐开线在 K 点的曲率中心，KN 是渐开线在 K 点的法线，同时又切于基圆，K 点离基圆越远，曲率半径越大。

3）渐开线的形状取决于基圆的大小。基圆不同，渐开线形状也不同，基圆越大，渐开线越平直，当基圆半径无穷大时，渐开线成为直线，即渐开线齿条的齿廓。

4）由于渐开线是发生线从基圆向外伸展的，故基圆内无渐开线。

（2）渐开线齿廓的啮合特性

1）传动比恒定不变。图 5－18 中 E_1、E_2 两条曲线是一对在 K 点啮合的渐开线齿廓，它们的基圆半径分别为 r_{b1} 和 r_{b2}。当 E_1、E_2 在任意点 K 啮合时，过 K 点作这对渐开线齿廓的公法线，依据前述渐开线的特性，该线必与每个基圆相切，切点为 N_1、N_2，N_1N_2 又是两基圆的内公切线。N_1N_2 与连心线 O_1O_2 相交于 P 点，分别以 O_1、O_2 为圆心，以 O_1P、O_2P 为半径所作的圆称为节圆。由于其基圆半径 r_{b1}、r_{b2} 不变，则其内公切线 N_1N_2 是唯一的，交点 P 必为一定点。由力学原理可知，只要两齿廓保持接触，v_{K1} 和 v_{k2} 在 N_1N_2 方向的分量必相等，得出两轮的传动比为

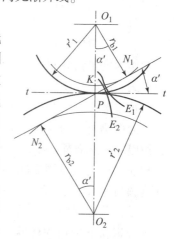

图 5－18　渐开线齿廓的啮合

$$i_{12} = \frac{\omega_1}{\omega_2} = \frac{O_2P}{O_1P} = 常数 \tag{5－1}$$

2）传动中心距的可分性。如图 5－18 所示，直角三角形 O_1N_1P 与直角三角形 O_2N_2P 相似，所以两轮的传动比还可以写为

$$i_{12} = \frac{\omega_1}{\omega_2} = \frac{O_2P}{O_1P} = \frac{r'_2}{r'_1} = \frac{r_{b2}}{r_{b1}} = 常数 \tag{5－2}$$

式中，r'_1、r'_2 和 r_{b1}、r_{b2} 分别为两轮的节圆半径和基圆半径。

上式说明，一对齿轮的传动比为两基圆半径的反比，而与中心距无关。

因此，齿轮传动实际工作时，即使中心距稍有变化也不会改变瞬时传动比，这是因为已制好的两齿轮基圆不会改变。渐开线齿轮传动的中心距稍有变动时仍能保持传动比不变的特性，称为中心距可分性。中心距可分性给齿轮传动的设计提供了方便。

3）啮合时传递压力的方向不变。齿轮传动时，其齿廓接触点 K 称为啮合点，其运动轨迹称为啮合线。渐开线齿廓啮合时，由于无论在哪一点接触，K 处的公法线总是两基圆的内公切线 N_1N_2，故渐开线齿廓的啮合线就是直线 N_1N_2。由此可知，齿廓公法线、基圆内公切线和啮合线是同一条直线。

啮合线 N_1N_2 与两轮节圆的公切线 $t－t$ 间的夹角 α 称为啮合角。显然，渐开线齿廓啮合传动时，啮合角 α' 为常数。

这表明，一对渐开线齿轮在啮合时，无论啮合点在何处，其受力方向始终不变，从而使传动平稳。这是渐开线齿轮传动的又一特点。

注意：只有在一对齿轮相互啮合的情况下，才有节圆和啮合角，单个齿轮不存在节圆和啮合角。

3. 渐开线标准直齿圆柱齿轮的基本参数和几何尺寸计算

（1）齿轮的基本参数

1）齿数 z。一个齿轮的轮齿总数，主动轮为 z_1、从动轮为 z_2。

2）分度圆直径 d 和模数 m。图 5 – 19 所示为渐开线直齿圆柱齿轮的一部分。d_a 为齿顶圆直径，d_f 为齿根圆直径。为了设计、制造方便，在齿轮上齿顶圆与齿根圆之间取一个圆作为度量齿轮尺寸的基准，这个圆称为分度圆，d 为分度圆直径。沿某一圆周上量得的轮齿厚度称为齿厚，相邻两齿之间的距离称为齿槽宽。对于标准齿轮，在分度圆上，齿厚 s 和齿槽宽 e 相等，即 $s = e$。

相邻两齿同侧齿廓之间的分度圆弧长称为分度圆齿距（简称齿距），用 p 表示。

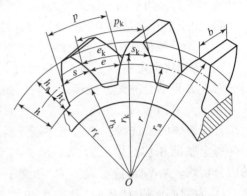

图 5 – 19　齿轮各部分名称

于是，分度圆周长为 $pz = \pi d$ 或 $d = zp/\pi$，式中 π 为无理数，为了计算和测量方便，人为地规定 p/π 的值为标准值，称为模数，用 m 表示，因此有

$$d = mz \qquad\qquad (5-3)$$

表 5 – 3 所示为国家标准 GB/T 1357—2008 规定的标准模数系列，其单位为 mm。

表 5 – 3　标准模数系列　　　　　　　　　　　　　　　　mm

第一系列	1　1.25　1.5　2　2.5　3　4　5　6　8　10　12　16　20　25　32　40　50		
第二系列	1.75　2.25　(3.25)　3.5　(3.75)　4.5　5.5　(6.5)　7　9　(11)　14　18　22　28　(30)　45		

3）压力角 α。力的作用方向和物体上力的作用点的速度方向之间的夹角称为压力角。

如图 5 – 20 所示，在不计摩擦时，正压力 $\boldsymbol{F}_n$ 与接触点 K 的速度 $\boldsymbol{v}_K$ 方向所夹的锐角 α_K 称为渐开线齿廓上该点的压力角。

由图 5 – 20 可得

$$\cos\alpha_K = \frac{r_b}{r_K} \qquad\qquad (5-4)$$

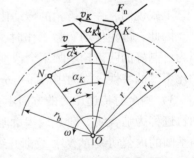

图 5 – 20　压力角

式中，r_b 为基圆半径，r_k 为渐开线上 K 点的向径。

由式（15 – 2）可知，渐开线齿廓上各点的压力角不相等，离基圆越远的点，其压力角越大。齿轮的压力角 α 通常是指渐开线齿廓在分度圆上的压力角。我国规定标准渐开线齿轮的压力角 $\alpha = 20°$。只要以分度圆半径 r 代替上式中的 r_K 即得分度圆上压力角 α 的计算公式

$$\cos\alpha = r_b/r = d_b/d \tag{5-5}$$

至此，可重新给分度圆下一个完整、确切的定义：分度圆是具有标准模数和标准压力角的圆。

4）齿顶高系数 h_a^* 和顶隙系数 c^*。齿顶高和齿根高都与模数成正比，所以，齿顶高 h_a 和齿根高 h_f 可分别表示为

$$h_a = h_a^* m$$
$$h_f = (h_a^* + c^*) m \tag{5-6}$$

式中，h_a^* 为齿顶高系数，c^* 为顶隙系数。对于圆柱齿轮，我国标准规定 $h_a^* = 1$，$c^* = 0.25$。

$c^* m$ 称为顶隙，是一齿轮的齿顶圆与另一齿轮的齿根圆之间的径向距离。当齿轮的模数、压力角、齿顶高系数、顶隙系数均为标准值，且分度圆上的齿厚等于齿槽宽时，这样的齿轮就称为标准齿轮。

（2）齿轮的几何尺寸计算

渐开线标准直齿圆柱齿轮的主要几何尺寸计算如下：

1）分度圆直径 d。

$$d = zm$$

2）齿顶高 h_a 和齿根高 h_f。

$$h_a = h_a^* m$$
$$h_f = (h_a^* + c^*) m$$

3）齿顶圆直径 d_a 和齿根圆直径 d_f。

$$d_a = d \pm 2h_a = m(z \pm 2h_a^*)$$
$$d_f = d \mp 2h_f, \ d_f = m(z \mp 2h_a^* \mp 2c^*) \tag{5-7}$$

4）标准中心距 a。一对标准渐开线齿轮安装以后，如果两齿轮的分度圆正好互相外切（分度圆与节圆重合），则称为标准安装。此时两轮的中心距等于两轮分度圆半径之和，这种中心距称为标准中心距，即

$$a = \frac{1}{2}(d_1 \pm d_2) = \frac{1}{2}m(z_1 \pm z_2) \tag{5-8}$$

式中有上下运算符，上面符号用于外啮合及外齿轮，下面符号用于内啮合及内齿轮。

相邻两齿同侧齿廓间沿公法线所量得的距离称为齿轮的法向齿距；相邻两齿同侧齿廓的渐开线起始点之间的基圆弧长称为基圆齿距。根据渐开线的性质[①]知，法向齿距和基圆齿距相等，将二者均用 p_b 表示。由齿距的定义和式（5-5）可得

$$p_b = \frac{\pi d_b}{z} = \pi m \cos\alpha \tag{5-9}$$

4. 渐开线直齿圆柱齿轮的啮合条件

（1）正确啮合条件

为保证两齿轮能正确啮合，即两对齿廓均在啮合线上相切接触，两轮齿间不产生

---

① 渐开线发生在基圆上滚过的线段长度，等于基圆上被滚过的一段弧长的性质；或渐开线与基圆之间为纯滚动，没有相对滑动的性质。

间隙或卡住，必须使两齿轮的法向齿距相等，即

$$p_{b1} = p_{b2}$$

将式（5-9）代入可得

$$m_1\cos\alpha_1 = m_2\cos\alpha_2$$

由于齿轮的模数和压力角都已标准化，所以要满足上式应使

$$m_1 = m_2 = m$$

$$\alpha_1 = \alpha_2 = \alpha \qquad (5-10)$$

即一对渐开线直齿圆柱齿轮的正确啮合条件是：两轮的模数和压力角应分别相等。

根据正确啮合条件，一对渐开线齿轮的传动比公式可以写为

$$i_{12} = \frac{\omega_1}{\omega_2} = \frac{r'_2}{r'_1} = \frac{r_{b2}}{r_{b1}} = \frac{d_{b2}}{d_{b1}} = \frac{d_2\cos\alpha}{d_1\cos\alpha} = \frac{d_2}{d_1} = \frac{mz_2}{mz_1} = \frac{z_2}{z_1} \qquad (5-11)$$

（2）连续啮合条件

要保证齿轮能连续啮合传动，前一对轮齿在退出啮合时，后一对轮齿必须提前或至少同时开始啮合，这样传动才能连续进行。

我们把一个齿轮每个齿每次参加啮合的时间之和与这个齿轮转动一圈所需的时间之比称为齿轮传动的重合度，用 ε 表示，故渐开线齿轮连续传动的条件为

$$\varepsilon \geqslant 1$$

ε 越大，意味着多对轮齿同时参与啮合的时间越长，每对轮齿承受的载荷就越小，齿轮传动也越平稳。对于标准齿轮，ε 的大小主要与齿轮的齿数有关，齿数越多，ε 越大。直齿圆柱齿轮传动的最大重合度 $\varepsilon = 1.982$，即直齿圆柱齿轮传动不可能始终保持两对轮齿同时啮合。理论上只要 $\varepsilon = 1$ 就能保证连续传动，但因齿轮有制造和安装等误差，实际应使 $\varepsilon > l$。一般机械中常取 $\varepsilon \geqslant 1.1 \sim 1.4$。

5. 根切现象、最少齿数和变位齿轮的概念

（1）齿轮加工方法简介

渐开线齿轮轮齿的加工方法很多，常用的方法是切削加工。按加工原理的不同，切削加工又分为仿形法和展成法。

仿形法是用轴向剖面形状与齿槽形状相同的圆盘铣刀或指状铣刀在普通铣床上铣出轮齿。采用仿形法加工齿轮简单易行，但精度较低，且加工过程不连续，生产效率低，故一般仅适用于单件小批量生产及精度要求不高的齿轮，现在已很难见到。

展成法是利用一对齿轮互相啮合传动时其两轮齿廓互为包络线的原理来加工齿轮的。展成法切齿常用刀具有齿轮插刀、齿条插刀及滚刀。展成法加工齿轮时，只要改变刀具与轮坯的传动比，就可以用同一刀具加工出不同齿数的齿轮，而且精度及生产率均较高。因此，在大批量生产中多数采用展成法。

（2）根切现象和最少齿数

用展成法加工齿轮时，如果齿轮的齿数太少，则齿轮毛坯的渐开线齿廓根部会被刀具的齿顶切去一部分，这种现象称为根切（见图5-21）。轮齿根

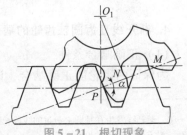

图 5-21 根切现象

切后，弯曲强度降低，重合度也将减小，使传动质量变差，因此应尽量避免发生根切。

为了避免发生根切现象，标准直齿圆柱齿轮的齿数不能少于17。

（3）变位齿轮的概念

用展成法加工齿轮时，将刀具向远离或靠近轮坯中心方向移动一段距离，这种改变刀具和轮坯相对位置的加工方法称为变位修正法，由此加工出来的齿轮称为变位齿轮。规定：刀具向远离轮坯中心的方向移动称为正变位，向靠近轮坯中心方向移动称为负变位。

使用变位齿轮有两个目的：

1）为加工出齿数少于最少齿数而又不根切的齿轮。正变位可以避免根切，并可以使轮齿变厚，提高其抗弯强度。

2）凑中心距。负变位会加剧根切，使轮齿变薄，齿轮强度下降，只有齿数较多的大齿轮且为拼凑中心距时才可采用。例如齿轮传动中若因齿轮磨损过大而影响使用时，更换大齿轮的费用较高，可采用负变位修正大齿轮的齿廓，再加工一正变位的小齿轮与其配合，可大大降低维修费用。

注意：变位齿轮和变位传动在概念上的区别。

6. 斜齿圆柱齿轮传动

（1）斜齿圆柱齿轮齿面的形成与啮合特点

在讨论直齿圆柱齿轮的齿廓形成和啮合特点时，都是在齿轮端面进行的。由于齿轮具有一定的宽度，所以其齿廓应该是渐开线曲面。如图5-22（a）所示，直齿轮的齿廓曲面是发生面 S 绕基圆柱做纯滚动时，发生面上平行于基圆柱母线的直线在空间形成的柱形渐开线曲面，如图5-22（b）所示。而斜齿轮的齿廓曲面是发生面上与基圆柱母线成一夹角 β 的直线在空间形成的一渐开螺旋面，如图5-23所示。

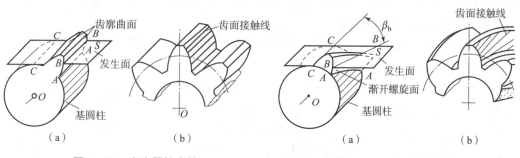

图5-22　直齿圆柱齿轮
（a）齿廓曲面的形成；（b）接触线

图5-23　斜齿圆柱齿轮
（a）齿廓曲面的形成；（b）接触线

由齿廓的形成过程可以看出，直齿圆柱齿轮由于轮齿齿向与轴线平行，在与另一个齿轮啮合时，沿齿宽方向的瞬时接触线是与轴线平行的直线。

一对轮齿沿整个齿宽同时进入啮合和脱离啮合，致使轮齿受力和变形都是突然发生的，易引起冲击、振动和噪声，尤其是在高速传动中更为严重。而斜齿轮啮合传动时，齿面接触线与齿轮轴线相倾斜，一对轮齿是逐渐进入啮合，同时逐渐脱离啮合，多齿啮合的时间比直齿轮长，故斜齿轮传动平稳、噪声小、重合度大、承载能力强，适用于高速和大功率场合。缺点是斜齿轮传动中要产生轴向力，使轴承支承结构变得复杂。

（2）斜齿圆柱齿轮的主要参数和几何尺寸计算

1）端面齿距 p_t、法面齿距 p_n 和螺旋角 β。

图 5-24 所示为斜齿轮分度圆柱面的展开图，图中阴影线部分为被剖切轮齿，空白部分为齿槽，p_t 和 p_n 分别为端面齿距和法面齿距，由图中几何关系可知

$$p_n = p_t \cos\beta \tag{5-12}$$

式中，β 为分度圆柱面上螺旋线的切线与齿轮轴线的夹角，称为斜齿轮的螺旋角，一般 $\beta = 8° \sim 20°$。

根据螺旋线的方向，斜齿轮有左旋和右旋之分，如图 5-25 所示。

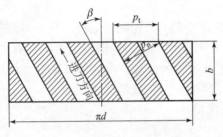

图 5-24 斜齿轮分度圆柱展开图

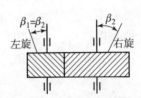

图 5-25 斜齿轮轮齿旋向

2）端面模数 m_t 和法面模数 m_n。

$$m_n = m_t \cos\beta \tag{5-13}$$

由于加工斜齿圆柱齿轮的轮齿时，齿轮刀具是沿轮齿的倾角方向进刀的，因此斜齿圆柱齿轮的齿槽，在法面内与标准直齿圆柱齿轮相同，规定斜齿轮的法面参数（m_n、α_n、h_{an}^*、c_n^*）为标准值。加工斜齿轮时，应按其法面参数选用刀具。法面模数 m 可由表 15-3 查得，法面压力角 $\alpha_n = 20°$，法面齿顶高系数 $h_{an}^* = 1$，法面顶隙系数 $c_n^* = 0.25$。

3）齿顶高系数和顶隙系数。

因为轮齿的径向尺寸无论是从端面还是从法面看都是相同的，所以，端面和法面的齿顶高、顶隙都是相等的，取标准值

$$h_{an}^* = h_{at}^* = 1, \quad c_n^* = c_t^* = 0.25$$

于是

$$h_a = h_{an}^* m_a = m_a$$
$$h_f = h_{an}^* + c_n^* m_n = 1.25 m_a$$

4）压力角。

图 5-26 所示为斜齿条的一个齿，由图中的几何关系可以导出

$$\tan\alpha_n = \tan\alpha_t \cos\beta \tag{5-14}$$

5）分度圆直径。

$$d = m_t z = \frac{m_n}{\cos\beta} \tag{5-15}$$

6）标准中心距。

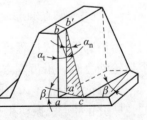

图 5-26 端面压力角和法面压力角

$$a = \frac{d_1 \pm d_2}{2} = \frac{m_t(z_1 \pm z_2)}{2} = \frac{m_n(z_1 \pm z_2)}{2\cos\beta} \tag{5 - 16}$$

7）齿顶圆、齿根圆直径。

$$\begin{cases} d_a = d \pm 2h_a = m(z \pm 2h_a^*) \\ d_f = d \mp 2h_f = m(z \mp 2h_a^* \mp 2c^*) \end{cases}$$

（3）斜齿圆柱齿

轮的正确啮合条件：在端面内，斜齿圆柱齿轮和直齿圆柱齿轮一样，都是渐开线齿廓，因此一对斜齿圆柱齿轮传动时，必须满足

$$m_{n1} = m_{n2}, \quad \alpha_{n1} = \alpha_{n2}$$

两齿轮的螺旋角 β 应大小相等、旋向相反。又由于斜齿圆柱齿轮的法向参数为标准值，故其正确啮合条件为

$$\begin{cases} m_{n1} - m_{n2} = m_n \\ \alpha_{n1} = \alpha_{n2} = \alpha_n \\ \beta_1 = \pm\beta_2 \end{cases}$$

式中，"－"号用于外啮合，"＋"号用于内啮合。

（4）斜齿圆柱齿轮的当量齿数

进行强度计算或用成形法加工斜齿轮时，必须知道斜齿轮法向齿形。过斜齿轮分度圆上一点 P 作轮齿的法向剖面 $n-n$，该平面与分度圆柱面的交线为一椭圆，以椭圆在 P 点的曲率半径 ρ 为分度圆半径，以斜齿轮的法向模数 m_n 为模数，取标准压力角 α，作一直齿圆柱齿轮，其齿形最接近于法向齿形，则称这一假想的直齿圆柱齿轮为该斜齿轮的当量齿数 z_v，即

$$z_v = \frac{z}{\cos^3\beta} \tag{5 - 17}$$

7. 锥齿轮传动

锥齿轮的轮齿分布在一截锥体上，如图 5 - 27 所示，它用于两轴线相交的轴间传动，特别是两轴线互垂相交的轴间传动（$\Sigma = 90°$）。

锥齿轮传动因齿形的特点，很难获得高加工精度，不适用于高速度情况；另外，小锥齿轮（一般为主动轮）的齿轮轴多为悬臂支承，其支承强度和刚度都很弱，因此也不适用于重载情况。锥齿轮的轮齿可以是直齿、斜齿或弧齿。

5 - 1 - 02　曲面锥齿轮传动

直齿锥齿轮因其设计、加工及安装均较简便，故应用较广。而弧齿锥齿轮由于其传动平稳、结构紧凑并可传递较大负荷，故在汽车及拖拉机的差动轮系中获得广泛应用。

锥齿轮的几何尺寸计算以大端为标准，其基本参数和尺寸（见图 5 - 27（b））如下：

锥距 R：

$$R = \sqrt{\left(\frac{d_1}{2}\right)^2 + \left(\frac{d_2}{2}\right)^2} = \frac{m}{2}\sqrt{(z_1^2 + z_2^2)} \tag{5 - 18}$$

齿宽 B：

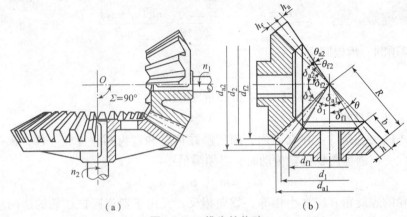

（a）

图 5 – 27　锥齿轮传动

（a）传动关系与结构；（b）参数和尺寸

$$B \leqslant 0.3R$$

锥角 δ：$\delta_1 + \delta_2 = 90°$，其中

$$\delta_1 = \tan^{-1}\left(\frac{z_1}{z_2}\right), \quad \delta_2 = \tan^{-1}\left(\frac{z_2}{z_1}\right)$$

在大端的分度圆上，模数 m 按国家标准规定的模数系列取值，压力角 $\alpha = 20°$，齿顶高系数 $h_a^* = 1$，顶隙系数 $c^* = 0.2$。

锥齿轮的正确啮合条件为：两锥齿轮的大端模数和压力角分别相等且等于标准值，即

$$\begin{cases} m_1 = m_2 = m \\ \alpha_1 = \alpha_2 = \alpha \\ R_1 = R_2 = R \end{cases}$$

一对锥齿轮传动的传动比为

$$i = \frac{\omega_1}{\omega_2} = \frac{n_1}{n_2} = \frac{z_2}{z_1}$$

锥齿轮的当量齿数 z_v 为

$$z_v = \frac{z}{\cos\delta} \tag{5 – 19}$$

8. 齿轮的结构

（1）齿轮轴

对于直径较小的钢齿轮，当其齿根圆与键槽底部的距离 x 较小，即 $x \leqslant 2m$（m 为标准模数）（锥齿轮为 $x \leqslant 1.6m$）时，将齿轮与轴制成一体，称为齿轮轴，如图 5 – 28 所示。

（2）实体式齿轮

当齿轮的齿顶圆直径 $d_a \leqslant 200$ mm 时，齿轮与轴分别制造，制成锻造实体式齿轮，如图 5 – 29 所示。

（3）腹板式齿轮

当齿轮的齿顶圆直径 $d_a \leqslant 500$ mm 时，可制成锻造腹板式齿轮，如图 5 – 30 所示。

（4）轮辐式齿轮

当齿轮的齿顶圆直径 $d_a = 400 \sim 1\,000$ mm 时，可制成铸造轮辐式齿轮，如图 5 – 31 所示。

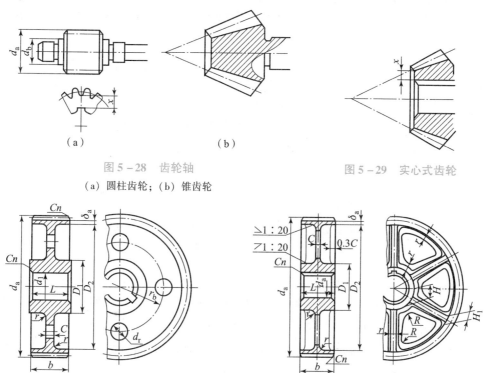

图 5 – 28　齿轮轴

（a）圆柱齿轮；（b）锥齿轮

图 5 – 29　实心式齿轮

图 5 – 30　腹板式齿轮

图 5 – 31　轮辐式齿轮

9. 齿轮的失效形式及常用材料

（1）齿轮的失效形式

齿轮传动的失效主要发生在轮齿，常见的轮齿失效形式有以下 5 种：

1）轮齿折断。当载荷作用于轮齿上时，在载荷多次重复作用下，齿根处将产生疲劳裂纹，随着裂纹的不断扩展，最后导致轮齿疲劳折断，如图 5 – 32（a）所示。偶然的严重过载或大的冲击载荷，也会引起轮齿的突然折断，称为过载折断。

2）齿面点蚀。齿轮在啮合传动时，齿面受到脉动循环交变接触应力的反复作用，使得轮齿的表层材料出现微小的疲劳裂纹，导致齿面表层的金属微粒脱落，形成齿面麻点，这种现象称为齿面点蚀，如图 5 – 32（b）所示。点蚀使轮齿齿面损坏，引起冲击和噪声，进而导致齿轮传动失效。点蚀通常发生在轮齿靠近节线的齿根表面上。

3）齿面磨损。在开式齿轮传动中，由于灰尘、铁屑等磨料性物质落入轮齿工作面间，而引起齿面磨粒磨损，如图 5 – 32（c）所示。齿面过度磨损后，齿廓形状被破坏，轮齿变薄，最终导致严重的噪声和振动或轮齿折断，使传动失效。

4）齿面胶合。在高速重载齿轮传动中，由于齿面间压力大、温度高而使润滑失效，当瞬时温度过高时，相啮合的两齿面将发生粘焊在一起的现象，随着两齿面的相对滑动，粘焊被撕开，于是在较软齿面上沿相对滑动方向形成沟纹，如图 5 – 32（d）

所示，这种现象称为齿面胶合。胶合通常发生在齿面上相对滑动速度较大的齿顶和齿根部位。

5）齿面塑性变形。当齿轮材料较软且有重载作用时，轮齿表面材料将沿着摩擦力方向发生塑性变形，导致主动轮齿面节线处出现凹沟，从动轮处出现凸棱，如图 5 - 32（e）所示。

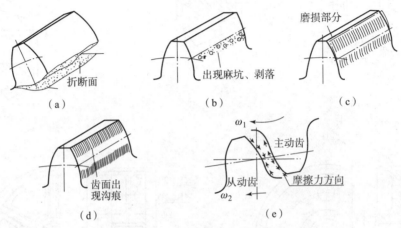

图 5 - 32　齿轮的失效形式

（a）轮齿折断；（b）齿面点蚀；（c）齿面磨损；（d）齿面胶合；（e）齿面塑性变形

（2）齿轮的常用材料

制造齿轮的常用材料首先是锻钢和铸钢，其次是铸铁，特殊情况可采用有色金属和非金属材料。这里仅简单介绍锻钢、铸钢和铸铁。

1）锻钢。

锻钢具有强度高、韧性好、便于制造等特点，还可以通过各种热处理的方法改善其力学性能。所以，重要的齿轮都采用锻钢。按齿面硬度和制造工艺的不同，可把锻钢齿轮分为两类。

①软齿面齿轮（齿面硬度≤350 HBS）。软齿面齿轮一般是热处理（调质或正火）以后进行切齿，齿面硬度通常为 160 ~ 286 HBS。因齿面硬度低，故承载能力较低。但因制造工艺简单、成本低，故而广泛用于对尺寸及质量没有严格限制的一般机械中。由于小齿轮比大齿轮速度高、啮合次数多，故寿命较短，为使大、小齿轮的寿命接近，应使小齿轮的齿面硬度比大齿轮高 25 ~ 50 HBS。软齿面齿轮的常用材料为 45、40Cr、35SiMn、38SiMnMo 等中碳钢和中碳合金钢。

②硬齿面齿轮（齿面硬度 > 350 HBS）。硬齿面齿轮通常是在半精加工后进行热处理的，常用的热处理方法有淬火和表面淬火等。齿面硬度通常为 40 ~ 62 HRC。热处理后齿面有变形，可采用研磨、磨削等精加工方法加以消除。硬齿面齿轮齿面硬度高、承载能力高、耐磨性好，适用于对尺寸和质量有限制的重要机械中。硬齿面常用材料为 20Cr、20CrMnTi（表面渗碳淬火）及 45、35SiMn、40Cr（表面淬火或整体淬火）等。

2）铸钢

当齿轮较大（$d > 400 ~ 600$ mm）或结构形状复杂而轮不宜锻造时，可采用铸钢齿轮。铸钢件由于铸造时内应力较大，故应在切削加工以前要进行正火或退火处理，以消除其内应力，以便于切削。常用的铸钢有 ZG310－570 和 ZG340－640 等。

3）铸铁

铸铁齿轮的抗弯强度和耐冲击性均较差，常用于低速和受力不大的齿轮传动中，通常用灰铸铁，有时也用球墨铸铁代替铸钢。常用的铸铁有 HT300、HT350 及 QT600－3（球墨铸铁 $\sigma_b = 600\ \text{MPa}$，$\delta = 3\%$）等。

四、蜗杆传动识别

1. 蜗杆传动的特点和应用

蜗杆传动由蜗杆和蜗轮组成，常用于传递空间两垂直交错轴间的运动和动力（见图 5－33）。通常蜗杆为主动件，蜗轮为从动件。

5－1－03 蜗轮蜗杆传动

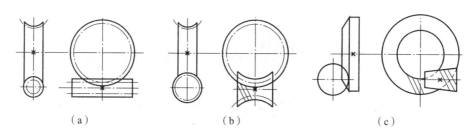

（a）　　　　　　　　　　（b）　　　　　　　　　　（c）

图 5－33　蜗杆传动类型

（a）圆柱蜗杆传动；（b）球面蜗杆传动；（c）锥面蜗杆传动

根据外形不同，蜗杆分为圆柱蜗杆 ［见图 5－33（a）］、环面蜗杆 ［见图 5－33（b）］ 和锥面蜗杆 ［见图 5－33（c）］ 三类。

圆柱蜗杆制造简单，应用广泛，本节仅介绍普通圆柱蜗杆。圆柱蜗杆按加工方式不同，分为车制圆柱蜗杆和铣制圆柱蜗杆。车制圆柱蜗杆也称为直齿廓圆柱蜗杆，按其齿廓形状不同，可分为阿基米德（ZA）蜗杆（又称普通蜗杆），轴向剖面的齿形为直线；渐开线（Zl）蜗杆，与轴线相平行但是不重合的剖面上的齿形为直线；延伸渐开线（ZN）蜗杆，与齿线方向相垂直的剖面为直线。

本节仅介绍常用的阿基米德蜗杆。按螺旋方向不同，蜗杆可分为右旋和左旋，一般多用右旋。

蜗杆的常用头数 $z_1 = 1 \sim 6$。

蜗杆传动的特点如下：

1）传动平稳。由于蜗杆的齿是连续的螺旋形齿，故传动平稳、噪声小。

2）传动比大。蜗杆的头数 z_1 为 1～6，远小于蜗轮的齿数，在一般传动中，$i = 9 \sim 200$，故结构紧凑。

3）能够自锁。当蜗杆的导程角很小时，蜗杆能带动蜗轮，而蜗轮不能带动蜗杆，即实现自锁；可用于需要自锁的起重设备，如电动葫芦式起重机等。

4）效率低。蜗杆传动中，蜗轮齿沿蜗杆齿的螺旋线方向滑动速度大，摩擦剧烈，效率低，一般效率为 0.7～0.9，具有自锁性的蜗杆传动效率约为 0.4。

5）成本较高。为了减少蜗杆传动中的摩擦，蜗轮常用减摩性好的青铜制造，材料价格高。

由上述特点可知，蜗杆传动适用于传动比大、结构紧凑、传递功率不大、做间歇运动的机械中。

2. 蜗杆传动的基本参数和几何尺寸

（1）蜗杆传动的基本参数

1）模数 m、压力角 α 和齿距 p。如图 5-34 所示，在垂直于蜗轮轴线且通过蜗杆轴线的中间平面内（一般称为主平面），蜗杆与蜗轮的啮合就如同齿条与齿轮的啮合。为了加工方便，规定中间平面上的参数为标准值，即蜗杆的轴向参数（下角标 a1）与蜗轮的端面参数（下角标 t2）分别相等，$m_{a1} = m_{t2}$、$\alpha_{a1} = \alpha_{t2} = 20°$、$p_{a1} = p_{t2}$。

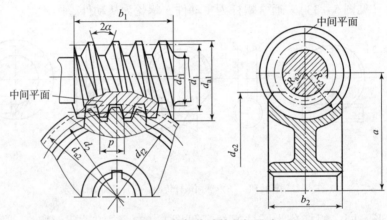

图 5-34　蜗杆传动的几何尺寸

普通蜗杆的标准模数系列见表 5-4。

2）蜗杆分度圆直径 d、蜗杆直径系数 q。对于相同模数和相同齿数的蜗杆，如果不加以限制，其直径可以是无数多个，国家标准规定将蜗杆的分度圆直径标准化，并使其值与模数 m 匹配，见表 5-4。

分度圆直径 d_1 与模数的比值，称为蜗杆直径系数，用 q 表示，即

$$q = \frac{d_1}{m} \qquad (5-20)$$

虽然直径系数 q 为导出值，但因它可方便地表征蜗杆的刚性，因此在设计中常用。

3）蜗杆分度圆柱导程角 γ。将蜗杆分度圆柱展开如图 5-35 所示，得到蜗杆分度圆上的导程角 γ，由图可知

$$\tan\gamma = \frac{z_1 p_{a1}}{\pi d_1} = \frac{z_1 \pi m_{a1}}{\pi d_1} = \frac{z_1 m}{d_1} = \frac{z_1}{q} \qquad (5-21)$$

如欲提高传动的效率，γ 可取较大值；如果传动要求自锁，则应使 $\gamma < 3.5°$。

4）中心距 a。

$$a = \frac{1}{2}m(q + z_2) \qquad (5-22)$$

表 5－4　普通蜗杆的标准模数系列（摘自 GB/T 10085—1988）

m/mm	1	1.25	1.25	1.6	1.6	2	2	2	2	2.5	2.5	2.5	3.15	3.15	3.15	3.15
d_1/mm	18	20	22.4	20	28	(18)	22.4	(28)	(35.5)	28	(35.5)	(45)	(28)	35.5	(45)	56
$m^2 d_1$/mm³	18	31.3	35	51.2	71.7	72	89.6	112	142	175	222	281	278	352	447	556

m/mm	4	4	4	4	5	5	5	5	6.3	6.3	6.3	6.3	8	8	8	8	10	10
d_1/mm	(31.5)	40	(50)	71	(40)	50	(63)	90	(50)	63	(80)	112	(63)	80	(100)	140	(71)	90
$m^2 d_1$/mm³	504	640	800	1 136	1 000	1 250	1 575	2 250	1 985	2 500	3 175	4 445	4 032	5 376	6 400	8 960	7 100	9 000

m/mm	10	10	12.5	12.5	12.5	12.5	16	16	16	16	20	20	20	20	25	25	25	25
d_1/mm	(112)	160	(90)	112	(140)	200	(112)	140	(180)	250	(140)	160	(224)	315	(180)	200	(280)	400
$m^2 d_1$/mm³	11 200	16 000	14 062	17 500	21 875	31 250	28 672	35 940	46 080	64 000	56 000	64 000	89 600	126 000	112 500	125 000	175 000	250 000

注：括号中的数字尽可能不采用。

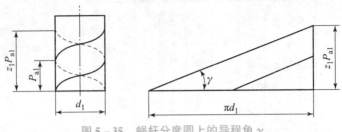

图 5 - 35 蜗杆分度圆上的导程角 γ

对于普通圆柱蜗杆传动，其中心距尾数应尽量取为 0 或 5 mm；标准蜗杆减速器的中心距应取标准值，见表 5 - 5。

表 5 - 5 蜗杆减速器的标准中心距（摘自 GB/T 10085—1988）   mm

40	50	63	80	100	125	160	(180)	200
(225)	250	(280)	315	(335)	400	(450)	500	

5）传动比、蜗杆头数 z_1 和蜗轮齿数 z_2。蜗杆传动的传动比为 z_2/z_1，蜗杆头数 z_1 的选择与传动比、传动效率及制造的难易程度等有关。对于传动比大或要求自锁的蜗杆传动，常取 $z_1 = 1$，为了提高传动效率，z_1 可取较大值，但加工难度增加，故常取 z_1 为 1、2、4、6。

蜗轮齿数 z_2 常在 27 ~ 80 范围内选取。$z_2 < 27$ 的蜗轮加工时会产生根切；$z_2 > 80$ 后，会使蜗轮尺寸过大而导致蜗杆轴的支承跨度增加、刚度下降，一般只在非动力传动中使用（比如分度机构）。

（2）普通圆柱蜗杆传动的几何尺寸

普通圆柱蜗杆传动的主要几何尺寸的计算公式见表 5 - 6。

表 5 - 6 普通圆柱蜗杆传动的主要几何尺寸的计算公式

	名称	符号	计算公式
基本参数	齿数	z	$z_2 = iz_1$
	模数	m	$m_{a1} = m_{t2} = m$，m 按表 5 - 4 取标准值
	压力角	α	$\alpha_{a1} = \alpha_{t2} = \alpha = 20°$
	齿顶高系数	h_a^*	标准值 $h_a^* = 1$
	顶隙系数	c^*	标准值 $c^* = 0.2$
几何尺寸	分度圆直径	d	d_1 按表 5 - 4 取标准值，$d_2 = mz_2$
	齿顶高	h_a	$h_{a1} = h_{a2} = h_a^* m = m$
	齿根高	h_f	$h_{f1} = h_{f2} = (h_a^* + c^*) m = 1.2m$
	蜗杆齿顶圆直径	d_{a1}	$d_{a1} = d_1 + 2h_{a1} = d_1 + 2m$
	蜗轮齿顶圆直径	d_{a2}	$d_{a2} = d_2 + 2h_{a2} = d_2 + 2m$

续表

名称		符号	计算公式
几何尺寸	蜗杆齿根圆直径	d_{f1}	$d_{f1} = d_1 - 2h_{f1} = d_1 - 2.4m$
	蜗轮齿根圆直径	d_{f2}	$D_{f2} = d_2 - 2h_{f2} = d_2 - 2.4m$
	蜗轮最大外圆直径	d_{e2}	当 $z_1 = 1$ 时，$d_{e2} \leq d_{a2} + 2m$ 当 $z_1 = 2, 3$ 时，$d_{e2} \leq d_{a2} + 1.5m$ 当 $z_1 = 4 \sim 6$ 时，$d_{e2} \leq d_{a2} + m$ 或按结构定
	蜗轮齿顶圆弧半径	R_{a2}	$R_{a2} = (d_1/2) - m$
	蜗轮齿根圆弧半径	R_{f2}	$R_{f2} = d_{a1}/2 + 0.2m$
	中心距	a	$a = (d_1 + d_2)/2$
	蜗轮宽度	b_2	当 $z_1 \leq 3$ 时，$b_2 \leq 0.75 d_{a1}$ 当 $z_1 = 4 \sim 6$ 时，$b_2 \leq 0.67 d_{a1}$
	蜗杆齿宽	b_1	当 $z_1 = 1 \sim 2$ 时，$b_1 \geq (11 + 0.06 z_2) m$ 当 $z_1 = 3 \sim 4$ 时，$b_2 \geq (12.5 + 0.09 z_2) m$ 当磨削蜗杆时，b_1 的增大量为：$m \leq 10$ mm 时，增大 $15 \sim 25$ mm；$m = 10$ 时，增大 35 mm；更大的模数可查有关手册

任务二　工程上常用的机械零部件识别

【任务目标】

（1）掌握轴的结构类型、轴上零件的定位及固定方式，会进行轴的强度校核计算；

（2）能正确识别各类轴承的型号规格，合理选用滚动轴承，正确安装和更换滚动轴承，能进行滚动轴承润滑维护；

（3）能正确识别滑动轴承的型号规格、正确安装和更换滑动轴承的轴瓦，能进行滑动轴承的润滑与维护；

（4）会简单计算轴的强度，会普通平键的选择计算，会识别轴毂连接的类型及工程应用，会更换弹簧、联轴器、离合器及连接螺纹件。

一、轴系识别

1. 轴的功用与分类

轴是直接支持传动零件（如齿轮、带轮、链轮等旋转零件）与其他轴上零件以传递运动和动力的重要零件。

（1）按轴线形状分类

按轴线的形状不同，可将轴分为直轴、曲轴和挠性轴（钢丝软轴），如图5－36所示。

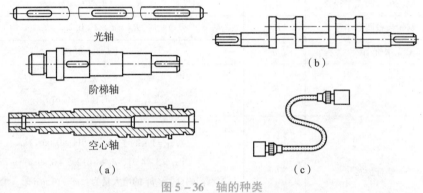

光轴

阶梯轴

空心轴

（a）

（b）

（c）

图5－36　轴的种类

（a）直轴；（b）曲轴；（c）挠性轴

（2）按轴承受的载荷分类

按轴承受载荷性质的不同，可将轴分为转轴、传动轴和心轴三类。

1）转轴。在工作过程中既受弯矩，又受转矩作用的轴称为转轴，如图5－37所示。为便于加工和装配，并使轴具有等强度的特点，常将转轴设计成阶梯轴。

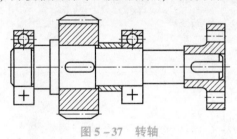

图5－37　转轴

2）传动轴。在工作过程中仅传递转矩，或主要传递转矩及承受很小弯矩的轴称为传动轴（如汽车传动轴），如图5－38所示。

图5－38　传动轴

3）心轴。只受弯矩作用而不受转矩作用的轴称为心轴，如图 5-39 所示。在工作过程中若心轴不转动，则称为固定心轴（如自行车前、后轴）；若心轴转动，则称为转动心轴。

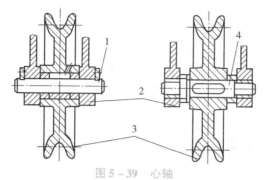

图 5-39　心轴

1—固定心轴；2—机架；3—滑轮；4—转动心轴

2. 轴的结构

（1）轴的结构分析

轴主要由轴颈、轴头和轴身三部分组成，如图 5-40 所示。轴上被支承的部分称为轴颈，如图中③、⑦段；安装轮毂的部分称为轴头，如图中①、④段；过渡的部分称为轴身，如图中②、⑥段；只起轴向定位作用的称为轴环，如图中⑤段；直径发生变化的部位称为轴。

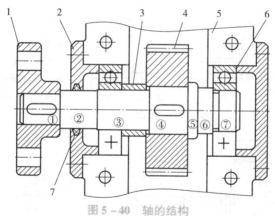

图 5-40　轴的结构

1—联轴器；2—轴承盖；3—套筒；4—齿轮；5—减速箱箱体；6—轴承；7—密封圈

（2）对轴结构的要求

轴的合理结构必须满足下列基本条件：

1）轴和轴上零件的准确定位与固定。

2）轴的结构要有良好的工艺性。

3）尽量减小应力集中。

4）轴各部分的尺寸要合理。

（3）轴与轴上零件的轴向定位与固定

轴上零件常用的固定方法见表 5-7。

表 5-7　轴上零件常用的固定方法

方法	简图	特点与应用
轴肩、轴环		结构简单、定位可靠，可承受比较大的轴向力，常用于齿轮、带轮、链轮、联轴器、轴承等的轴向定位； 为保证零件紧靠定位面，应使 $r < C$ 或 $r < R$； 轴肩高度 h 应大于 R 或 C，通常可取 $h = (0.07 \sim 0.1)d$； 轴承轴环宽度 $b \approx 1.4h$； 滚动轴承相配合处的 h 与 r 值应根据滚动轴承的类型与尺寸确定
套筒		结构简单、定位可靠，轴上无须开槽、钻孔和切制螺纹，因而不影响轴的疲劳强度。一般用于零件间距比较小的场合，以免增加结构重量。轴的转速很高时不宜采用
圆螺母		固定可靠，拆装方便，可承受比较大的轴向力；由于要在轴上切制螺纹，故使轴的疲劳强度有所降低。常用双圆柱螺母或圆螺母与止动垫圈固定轴端零件，当零件间距离比较大时，亦可用圆螺母代替套筒以减小结构重量
弹性挡圈		结构简单紧凑，只能承受很小的轴向力，常用于固定滚动轴承轴用，弹性挡圈的具体尺寸参见 GB/T 894.1—1986
圆锥面		能消除轴与轮毂间的径向间隙，装拆比较方便，可兼作周向固定，能承受冲击载荷。大多用于轴端零件固定，常与轴端挡圈或圆螺母联合使用，使零件获得双向轴向固定。但加工锥形表面比较困难

续表

方法	简图	特点与应用
轴端挡圈		适用于固定轴端零件，可以承受剧烈地振动和冲击载荷，轴端挡圈的具体尺寸参见 GB/T 891—1986 和 GB/T 892—1986
紧定螺钉		适用于轴向力很小、转速很低或仅为防止零件偶然沿轴向滑动的场合，紧定螺钉亦可起周向固定作用，紧定螺钉的尺寸见 GB/T 71—1985

（4）轴的结构工艺性

考虑加工方便，例如为了加工螺纹和磨削轴颈，轴上应留有退刀槽［见图 5 - 41（a）］和砂轮越程槽［见图 5 - 41（b）］。当轴上有多个键槽时，应尽可能将各键槽安排在同一直线上，使加工键槽时无须多次装夹换位。为了减少应力集中，轴肩内角过渡要缓和，并做成圆角，但这种圆角还须小于装配零件的圆角或倒角，零件方能靠紧轴肩，见表 5 - 7 中轴肩图示。

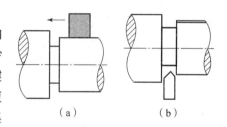

图 5 - 41　越程槽与退刀槽
（a）越程槽；（b）退刀槽

为了便于安装和拆卸，一般的轴均为中间大、两端小的阶梯轴。为避免损伤配合零件，各轴端需倒角，并尽可能使倒角及圆角尺寸相同，以便于加工。

为使左、右端轴承易于拆卸，套筒高度和轴肩高度均应小于滚动轴承内圈高度。上述结构的尺寸均有标准，可查阅相关的设计手册。

（5）提高轴的疲劳强度

减小应力集中和提高轴的表面质量是提高轴的疲劳强度的主要措施。减小应力集中的方法有：减小轴截面突变，阶梯轴相邻轴段直径差不能太大，并以较大的圆角半径过渡，尽可能避免在轴上开槽、孔及车制螺纹等，以免削弱轴的强度和造成应力集中源。

轴的表面质量对疲劳强度有显著的影响。提高轴表面质量能降低表面粗糙度值，还可采用表面强化处理，如碾压、喷丸、渗碳、渗氮或高频淬火等。

（6）轴的直径和长度

轴的直径应满足强度与刚度的要求，并根据具体情况合理确定。轴颈与滚动轴承配合时，其直径必须符合轴承的内径系列；轴头的直径应与配合零件的轮毂内径相同，并符合相应标准；轴上车制螺纹部分的直径必须符合外螺纹大径的标准系列。轴各段长度应根据轴上零件的宽度和零件的相互位置决定。

3. 轴的材料与力学性能

轴的材料主要采用碳素钢和合金钢。碳素钢比合金钢价廉，对应力集中的敏感性小，并可通过热处理提高疲劳强度和耐磨性，故应用较广泛。

常用的碳素钢为优质碳素结构钢，为保证轴的力学性能，一般应对其进行调质或正火处理。不重要的轴或受载荷较小的轴，也可以用 Q235 等碳素结构钢。合金钢比碳素钢的强度高，热处理性能好，但对应力集中的敏感性强，价格也比较贵，主要用于对强度或耐磨性要求较高以及处于高温或腐蚀等条件下的轴。高强度铸铁和球墨铸铁有良好的工艺性，并具有价廉、吸振性和耐磨性好以及对应力集中敏感性小等优点，适用于制造结构形状复杂的轴（如曲轴、凸轮轴等）。应该注意的是：与碳素钢相比，合金钢并不能提高轴的刚度。轴的常用材料及力学性能见表 5 - 8。

表 5 - 8　轴的常用材料及力学性能

材料牌号	热处理	毛坯直径 /mm	硬度 HBW	抗拉强度 σ_b/MPa	屈服点 σ_s/MPa	弯曲疲劳极限 σ_{-1}/MPa	应用说明
35	正火	≤100	149~187	520	270	210	用于一般轴
		>100~300	143~187	500	260	205	
45	正火	≤100	170~217	600	300	240	用于较重要的轴，应用最广泛
		>100~300	162~217	580	290	235	
	调质	≤200	217~255	650	360	270	
40Cr	调质	≤100	241~286	750	550	350	用于载荷较大而无太大冲击的轴
		>100~300		700	500	320	
40MnB	调质	25	≤207	1 000	800	485	性能接近40Cr，用于重要的轴
		≤200	241~286	750	500	335	
35CrMo	调质	≤100	207~269	750	550	350	用于重载荷的轴
		>100~300		700	500	320	
20Cr	渗碳	15	表面/HRC 56~62	850	550	375	用于要求强度及韧性均较高的轴
	淬火	30		650	400	280	
	回火	≤60		650	400	280	

二、滚动轴承识别

1. 滚动轴承的结构

滚动轴承的典型结构如图 5 - 42 所示，它由外圈 1、内圈 2、滚动体 3 和保持架 4 组成。滚动体的形式较多，有球和各类滚子等，如图 5 - 43 所示。内圈装在轴颈上，外圈装在机座内，当内圈与外圈相对滚动时，滚动体沿滚道滚动，保持架将各滚动体均匀隔开。保持架多为低碳钢冲压制造［见图 5-44（b）和图 5-44（c）］，精密轴承为铸造加工件［见图 5-44（a）］。

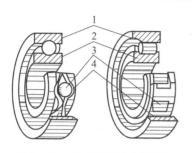

图 5-42　滚动轴承的典型结构

1—外圈；2—内圈；
3—滚动体；4—保持架

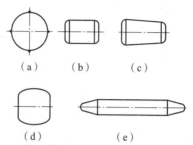

图 5-43　滚动体的种类

（a）球；（b）圆柱滚子；（c）圆锥滚子；
（d）鼓形滚子；（e）滚针

滚动轴承中滚动体和外圈接触处的法线与垂直于轴承轴心线的径向平面之间的夹角 α 称为滚动轴承的公称接触角（见图 5-45），它是滚动轴承的一个重要参数，α 越大，轴承承受轴向载荷的能力越大。

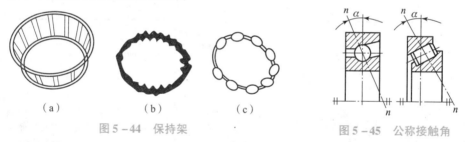

图 5-44　保持架　　　　　　　　　图 5-45　公称接触角

滚动轴承已标准化，由专业工厂进行大批量生产，因此使用者只需根据工作条件和使用要求，正确选用轴承类型和尺寸即可。

2. 滚动轴承的分类及特点

（1）按滚动体的形状分类

滚动轴承可分为球轴承和滚子轴承两大类。

1）球轴承。滚动体为球形的轴承称为球轴承。它与内、外圈滚道之间是点接触，摩擦小，但承载能力和耐冲击能力较低，允许的极限转速高。

2）滚子轴承。滚动体是圆柱、圆锥、鼓形和滚针等形状的轴承称为滚子轴承。它与轴承内、外圈滚道之间为线接触，摩擦大，但其承载能力和耐冲击能力较高，允许的极限转速较低。

（2）按承受载荷方向和公称接触角分类

滚动轴承可分为向心轴承和推力轴承两大类。

1）向心轴承主要承受径向载荷，公称接触角 $0° \leqslant \alpha \leqslant 45°$，其中 $\alpha = 0°$ 的称为径向接触轴承，除深沟球轴承外，只能承受径向载荷；公称接触角 $0° < \alpha \leqslant 45°$ 的轴承称为角接触向心轴承。

2）推力轴承主要承受轴向载荷，公称接触角 $45° < \alpha \leqslant 90°$，其中 $\alpha = 90°$ 的称为轴向接触轴承，只能承受轴向载荷；公称接触角 $45° < \alpha < 90°$ 的轴承称为推力角接触轴承，α 越小，承受径向载荷的能力就越大。

（3）按滚动体的列数分类

按滚动体的列数分类可分为单列、双列及多列轴承。双列可调心轴承如图 5 - 46 所示。

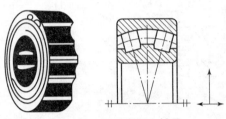

图 5 - 46　双列可调心轴承

（4）按工作时能否自动调正分类

按工作时能否自动调正分类可分为刚性轴承和调心轴承。

常用滚动轴承的基本类型及主要特性见表 5 - 9。

表 5 - 9　常用滚动轴承的基本类型及主要特性

类型及代号	结构简图	载荷方向	主要性能及应用
调心球轴承（1）		↔	其外圈的内表面是球面，内外圈轴线间允许角偏差为 2°～3°，极限转速低深沟球轴承。 可承受径向载荷及较小的双向轴向载荷，用于轴变形较大且不能精确对中的支承处
调心滚子轴承（2）		↕	轴承外圈的内表面是球面，主要承受径向载荷及一定的双向轴向载荷，但不能承受纯轴向载荷，允许角偏差为0.5°～2°。常用于长轴或受载荷作用后轴有较大的弯曲变形及多支点的情况
圆锥滚子轴承（3）		↙	可同时承受较大的径向及轴向载荷，承载能力大于"7"类轴承。外圈可分离，装拆方便，成对使用
推力球轴承（4）		↓	只能承受轴向载荷，而且载荷作用线必须与轴线相重合，不允许有角偏差。其极限转速较低，是分离型轴承

类型及代号	结构简图	载荷方向	主要性能及应用
双向推力球轴承（5）		$\updownarrow$	能承受双向轴向载荷。其余与推力球轴承相同
深沟球轴承（6）			可承受径向载荷及一定的双向轴向载荷。内、外圈轴线间允许角偏差为 $8' \sim 16'$
角接触球轴承（7）	7000C型（$\alpha=15°$） 7000AC型（$\alpha=25°$） 7000B型（$\alpha=40°$）		可同时承受径向及轴向载荷，也可用来承受纯轴向载荷。承受轴向载荷的能力由接触角 α 的大小决定，α 大，承受轴向载荷的能力高。由于存在接触角 α，承受纯轴向载荷时会产生内部轴向力，使内、外圈有分离的趋势，因此这类轴承都成对使用，可以分装于两个支点或同装于一个支点上，极限转速较高
推力滚子轴承（8）		$\downarrow$	能承受较大的单向轴向载荷，极限转速低
圆柱滚子轴承（N）		$\uparrow$	能承受较大的径向载荷，不能承受轴向载荷，极限转速较高，但允许的角偏差很小，为 $2' \sim 4'$。设计时，要求轴的刚度大、对中性好
滚针轴承（NA）		$\uparrow$	不能承受轴向载荷，不允许有角偏斜，极限转速较低，结构紧凑，在内径相同的条件下与其他轴承比较，其外径最小。适用于径向尺寸受限制的部件中

3. 滚动轴承的代号

滚动轴承是标准件，有具体规定的滚动轴承代号。滚动轴承的类型多，同一系列中又有不同的结构、尺寸、精度及技术要求，为便于组织生产和选用，按照 GB/T 272—1993 规定，每一滚动轴承用同一形式的一组数据表示，这一组数称为滚动轴承代号，并打印在滚动轴承端面上。滚动轴承代号组成如表 5 - 10 所示。

表5-10　滚动轴承代号组成

前置代号	基本代号					后置代号							
	五	四	三	二	一								
成套轴承分布件代号	类型代号	尺寸系列代号		内径代号		内部结构代号	密封防尘装置结构代号	保持架及材料代号	特殊轴承材料代号	公差等级代号	游隙代号	多轴承配置代号	其他代号
		宽度系列代号	直径系列代号										

（1）基本代号

基本代号表示轴承的类型、结构和尺寸，用于表明滚动轴承的内径、直径系列、宽度系列和类型，一般最多为五位数字或四位数字和字母组成。

1）内径代号。用基本代号右起第一、二位数字表示内径尺寸，表示方法见表5-11。

表5-11　轴承内径代号

内径代号	00	01	02	03	04～99	数值
轴承内径 d/mm	10	12	15	17	代号数值×5	内径实际值

2）尺寸系列代号。包括直径系列代号和宽（高）度系列代号。

宽（高）度系列代号：右起第四位数字表示宽（高）度系列代号。宽（高）度系列是指内径、外径都相同的轴承，其宽（高）度尺寸的不同变化。对向心轴承，配有不同宽度的尺寸系列（见图5-47），常用代号为8、0、1、2、3，尺寸依次递增；对推力轴承，配有不同高度的尺寸系列，常用代号为7、9、1、2，尺寸依次递增。

直径系列代号：右起第三位数字表示轴承的直径系列代号。直径系列是指同一内径的轴承，配有不同外径的尺寸系列（见图5-48），常用代号为0、1、2、3、4，尺寸依次递增。

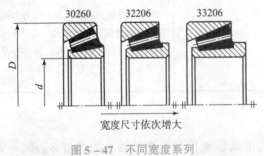

图5-47　不同宽度系列

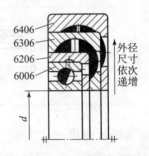

图5-48　不同外径系列

当宽度系列为"0"系列时，对多数轴承在代号中可不标出宽度系列，但对于调心滚动轴承和圆锥滚子轴承，则不可省略。

3）类型代号右起第五位是轴承类型代号，其表示方法见表5-10。

（2）前置、后置代号

前置、后置代号是轴承在结构形状、尺寸、公差、技术要求等发生改变时，在基本代号左、右添加的补充代号。前置代号表示可分离轴承各部分的分部件，用字母表示，如用 L 表示可分离的内圈或外圈、R 表示不可分离的内圈或外圈、K 表示滚子和保持架组件。后置代号为补充代号，用字母和数字表示，包括 8 项内容：内部结构、密封与防尘结构、保持架及其材料、轴承材料、公差等级、游隙、多轴承配置及其他等。其中内部结构代号表示轴承内部结构，如以 C、AC、B 分别表示公称接触角 $\alpha = 15°$、25°、40°的角接触球轴承；公差等级代号表示轴承公差等级，它共有六级，其代号与精度顺序为 P0、P6、P6X、P5、P4、P2，依次由低级到高级，P0 级为普通级，可不标出。

4. 滚动轴承的失效形式及选择

（1）滚动轴承的失效形式

1）疲劳点蚀。轴承以高的转速运转时，在载荷作用下，经过长时间周期性脉动循环接触应力的作用，就会在内、外圈滚道表面或滚动体表面上产生疲劳点蚀。轴承出现疲劳点蚀后，将引起噪声和振动，旋转精度明显降低，从而使轴承不能正常工作。

2）塑性变形。对于转速很低或做间歇转动的轴承，通常不会发生疲劳点蚀。但在很大的静载荷或冲击载荷的作用下，会使轴承的滚动体和滚道接触处的局部应力超过材料的屈服点，使轴承元件表面出现塑性变形（凹坑），导致轴承丧失工作能力。

3）磨损。润滑不良或杂物和灰尘的侵入都会引起轴承的早期磨损，从而使轴承旋转精度降低、噪声增大、温度升高，最终导致轴承失效。

此外，由于设计、安装、使用中某些非正常的原因，可能导致轴承的破裂、保持架的损坏及回火、腐蚀等现象，使轴承失效。

（2）滚动轴承的选择

1）类型选择。选择滚动轴承的类型时，应根据表 5-9 各类轴承的特点，并考虑下列各因素进行。

①载荷的性质。当载荷小而平稳时，可选用球轴承；载荷大或有冲击时，宜选用滚子轴承。当轴承只受径向载荷时，应选用径向接触轴承；当仅承受轴向载荷时，则应选用轴向接触轴承；当同时承受径向和轴向载荷时，应选用角接触轴承，轴向力越大，选择的接触角越大。

②轴承的转速。转速高时宜选用球轴承，转速低时可用滚子轴承。

③装拆方便。为了便于安装和拆卸，可选用内、外圈可分离的圆锥滚子轴承等。

④经济性。一般来说，球轴承比滚子轴承便宜，公差等级低的轴承比公差等级高的便宜，有特殊结构的轴承比普通结构的轴承贵。

2）型号选择。对于一般机械轴承型号的选择，可根据轴颈直径选取轴承内径，轴承外廓系列则根据空间位置参考同类型机械选取。

5. 滚动轴承的安装、润滑与密封

滚动轴承部件的组合安装，是把滚动轴承安装到机器中去，与轴、轴承座、润滑

及密封装置等组成一个有机的整体，包括轴承的布置、固定、调整、预紧和配合等方面。

（1）滚动轴承支承的结构形式

1）两端固定式。轴承内圈靠轴肩，外圈靠轴承盖，两端均单向固定，结构简单，适用于温度变化不大而跨度 $L < 300$ mm 的轴［见图5-49（a）］。

2）一端固定、一端游动式。其适用于长度较长，且工作温度变化较大的轴，固定端内、外圈均双向固定；在游动端，当轴承内、外圈不可分离时，内圈双向固定，外圈游动［见图5-49（b）］。

3）两端游动式。轴可以自由进行轴向游动，多用于人字齿轮传动中的小齿轮轴。

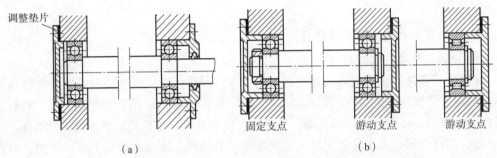

图5-49 滚动轴承的支承形式

（a）两端固定；（b）一端固定、一端游动

（2）滚动轴承的轴向固定

一般情况下，滚动轴承的内圈装在被支承轴的轴颈上，外圈装在轴承座（或机座）的孔内。滚动轴承安装时，对其内、外圈都要进行必要的轴向固定，以防止运转中产生轴向移动。

1）轴承内圈的轴向固定。轴承内圈在轴上通常用轴肩或套筒定位，定位端面与轴线要保持良好的垂直度。

轴承内圈的轴向固定应根据所受轴向载荷的情况，适当选用轴端挡圈、圆螺母或轴用弹性挡圈等结构。常用的轴承内圈的轴向固定形式见表5-7。

2）轴承外圈的轴向固定。轴承外圈在机座孔中一般用座孔台肩定位，定位端面与轴线也需保持良好的垂直度。轴承外圈的轴向固定可采用轴承盖或孔用弹性挡圈等结构。常用的轴承外圈的轴向固定形式如图5-50所示。

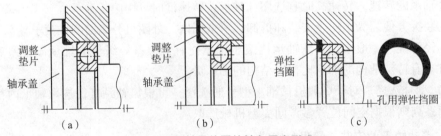

图5-50 轴承外圈的轴向固定形式

（a）单向定位；（b）双向定位；（c）利用弹性挡圈和轴肩双向定位

（3）轴承的调整和预紧

对某些可调游隙的轴承，安装时给予一定的轴向预紧力使内、外圈产生相对位移而消除游隙的方法称为轴承的预紧。预紧可使套圈和滚动体在接触处产生弹性预变形，从而提高轴的旋转精度和刚度。

预紧方法有：调节组垫片厚度、利用调节螺钉调整和磨窄套圈等。

（4）滚动轴承的润滑

滚动轴承润滑的目的在于减小摩擦阻力、降低磨损、缓冲吸振、冷却和防锈。滚动轴承使用的润滑剂有润滑油、润滑脂和固体润滑剂。

1）脂润滑。润滑脂是由润滑油加稠化剂制成的，其强度高，能承受较大的载荷，而且不易流失，便于密封和维护，一次充脂可以维持较长时间，无须经常补充或更换。由于润滑脂不适宜在高速条件下工作，故适用于轴颈圆周速度不高于 5 m/s 的滚动轴承润滑。润滑脂的填充量一般不超过轴承空间的 1/3，以防止摩擦发热过大，影响轴承正常工作。

2）油润滑。与脂润滑相比，油润滑适用于轴颈圆周速度和工作温度较高的场合。油润滑的关键是根据工作温度、载荷大小、运动速度和结构特点选择合适的润滑油黏度。原则上，温度高、载荷大的场合，润滑油黏度应选大些；反之，润滑油黏度应选小些。油润滑的方式有浸油润滑（飞溅润滑）、压力喷油润滑和喷雾润滑等。

选择润滑油时主要需确定油品的种类和牌号。选择时应考虑以下几方面：

①工作载荷：重载或冲击、振动载荷，应选黏度高的润滑油，以便于形成油膜；轻载或平稳载荷，可选黏度低的润滑油。

②工作速度：高速情况应选黏度低的润滑油，以免使油液摩擦损失过大和发热严重；低速情况可选黏度高的润滑油。

③工作温度：高温应选黏度大而闪点高的润滑油；低温应选黏度小的润滑油。

3）固体润滑。固体润滑剂有石墨、二硫化钼（MoS_2）等多个品种，用在特殊场合。固体润滑的缺点是：润滑效果差，没有冷却功能，防锈和排除磨屑的能力不好。

（5）滚动轴承的密封

密封的目的是防止灰尘、水分、杂质等侵入轴承，并阻止润滑剂流失。良好的密封可保证机器正常工作，降低噪声并延长轴的使用寿命。常用的密封方式有接触式密封和非接触式密封两类，具体类型、结构及应用见表 5-12。

表 5-12 滚动轴承常用的密封方式

类型		图例	适用场合	说明
接触式密封	毡圈密封		脂润滑。要求环境清洁，轴颈圆周速度不高于 5 m/s，工作温度不高于 90 ℃	矩形断面的毡圈被安装于梯形槽内，它对轴产生一定的压力而起到密封作用

类型		图例	适用场合	说明
接触式密封	油封密封	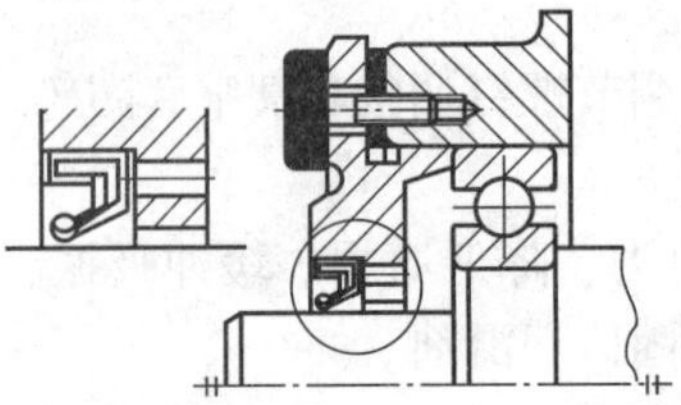	润滑脂或润滑油。轴颈圆周速度不高于 5 m/s，工作温度不高于 90 ℃	油封（俗称皮碗）是标准件，主要材料为耐油橡胶。其密封唇朝里，主要作用是防止润滑剂泄漏；密封唇朝外，主要作用是防止灰尘、杂质侵入
非接触密封	间隙密封	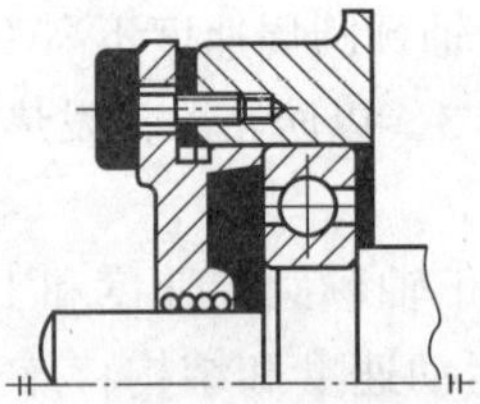	脂润滑。干燥、清洁环境	靠轴与轴承盖孔之间的细小间隙密封，间隙越小、越长，效果越好，间隙一般取 0.1 ~ 0.3 mm，油沟能增强密封效果
	迷宫密封 径向迷宫	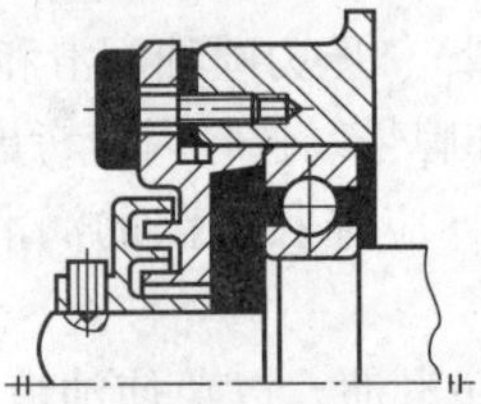	脂润滑或油润滑。密封效果可靠	将旋转件与静止件之间的间隙做成曲路形式，在间隙中充填润滑油或润滑脂，以增强密封效果
	迷宫密封 轴向迷宫			

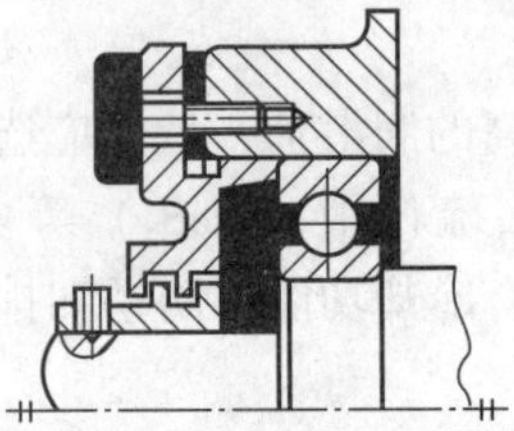

三、滑动轴承识别

1. 滑动轴承的类型、特点和应用

（1）滑动轴承的类型和特点

滑动轴承按其承受载荷的方向，可分为承受径向载荷的径向滑动轴承和承受轴向载荷的止推滑动轴承。按润滑和摩擦状态不同，又可分为液体摩擦滑动轴承和非液体摩擦滑动轴承。液体摩擦滑动轴承，轴颈与轴承表面之间完全被压力油隔开，金属表面不直接接触，可以大大降低摩擦、减少磨损。但液体摩擦的条件很难实现，故造价很高，应用不广。非液体摩擦滑动轴承，轴颈与轴承表面之间虽然有油膜存在，但油膜极薄，不能完全避免两金属表面凸起部分的直接接触，因此摩擦较大，轴承表面易磨损。

（2）滑动轴承的应用

随着制造技术的发展，滚动轴承的应用越来越广泛，但由于其自身结构和制造方面的特点，在一些领域还不能取代滑动轴承。滑动轴承适用于以下几种情况：

1）转速极高和极低。

2）承载特别重。

3）回转精度要求特别高。

4）承受巨大冲击和振动。

5）必须采用剖分结构轴承的场合。

6）要求径向尺寸特别小和特别大。

7）简陋机械。

如在汽轮机（大尺寸）、内燃机（剖分）、仪表（小尺寸、精密）、机床（高精度）及铁路机车（重载）等机械上滑动轴承被广泛应用。在低速、精度要求不高的机械中，如水泥搅拌机、破碎机中也常被采用。

（3）轴瓦的材料

因为轴瓦和轴颈直接接触，轴瓦承受载荷产生摩擦和磨损，所以轴瓦的材料应具有足够的强度，耐磨、耐腐蚀，并应具有良好的导热性和减磨性及较强的抗胶合能力等。

2. 滑动轴承的结构

（1）径向滑动轴承的结构

径向滑动轴承主要由轴承座和轴瓦（轴套）组成，按其结构可分为以下几种：

1）整体式滑动轴承。如图 5-51 所示，整体式滑动轴承由轴承座 1、轴套 2 组成，轴承座上布有油孔，轴套内有油沟，分别用以加油和引油，进行润滑。这种轴承结构简单，但装拆时轴或轴承需轴向移动，而且轴套磨损后轴承间隙无法调整。其多用于低速轻载或间歇工作的机械。

2）对开式滑动轴承。如图 5-52 所示，对开式滑动轴承由轴承座 1、轴承盖 2、轴瓦 3 和螺栓 4 等组成。轴承盖与轴承座接合处做成台阶形梯口，目的是便于对中。上、下两片轴瓦直接与轴接触，装配后应适度压紧，使其不随轴转动。轴承盖上有螺纹孔，可安装油杯或油管，轴瓦上有油孔和油沟。

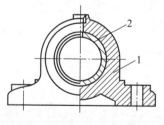

图 5-51　整体式滑动轴承

1—轴承座；2—轴套（轴瓦）

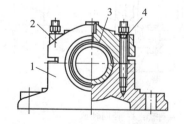

图 5-52　对开式滑动轴承

1—轴承座；2—轴承盖；3—轴瓦；4—螺栓

对开式轴承按对开面位置，可分为平行于底面的正滑动轴承（见图 5-52）和与底面成 45°的斜滑动轴承（见图 5-53），以便承受不同方向的载荷。

对开式滑动轴承装拆方便，可调整轴承孔与轴颈之间的间隙，因此应用广泛，如汽车发动机中的曲轴就采用对开式滑动轴承支承。

3）自动调心式滑动轴承。图5-54所示为自动调心式滑动轴承，其特点是轴瓦与轴承盖、轴承座之间为球面接触，轴瓦可以自动调位，以适应轴受力弯曲时轴线产生的倾斜，主要适用于轴的挠度较大（轴承跨度大时）或轴承孔轴线的同轴度误差较大（安装精度低）的场合。

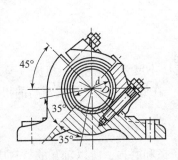

图5-53　对开式斜滑动轴承

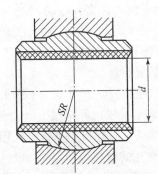

图5-54　自动调心式滑动轴承

（2）止推滑动轴承的结构

止推滑动轴承的结构如图5-55所示，它由轴承座1、衬套2、径向轴承3和止推轴瓦4等组成。止推轴瓦的底部制成球面，以便对中，并用销钉5与轴承座固定，用来防止止推轴瓦随轴转动。工作时润滑油用压力从底部注入，从上部油管导出进行润滑。

图5-56所示为止推轴承轴颈的几种常见形式。载荷较小时可采用实心端面、空心端面止推轴颈［见图5-56（a）］和环形轴颈［见图5-56（b）］，载荷较大时采用多环端面止推轴颈［见图5-56（c）］。

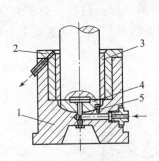

图5-55　止推滑动轴承的结构

1—轴承座；2—衬套；3—径向轴承；

4—止推轴瓦；5—销钉

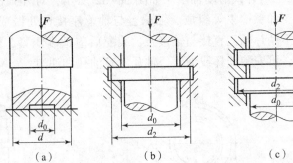

图5-56　止推滑动轴承轴颈形式

（a）空心端面；（b）环形端面；（c）多环端面

3. 轴瓦的结构

轴瓦是滑动轴承中直接与轴颈接触的零件，是滑动轴承的主要组成部分。轴瓦结构如图5-57所示，分为整体式和剖分式两种。剖分式轴瓦两端凸缘可防止轴瓦沿轴向窜动,并能承受一定的轴向力。

为了保证润滑油的引入及均布在轴瓦工作表面,在非承载区的轴瓦上制有油孔和油槽(见图 5 – 58),油槽应以进油口为中心沿纵向、横向或斜向开设,但不应开至端部,以减少端部漏油。

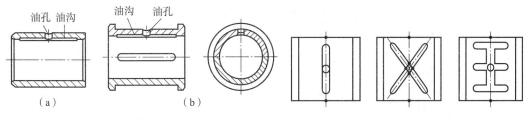

图 5 – 57 轴瓦结构   图 5 – 58 油孔和油槽

(a)整体式轴瓦;(b)剖分式轴瓦

为了提高轴瓦表面的摩擦性能,提高承载能力,对于重要轴承,可在轴瓦内表面浇铸一层轴承衬。在轴瓦座上浇铸轴承衬时,为了使轴承衬牢固黏附在其基座上,常在轴瓦座内部开设沟槽。

4. 滑动轴承的润滑

(1)润滑剂及其选择

轴承常用的润滑剂有润滑油和润滑脂。润滑油按轴颈圆周速度 v 和压强 p,在表 5 – 13 中选择牌号。润滑脂按轴颈圆周速度 v、压强 p 和工作温度 t,在表 5 – 14 中选择牌号。

表 5 – 13 滑动轴承润滑油的选择(工作温度 10 ~ 60 ℃)

轴颈圆周速度 $v/(\mathrm{m \cdot s^{-1}})$	轻载 $p < 3$ MPa		中载 $p = 3 \sim 7.5$ MPa	
	40 ℃运动黏度 $/(\mathrm{mm^2 \cdot s^{-1}})$	润滑油牌号	40 ℃运动黏度 $/(\mathrm{mm^2 \cdot s^{-1}})$	润滑油牌号
0.1 ~ 0.3	65 ~ 125	AN68 L – AN100	120 ~ 170	L – AN100 L – AN150

表 5 – 14 滑动轴承润滑脂的选择

轴颈圆周速度 $v/(\mathrm{m \cdot s^{-1}})$	压强 $p <$ MPa	工作温度 $t/℃$	选用润滑脂牌号
< 1	1 ~ 6.5	< 55 ~ 75	2 号钙基脂 3 号钙基脂
0.5 ~ 5.5	1 ~ 6.5	< 110 ~ 120	2 号钠基脂 1 号钙钠基脂
0.5 ~ 5.5	1 ~ 6.5	− 20 ~ 120	2 号锂基脂

(2)油润滑方式和装置

油润滑有间歇供油和连续供油两类。

间歇供油由操作人员用油壶或油枪注油，供油是间歇性的，供油量不均匀，且容易疏忽。

连续供油主要有以下几种润滑方式：

1）滴油润滑。图 5-59 所示为针阀油杯。若将手柄放至水平位置，则阀口关闭，停止供油；当手柄垂直时，阀口开启，可连续供油。调节螺母，可调节供油量。

图 5-60 所示为油绳油杯，其利用油绳的毛细管作用实现连续供油，但供油量无法调节。

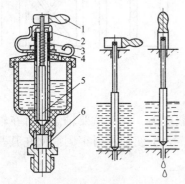 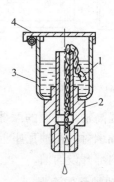

图 5-59 针阀油杯　　　　　　　　　　图 5-60 油绳油杯
1—手柄；2—调节螺母；3—弹簧；　　　　1—油芯；2—接头；
4—油孔遮盖；5—针阀杆；6—观察孔　　　3—杯体；4—杯盖

2）油环润滑。图 5-61 所示为油环润滑。油环套在轴上，下部浸入油池中，当轴颈旋转时，油环依靠摩擦力被轴带动旋转，将油带到轴颈上进行润滑。这种装置结构简单，供油充分，但轴的转速不能太高或太低。

3）飞溅润滑。其利用旋转件（如齿轮、蜗杆或蜗轮等）将油池中的油飞溅到箱壁，再沿油槽流入轴承进行润滑。

4）压力循环润滑。用油泵将压力油输送至轴承处实现润滑，使用后的油回到油箱，经冷却过滤后再重复使用。这种润滑可靠性高、效果好，冷却能力强，但结构复杂，费用高，主要用于高速场合。

（3）脂润滑

润滑脂的加脂方式有人工加脂和脂杯加脂。图 5-62 所示为旋盖油杯，杯中装入润滑脂后，旋转上盖即可将润滑脂挤入轴承。脂润滑主要用于低速简易机械的润滑。

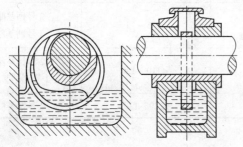 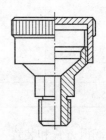

图 5-61 油环润滑　　　　　　图 5-62 旋盖油杯

四、常用连接零（部）件识别

1. 螺纹连接

螺纹可用于螺旋传动和螺纹连接。螺旋传动可以把转动转变为直线运动，具有增力作用，多用于手动机械（老虎钳）及机床的控制机构中。螺纹连接是利用螺纹零件构成的可拆连接，应用十分广泛。

（1）螺纹的相关知识

1）螺纹的类型

①按用途分可分为用于传动的螺纹和用于连接的螺纹。

②按螺纹截面形状（牙型）分可分为三角形、矩形、梯形和锯齿形等（见图5－63）。螺纹连接采用自锁性好的三角形螺纹。

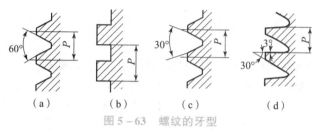

图5－63　螺纹的牙型

（a）三角形螺纹；（b）矩形螺纹；（c）梯形螺纹；（d）锯齿形螺纹

③按螺旋线绕行方向（旋向）分可分为右旋 [见图5－64（a）] 和左旋 [见图5－64（b）]。

螺纹旋向的判别方法：将螺杆直竖，若螺旋线右高左低（向右上升）则为右旋；反之则为左旋。

④按螺旋线的数目分螺纹可分为单线螺纹 [见图5－64（a）]、双线螺纹 [见图5－64（b）] 和多线螺纹。螺纹连接一般多用单线螺纹。

2）螺纹的主要参数

若要保证外螺纹和内螺纹能够旋合在一起（见图5－65），必须使五个要素相一致：

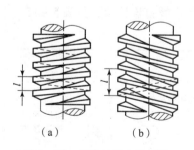

图5－64　螺纹的旋向和线数

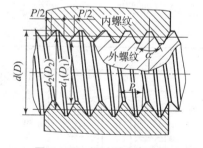

图5－65　螺纹的主要参数

①牙型和牙型角 α。

②旋向。

③线数 n。

④直径，包括大径 $d(D)$、小径 $d_1(D_1)$ 和中径 $d_2(D_2)$。

⑤螺距 P。相邻两牙在中径线上对应点之间的轴向距离称为螺距。对于普通连接螺纹，每个公称直径只有一个粗牙螺距，细牙螺距有多个。

另外还有一些导出参数：

①导程 S。同一条螺旋线上相邻两牙在中径线上对应点之间的轴向距离称为导程。导程与螺距的关系为

$$S = nP$$

式中，n 为螺旋线数。

②螺旋升角 λ。在中径 d_2 圆柱上，螺旋线切线方向与垂直于螺纹轴线的平面所夹的锐角称为升角，其值为

$$\tan\lambda = \frac{s}{\pi d_2} = \frac{np}{\pi d_2}$$

（2）连接螺纹的类型

用于连接的螺纹都使用三角形螺纹，有以下几种类型：

1）普通螺纹。

普通螺纹牙型角为 60°，分为普通粗牙螺纹和普通细牙螺纹，粗牙螺纹是应用最广的连接螺纹，细牙螺纹的螺距小、升角小、自锁性好，其螺杆强度较高，适用于受冲击、振动和变载荷的连接及薄壁零件的连接。但细牙螺纹比粗牙螺纹的耐磨性差，经常装拆时容易滑牙。

2）柱管螺纹。

柱管螺纹牙型角为 55°，不具有密封性，用于水、油、气的管路以及电器管路系统的连接。

3）锥管螺纹。

锥管螺纹牙型角为 55°，螺纹分布在 1:16 的圆锥管上，旋紧后内外螺纹牙间没有间隙，依靠螺纹牙的变形即可保证连接的紧密性，用于管子、管接头、旋塞、阀门等部位的连接。

（3）螺纹连接的基本类型及应用

根据被连接件的特点或连接的功用，螺纹连接的主要类型有螺栓连接（包括铰制孔用螺栓连接）、双头螺柱连接、螺钉连接和紧定螺钉连接等，见表 5-15。

表 5-15　螺纹连接的基本类型及应用

类型	结构	主要尺寸关系	特点和应用
螺栓连接		1. 螺纹余留长度 l_1： 普通螺栓连接静载荷 $l_1 \geq 0.3d$ 变载荷 $l_1 \geq 0.75d$ 冲击、弯曲载荷 $l_1 \geq d$ 铰制孔用螺栓连接 l_1 应尽可能小。 2. 螺纹伸出长度 $l_2 \approx (0.2 \sim 0.3)d$ 3. 螺栓轴线到被连接件边缘的距离 $e = d + (3 \sim 6)\text{mm}$	使用时不受被连接件材质的限制，不需要在被连接件上制螺纹孔，结构简单，装拆方便，成本低，通常在被连接件不太厚又需要经常拆装的场合使用。连接时需要足够的预紧力，由被连接件之间的摩擦力承受载荷

续表

类型	结构	主要尺寸关系	特点和应用
铰制孔螺栓连接		1. 螺纹余留长度 l_1： 普通螺栓连接静载荷 $$l_1 \geq 0.3d$$ 变载荷 $$l_1 \geq 0.75d$$ 冲击、弯曲载荷 $$l_1 \geq d$$ 铰制孔用螺栓连接 l_1 应尽可能小。 2. 螺纹伸出长度 $$l_2 \approx (0.2 \sim 0.3)d$$ l_1 尽可能小	不需要预紧力，工作时螺栓受剪切作用。其中，普通螺栓连接中孔的加工精度低，而铰制孔用螺栓连接中的孔需铰制，加工精度要求较高
双头螺柱连接		1. 螺纹余留长度 l_1： 普通螺栓连接静载荷 $$l_1 \geq 0.3d$$ 变载荷 $$l_1 \geq 0.75d$$ 冲击、弯曲载荷 $$l_1 \geq d$$ 铰制孔用螺栓连接 l_1 应尽可能小。 2. 螺纹伸出长度 $$l_2 \approx (0.2 \sim 0.3)d$$ 3. 螺纹旋入深度 l_3，当螺纹孔零件材料为钢或青铜时 $i_3 \approx d$；为铸铁时 $i_3 \approx (1.25 \sim l.5)d$；为铝合金时 $i_3 \approx (1.25 \sim 2.5)d$。 4. 螺纹孔深度 $$l_4 \approx l_3 + (2 \sim 2.5)d$$ 5. 钻孔深度 $$l_5 \approx l_4 + (0.2 \sim 0.3)d$$ 6. 螺栓轴线到被连接伴边缘的距离 $$e = d + (3 \sim 6)\ \text{mm}$$	特点是被连接件之一制有与螺柱相配合的螺纹，另一被连接件则为通孔。这种连接适用于被连接件之一太厚而不便于加工通孔并需要经常拆装的场合
螺钉连接		1. 螺纹余留长度 l_1： 普通螺栓连接静载荷 $$l_1 \geq 0.3d$$ 变载荷 $$l_1 \geq 0.75d$$ 冲击、弯曲载荷 $$l_1 \geq d$$ 铰制孔用螺栓连接 l_1 应尽可能小。 2. 螺纹旋入深度 l_3，当螺纹孔零件为钢或青铜时 $i_3 \approx d$；铸铁时 $i_3 \approx (1.25 \sim l.5)d$；铝合金时 $i_3 \approx (1.25 \sim 2.5)d$。 3. 螺纹孔深度 $$l_4 \approx l_3 + (2 \sim 2.5)d$$ 4. 钻孔深度 $$l_5 \approx l_4 + (0.2 \sim 0.3)d$$ 5. 螺栓轴线到被连接伴边缘的距离 $$e = d + (3 \sim 6)\ \text{mm}$$	不用螺母，螺钉直接拧入被连接件的螺孔中，而且有光整的外露表面，应用与双头螺柱连接相似，但不宜用于经常装拆的连接，以免损坏被连接件的螺纹孔

类型	结构	主要尺寸关系	特点和应用
紧定螺钉连接		$d = (0.2 \sim 0.3)d_s$，转矩大时取大值	其特点是螺钉被旋入被连接件之一的螺纹孔中，末端顶住另一被连接件的表面或相应的浅坑中，以固定两个零件的相对位置。这种连接可用于固定两零件的相对位置，并可传递不大的力和转矩

（4）常用螺纹连接件

在机械制造中常见的螺纹连接件有螺栓、双头螺柱、螺钉、紧定螺钉、螺母和垫圈等。这些零件的结构和尺寸都已标准化，设计时可根据标准选用。螺纹连接件的类型、结构特点及应用见表5－16。

表5－16　常用螺纹连接件的类型、结构特点及应用

类型	图例	结构特点及应用
六角头螺栓		种类很多，应用最广，分为A、B、C三级，通用机械制造中多用C级。螺栓杆部可以是一段螺纹或全螺纹，螺纹可用粗牙或细牙（A、B级）。 标记示例：螺栓 GB/T 5782—2000 M12×80（螺纹规格 $d = 12$ mm、公称长度 $l = 80$ mm 的 A 级六角头螺栓）
双头螺柱	A型 B型	螺柱两端都有螺纹，两端螺纹可相同或不同，螺柱可带退刀槽或制成全螺纹，螺柱的一端常用于旋入铸铁或非铁金属的螺孔中，旋入后即不拆卸；另一端则用于安装螺母以固定其他零件。 标记示例：螺柱 GB/T 899—1988 M10×50（两端均为粗牙螺纹、$d = 10$ mm、$l = 50$ mm、$b_m = 1.5d$ 的 B 型双头螺柱）
螺钉	十字槽盘头　　六角头 内六角圆柱头　一字开槽沉头　一字开槽盘头	螺钉头部形状有六角头、圆柱头、圆头和沉头等，螺钉旋具（起子）有一字形、十字形和内六角孔等形式。十字槽螺钉头部强度高，对中性好，易于实现自动化装配；内六角孔螺钉能承受较大的扳手力矩，连接强度高，可代替六角头螺栓，用于要求结构紧凑的场合。 标记示例：螺钉 GB/T 70.1—2000 M5×20（螺纹规格 $d = 5$ mm、公称长度 $l = 20$ mm 的内六角圆柱头螺钉）

续表

类型	图例	结构特点及应用
紧定螺钉	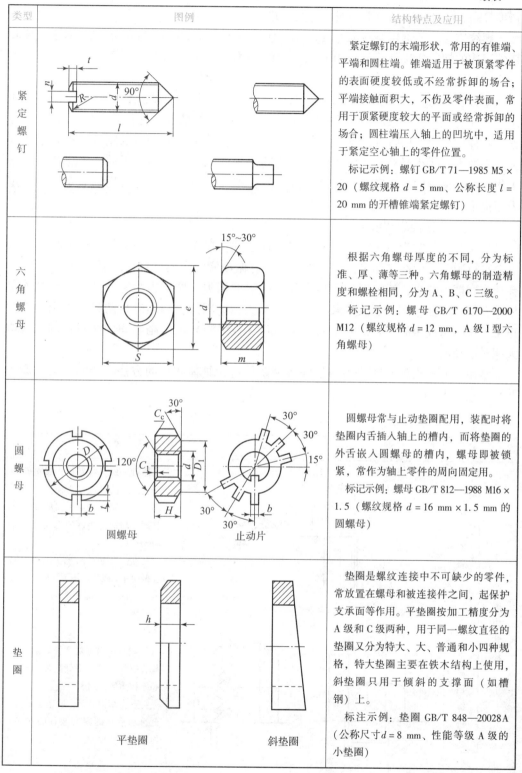	紧定螺钉的末端形状，常用的有锥端、平端和圆柱端。锥端适用于被顶紧零件的表面硬度较低或不经常拆卸的场合；平端接触面积大，不伤及零件表面，常用于顶紧硬度较大的平面或经常拆卸的场合；圆柱端压入轴上的凹坑中，适用于紧定空心轴上的零件位置。 　标记示例：螺钉 GB/T 71—1985 M5×20（螺纹规格 $d=5$ mm、公称长度 $l=20$ mm 的开槽锥端紧定螺钉）
六角螺母		根据六角螺母厚度的不同，分为标准、厚、薄等三种。六角螺母的制造精度和螺栓相同，分为 A、B、C 三级。 　标记示例：螺母 GB/T 6170—2000 M12（螺纹规格 $d=12$ mm，A 级 I 型六角螺母）
圆螺母	圆螺母　　　止动片	圆螺母常与止动垫圈配用，装配时将垫圈内舌插入轴上的槽内，而将垫圈的外舌嵌入圆螺母的槽内，螺母即被锁紧，常作为轴上零件的周向固定用。 　标记示例：螺母 GB/T 812—1988 M16×1.5（螺纹规格 $d=16$ mm×1.5 mm 的圆螺母）
垫圈	平垫圈　　　斜垫圈	垫圈是螺纹连接中不可缺少的零件，常放置在螺母和被连接件之间，起保护支承面等作用。平垫圈按加工精度分为 A 级和 C 级两种，用于同一螺纹直径的垫圈又分为特大、大、普通和小四种规格，特大垫圈主要在铁木结构上使用，斜垫圈只用于倾斜的支撑面（如槽钢）上。 　标注示例：垫圈 GB/T 848—20028A（公称尺寸 $d=8$ mm、性能等级 A 级的小垫圈）

根据国家标准规定，螺纹连接件分为三个精度等级，其代号为 A、B、C 级。A 级精度最高，C 级精度多用于一般的螺纹连接。

螺纹连接件的常用材料为 Q215 – A、Q235 – A、10 钢、35 钢和 45 钢，对于重要和特殊用途的螺纹连接件，可采用 15Cr、40Cr 等力学性能较高的合金钢。

（5）螺纹连接的预紧

绝大多数螺纹连接装配时都需要把螺母（螺钉）拧紧，使螺杆受到一定的轴向作用力（拉力），这种连接叫作紧螺纹连接；也有极少数情况，螺纹连接在装配时不拧紧，这种连接叫作松螺纹连接。螺纹连接预紧的目的是增强连接的刚性，提高紧密性和防松能力，防止受载荷之后被连接件之间出现缝隙或发生相对滑移，确保连接安全工作。一般螺母的拧紧靠经验控制，重要的紧螺纹连接在装配时常用测力矩扳手和定力矩扳手控制预紧力的大小。

（6）螺纹连接的防松

螺纹连接件常为单线螺纹，能满足自锁条件，在受静载荷及工作温度变化不大时不会自行脱落。但在实际工作中，当外载荷有振动、变化或材料因高温而发生变化时，会造成摩擦力减少，螺纹副中正压力在某一瞬间消失，摩擦力为零，从而使螺纹连接松动，如经反复作用，螺纹连接就会松弛而失效。因此，必须进行防松，否则会影响正常工作，造成事故。防松的目的就是消除（或限制）螺纹副之间的相对运动，或增大相对运动的难度。

常用的防松措施有摩擦力防松和机械防松等，具体防松的方法、结构、工作原理及特点见表 5 – 17。

表 5 – 17　螺纹连接防松的方法、结构、工作原理及特点

方法	结构		工作原理及特点
摩擦力防松	弹簧垫圈	弹簧垫圈	原理：螺母拧紧后，靠垫圈压平而产生的弹性反力使旋合螺纹间压紧。同时垫圈斜口的尖端抵住螺母与被连接件的支撑面也有防松作用。 特点：结构简单，使用方便，但在振动冲击载荷作用下防松效果较差，一般用于不是很重要的连接
	对顶螺母		原理：两螺母对顶拧紧后，使旋合螺纹间始终受到附加的压力和摩擦力的作用。 特点：结构简单，适用于平稳、低速和重载的固定装置的连接。但轴向尺寸较大

续表

方法		结构	工作原理及特点
摩擦力防松	自锁螺母	锁紧锥面螺母	原理：螺母一端制成非圆形收口或开缝后径向收口。当螺母拧紧后，收口胀开，利用收口的弹力使旋合螺纹压紧。 特点：该方式结构简单，防松可靠，可多次装拆而不降低防松能力
	尼龙圈锁紧螺母		原理：使垫圈内翅嵌入螺栓（轴）的槽内，拧紧螺母后将垫圈外翅之一褶嵌于螺母的一个槽内。 特点：无须加工，操作简单
机械防松	开口螺母加开口销		原理：六角开槽螺母拧紧后，将开口销穿入螺栓尾部小孔和螺母的槽内，并将开口销尾部掰开，与螺母侧面贴紧。 特点：适用于有较大冲击、振动的高速机械中运动部件的连接
	圆螺母加止动垫圈		原理：使垫圈内翅嵌入螺栓（轴）的槽内，拧紧螺母后将垫圈外翅之一褶嵌于螺母的一个槽内。 特点：结构紧凑，需要对螺栓（轴）进行加工，适用于内部结构
	串联钢丝防松	正确 不正确	原理：将钢丝穿入各螺钉头部的空内，各螺钉串连起来使其相互制动。但需注意钢丝的穿入方向。 特点：适用于螺钉组连接，但是拆卸不方便
	带舌止动垫圈		原理：螺母拧紧后，将单耳或双耳止动垫圈分别向螺母和被连接件的侧面折弯贴紧，即可将螺母锁住。若两个螺栓需要双联锁紧，则可采用双联止动垫圈，使两个螺母相互制动。 特点：结构简单，使用方便，防松可靠

续表

方法		结构	工作原理及特点
永久性防松	冲点法防松	冲点 (1~1.5)P	原理：在螺纹件旋合好后，用样冲在旋合缝或端面冲点防松（图中 P 为螺距）。 特点：这种防松方法效果很好，但此时螺纹连接成了不可拆连接
	黏结法防松	涂黏合剂	原理：将黏合剂涂于螺纹旋合表面，拧紧螺母后黏合剂能自行固化。 特点：防松效果良好，但不便拆卸

（7）螺纹连接的装配

1）双头螺柱的装配方法。由于双头螺柱没有尖顶，无法将旋入端紧固，故常采用双螺母对顶或螺钉与双头螺柱对顶的方法来装配双头螺柱。

用双螺母对顶装配双头螺柱的具体方法是先将两个螺母相互锁紧在双头螺柱上，然后用扳手扳动上面一个螺母，把双头螺柱拧入螺孔中紧固，如图 5-66（a）所示。

用螺钉与双头螺柱对顶装配双头螺柱的具体方法是用螺钉来阻止长螺母和双头螺柱之间的相对运动，然后扳动长螺母，双头螺柱即可拧入螺孔中。松开螺母时，应先使螺钉回松，如图 5-66（b）所示。

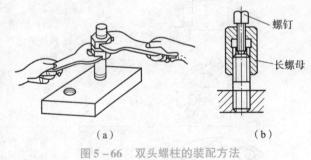

图 5-66 双头螺柱的装配方法

（a）用两个螺母拧入；（b）用长螺母拧入

装配双头螺柱时，必须注意以下几点：

①首先将螺纹和螺孔的接触面清除干净，然后用手轻轻地把螺母拧到螺纹的终止处。

②双头螺柱与螺孔的配合应有足够的坚固性，保证装拆螺母时双头螺柱不能有任何松动现象。

③双头螺柱的轴心线必须与被连接件的表面垂直。

2）螺母和螺钉的装配方法

①螺母或螺钉与零件贴合的表面应当经过加工，否则容易使连接松动或使螺钉弯曲。

②螺母和螺钉的接触表面之间应保持清洁，螺孔内的脏物应当清理干净。

③装配时，必须对拧紧力矩加以控制。

④装配过程中必须保证工具和零件有活动的余地。

2. 轴毂连接

（1）键连接概述

键连接主要用于轴和轴上零件之间的周向固定，用来传递扭矩。这种连接的结构简单、工作可靠、装拆方便，因此获得了广泛的应用。键连接按键在连接中的松紧状态分为松键连接和紧键连接两大类。

1）松键连接。

松键连接依靠键的两侧面传递转矩。键的上表面与轮毂键槽底面间有间隙，为非工作面，不影响轴与轮毂的同心精度，装拆方便。松键连接包括平键连接和半圆键连接。

图 5 - 67 所示为普通平键连接，这种键由于加工、装拆方便，不影响同心，对轴的削弱小，所以应用最广。键的端面形状有圆头（A 型）、方头（B 型）和单圆头（C 型）三种。

A 型平键键槽用端铣刀加工［见图 5 - 68（a）］，键在槽中固定较好，但槽对轴的应力集中影响较大。

B 型平键键槽用盘铣刀加工［见图 5 - 68（b）］，槽对轴的应力集中影响较小，但对于尺寸较大的键，要用紧定螺钉压紧，以防松动。

C 型平键常用于轴的端部连接，轴上键槽常用端铣刀铣通。

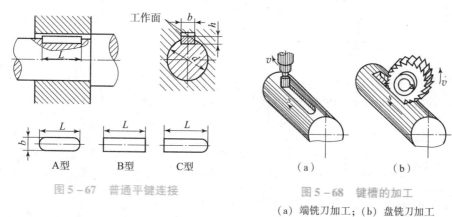

图 5 - 67 普通平键连接　　　　　图 5 - 68 键槽的加工

（a）端铣刀加工；（b）盘铣刀加工

当轮毂在轴上需沿轴向移动时，可采用导向平键（见图 5 - 69），如汽车变速器中的滑动齿轮与轴之间的连接。导向平键是加长的普通平键，为防止松动，用两个螺钉固定在轴槽中；为装拆方便，在键的中部制有起键螺孔。轮毂上的键槽与键是间隙配合，当轮毂移动时，键起导向作用。

当轴上零件沿轴向移动距离较长时，可采用如图 5 - 70 所示的滑键连接。滑键固定在轮毂上，随传动零件沿键槽移动。平键的键和键槽尺寸及配合要求见表 5 - 18。如图 5 - 71 所示的半圆键连接，它能在轴的键槽内摆动，以适应轮毂键槽底面的斜度，由于其装配方便、定心性好，故适合锥形轴端与轮毂的连接；但轴槽过深，对轴的削弱较大，主要用于轻载连接。

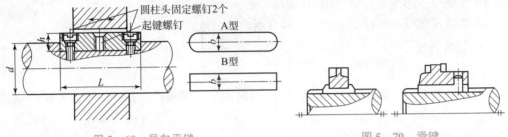

图 5-69 导向平键　　　　　　　　　　　图 5-70 滑键

表 5-18 平键和键槽尺寸（GB/T 1096—2003）　　　　　　　　　mm

轴	键	键槽尺寸										
		宽度 b					深度				半径 r	
		极限偏差					轴 t		毂 t_1		轴	毂
公称尺寸	公称尺寸	较松连接		一般连接		较紧连接						
		轴 H9	毂 D10	轴 N9	毂 Js10	轴和毂 P9	公称尺寸	极限偏差	公称尺寸	极限偏差	最小	最小
>22~30	8×7	+0.036 0	+0.098 +0.040	0 -0.036	±0.018	-0.015 -0.051	4.0		3.3		0.16	0.25
>30~38	10×8						5.0		3.3			
>38~44	12×8	+0.043 0	+0.012 +0.050	0 -0.043	±0.021 5	-0.018 -0.061	5.0	+0.2 0	3.3	+0.2 0	0.25	0.40
>44~50	14×9						5.5		3.8			
>50~58	16×10						6.0		4.3			
>58~65	18×11						7.0		4.4			
键的长度系列		6，8，10，12，14，16，18，20，22，25，28，32，36，40，45，50，56，63，70，80，90，100，110，125，140，160，180，200，220，250，280，320，360										

注：1. 在图样中，轴槽深用 t 或 $d-t$ 标注，轮毂槽深用 $d+t_1$ 标注。

2. $d-t$ 和 $d+t_1$ 两组组合尺寸的极限偏差按相应的 t 和 t_1 极限偏差选取，但 $d-t$ 极限偏差值应取负号。

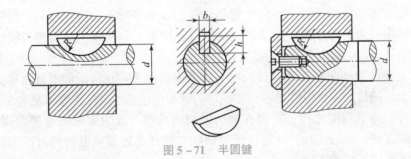

图 5-71 半圆键

2）紧键连接。用于紧键连接的键具有一个斜面。由于斜面的楔形影响，使轮毂与轴产生偏心，所以紧键连接的定心精度不高，常用于精度要求不高、转速较低的场合，如农业机械和建筑机械等。紧键连接包括楔键连接和切向键连接。如图 5-72 所示，楔键的上、下表面是工作面，键的上表面和轮毂的键槽底面都有 1∶100 的斜度。键楔入键槽后，工作表面产生很大的预紧力并靠工作面摩擦力传递转矩，它能承受单向的轴向力，并起轴向固定作用。楔键分普通楔键 [见图 5-72（a）] 和钩头楔键 [见图 5-72（b）] 两种。钩头楔键的钩头是为便于拆卸用的，因此装配时须留有拆卸位置。外露钩头随轴转动，容易发生事故，应加防护罩。

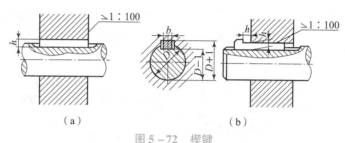

图 5-72　楔键

(a) 普通楔键；(b) 钩头楔键

图 5-73 所示为切向键连接，它由两个普通楔键组成。装配时两个键分别自轮毂两端楔入，装配后两个相互平行的窄面是工作面，工作时主要依靠工作面直接传递转矩。单个切向键只能传递单向转矩。

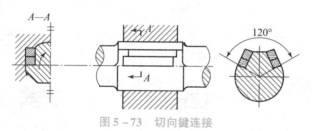

图 5-73　切向键连接

若需传递双向转矩，应装两个互成 120°~135° 的切向键（不允许对称安装）。切向键能传递很大的转矩，常用于重型机械。

（2）花键连接

当要求传递的转矩很大，普通平键不能满足要求时，应采用花键连接。花键连接是由周向均布的多个键齿的花键轴与带有相应的键齿槽的轮毂相配合而组成的连接，如图 6-74 所示。

花键连接的特点是：键齿数多，承载能力强；键槽较浅，应力集中小，对轴和毂的强度削弱也小；键齿均布，受力均匀；

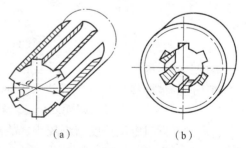

图 5-74　花键连接

(a) 花键轴；(b) 轮毂

轴上零件与轴的对中性和导向性好；但加工需要使用专用设备，成本较高，故它适用于定心精度要求较高、载荷较大的场合。

花键连接已标准化，按齿形不同，分为矩形花键 ［图 5－75（a）］、渐开线花键 ［图 5－75（b）］和三角形花键等。矩形花键定心精度高，定心稳定性好，轴和孔的花键齿在热处理后引起的变形可用磨削的方法消除，齿侧面为两平行平面，加工较易，应用广泛。矩形花键有三种定心方式：大径定心、小径定心和齿侧定心，一般采用小径定心，这种定心方式的定心精度高、稳定性好，但花键轴和孔上的齿均需在热处理后磨削，以消除热处理变形。大径定心容易加工，用于不需要表面热处理的中、低载情况。渐开线花键的齿廓为渐开线，应力集中比矩形花键小，齿根处齿厚增加，强度高；工作时齿面上有径向力，起自动定心作用，使各齿均匀承载，寿命长；可用加工齿轮的方法加工，工艺性好，常用于传递载荷较大、轴径较大、定心精度要求高的场合。

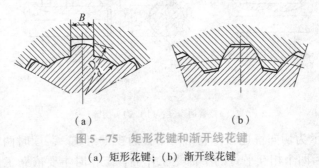

(a)   (b)

图 5－75　矩形花键和渐开线花键

(a) 矩形花键；(b) 渐开线花键

(3) 销连接

销作为定位元件，主要用于固定零件之间的相对位置 ［见图 5－76（a）］，也可用于轴与毂的连接或其他零件的连接，以传递不大的载荷 ［见图 5－76（b）］。在安全装置中，销还常用作过载剪断元件 ［见图 5－76（c）］，称为安全销（过载销）。

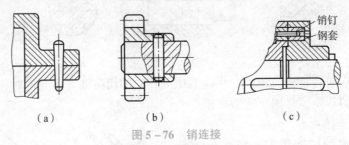

(a)   (b)   (c)

图 5－76　销连接

(a) 固定销；(b) 连接销；(c) 过载销

销按其外形可分为圆柱销、圆锥销及异形销等，这些销都有国家标准。与圆柱销、圆锥销相配的被连接件孔均需铰光和开通。对于圆柱销连接，需要有微量的过盈量，多次装拆后定位精度会因磨损而降低。圆锥销连接的销和孔均制有 1：50 的锥度，装拆方便，多次装拆对定位精度影响较小，故可用于需经常装拆的场合。特殊结构形式的销统称为异形销，其结构、特点可参照《机械零件设计手册》。

3. 联轴器和离合器

联轴器和离合器都是用来连接两个同心轴，使之一起转动并传递转矩的装置。联轴器与离合器的区别是：联轴器只有在机器停止运转后将其拆卸才能使两轴分离；离合器则可以在机器的运转过程中进行分离或接合。

（1）联轴器

1）联轴器分类

对于联轴器所连接的两轴，由于制造、安装误差或受载、变形等一系列原因，两轴的轴线会产生径向、轴向、角向或综合偏差（图5-77）。轴线偏移将使机器工作情况恶化，因此，要求联轴器具有补偿轴线偏移的能力。此外，在有冲击、振动的工作场合，还要求联轴器具有缓冲和吸振的能力。

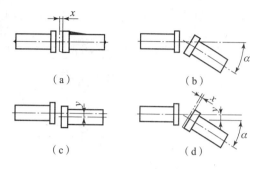

图5-77　两轴间的位移

根据联轴器是否有补偿被连接两轴轴线相对偏移的能力和是否有挠性元件，联轴器可分为以下几种：

①刚性联轴器，不具有补偿被连两轴轴线相对偏移的能力，也不具有缓冲减振性能；但结构简单，价格便宜。只有在载荷平稳、转速稳定，且能保证被连两轴轴线相对偏移极小的情况下，才可选用刚性联轴器。

②挠性联轴器，具有一定的补偿被连接两轴轴线相对偏移的能力，最大补偿量随型号不同而异。挠性联轴器又可分为以下三种：无弹性元件的挠性联轴器、非金属弹性元件的挠性联轴器、金属弹性元件的挠性联轴器。

③安全联轴器，其在结构上的特点是存在一个保险环节（如销钉可动连接等），只能承受限定载荷。当实际载荷超过预先限定的载荷时，保险环节就会发生变化，截断运动和动力的传递，从而保护机器的其余部分不致损坏，即起到安全保护作用。

④启动安全联轴器，其除了具有过载保护作用外，还有将机器电动机的带载启动转变为近似空载启动的作用。

2）常用联轴器的结构和特点

常用联轴器主要有固定式刚性联轴器、可移式刚性联轴器和非金属弹性元件联轴器等。

①固定式刚性联轴器，主要包括套筒联轴器和凸缘联轴器。

a.套筒联轴器如图5-78所示，将套筒与被连接两轴的轴端分别用键（或销钉）固定连成一体，即成为套筒联轴器。

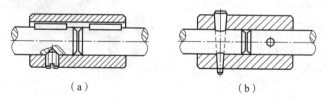

（a）　　　　　　　　　　（b）

图5-78　套筒联轴器

（a）键连接的套筒联轴器；（b）销连接的套筒联轴器

其结构简单，径向尺寸小，但要求被连接两轴必须很好地对中，且装拆时需做较大的轴向移动，故常用于要求径向尺寸小的场合。单键连接的套筒联轴器可用于传递较大转矩的场合［见图5-78（a）］；若采用销钉连接［见图5-78（b）］，则常用于传递较小转矩的场合，或用作剪销式安全联轴器。

　　b. 凸缘联轴器如图 5-79 所示，其由两个半联轴器及连接螺栓组成。

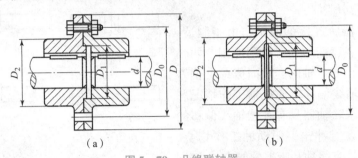

图 5-79　凸缘联轴器

(a) 凹、凸圆柱面配合对中；(b) 配合螺栓连接对中

　　凸缘联轴器结构简单、成本低，但不能补偿两轴线可能出现的径向位移和偏角位移，故多用于转速较低、载荷平稳、两轴线对中性较好的场合。它有两种对中方法，一种是用两半联轴器的凹、凸圆柱面（桦肩）配合对中，另一种是用配合螺栓连接对中，前者制造方便。

　　在外缘圆周速度 $v<35$ m/s 时，凸缘材料用中等强度的铸铁；在 $v<65$ m/s 时，凸缘材料用 35 钢、45 钢或 ZG310-570。

　　②可移式刚性联轴器，主要包括滑块联轴器、齿式联轴器和万向联轴器。

　　a. 滑块联轴器如图 5-80 所示，滑块联轴器由两个带有凹槽的半联轴器 1、3 和端面有桦的中间圆盘 2 组成。圆盘两面的桦位于互相垂直的两条直径方向上，分别嵌入半联轴器相应的凹槽中。联轴器允许两轴有一定的径向位移。当被连接的两轴有径向位移时，中间圆盘将在半联轴器的凹槽中做偏心回转，由此引起的离心力将使工作表面压力增大而加快磨损。为此，应限制两轴间的径向位移量 $y<0.04d$（d 为轴径）、偏角位移量 $\alpha<0.5°$，且轴的转速不超过 250 r/min。

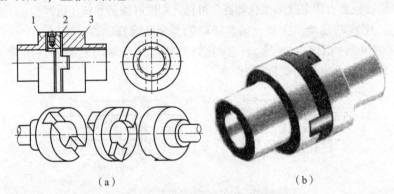

图 5-80　滑块联轴器

(a) 结构图；(b) 实物图

1，3—带有凹槽的半联轴器；2—中间圆盘

　　滑块联轴器主要用于没有剧烈冲击载荷而又允许两轴线有径向位移的低速轴连接。联轴器的材料常选用 45 钢或 ZG310-570，中间圆盘也可用铸铁。摩擦表面应进行淬

火，硬度为 46 ~ 50 HRC。为了减少滑动面的摩擦和磨损，还应注意润滑。

b. 齿式联轴器由两个具有外齿环的半内套筒轴和两个具有内齿环的凸缘外壳组成的半联轴器通过内、外齿的相互啮合连接而成（见图 5 - 81）。两凸缘外壳用螺栓连成一体，两齿式联轴器内、外齿环的轮齿间留有较大的齿侧间隙，外齿轮的齿顶做成球面，球面中心位于轴线上，故能补偿两轴的综合位移（见图 5 - 81（a））。齿环上常用压力角为 20° 的渐开线齿廓，齿的形状有直齿和鼓形齿，后者称为鼓形齿联轴器。

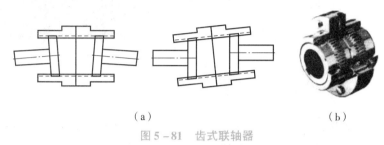

（a）　　　　　　　　　　　（b）

图 5 - 81　齿式联轴器

（a）位移补偿原理；（b）实物图

c. 万向联轴器如图 5 - 82 所示，万向联轴器由两个轴叉分别与中间的十字销以铰链相连，万向联轴器两轴间的夹角可达 45°。单个万向联轴器工作时，两轴的瞬时角速度不相等，从而会引起冲击和扭转振动，为避免这种情况，保证从动轴和主动轴均以同一角速度等速回转，应采用双万向联轴器，并满足中间轴与主、从动轴间夹角相等，以及中间轴两端轴叉应位于同一平面内（见图 5 - 83）的要求。

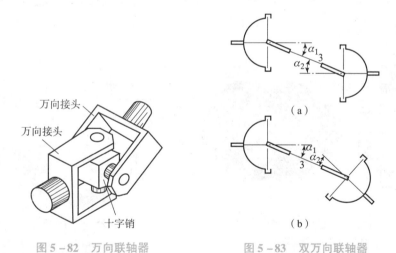

图 5 - 82　万向联轴器　　　　　图 5 - 83　双万向联轴器

③非金属弹性元件联轴器

a. 梅花形弹性联轴器。如图 5 - 84 所示，梅花形弹性联轴器主要由两个带凸齿的半联轴器和弹性元件组成，靠半联轴器和弹性元件的密切啮合并承受径向挤压以传递转矩，当两轴线有相对偏移时，弹性元件发生相应的弹性变形，起到自动补偿作用。梅花形弹性联轴器主要适用于启动频繁、正反转、中高速、中等转矩和要求高可靠性的工作场合，例如：冶金、矿山、石油、化工、起重、运输、轻工、纺织等机械及水泵、风机等。

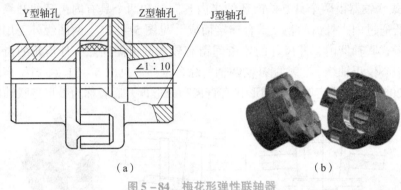

图 5 – 84　梅花形弹性联轴器

(a) 结构图；(b) 实物图

　　b. 弹性套柱销联轴器。弹性套柱销联轴器（见图 5 – 85）的结构与凸缘联轴器相似，只是用套有弹性圈 1 的柱销 2 代替了连接螺栓，故能吸振。安装时应留有一定的间隙，以补偿较大的轴向位移，其允许轴向位移量 $x < 6$ mm，允许径向位移量 $y < 0.6$ mm，允许角偏移量 $\alpha < 1°$。弹性套柱销联轴器结构简单，价格便宜，安装方便，适用于转速较高、有振动和经常正反转、启动频繁的场合，如电动机与机器轴之间的连接就常选用这种联轴器。

　　c. 弹性柱销联轴器。弹性柱销联轴器的结构如图 5 – 86 所示，它采用尼龙柱销 1 将两半联轴器连接起来，为防止柱销滑出，两侧装有挡板 2。其特点及应用情况与弹性套柱销联轴器相似，而且结构更为简单，维修安装方便，传递转矩的能力很大，但外形尺寸和转动惯量较大。

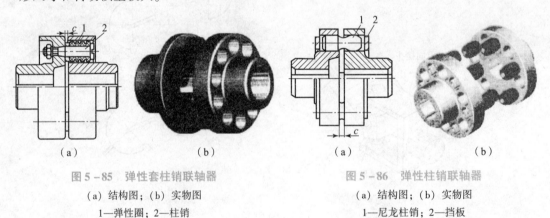

图 5 – 85　弹性套柱销联轴器

(a) 结构图；(b) 实物图

1—弹性圈；2—柱销

图 5 – 86　弹性柱销联轴器

(a) 结构图；(b) 实物图

1—尼龙柱销；2—挡板

　　d. 滑块联轴器。将十字滑块改为方块，用尼龙或夹布胶木做成，如图 5 – 87 所示，适用于小功率、转速高、剧烈冲击处。

　　e. 轮胎联轴器。如图 5 – 88 所示，由两个半联轴器、轮胎、压板连接螺钉组成。特点：弹性变形大，寿命长，无须润滑，径向尺寸大，适用于启动频繁、双向运转、潮湿多水处。

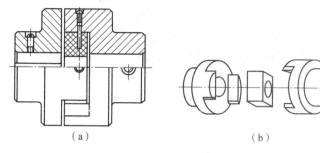

图 5 - 87　滑块联轴器

（a）结构图；（b）分解图

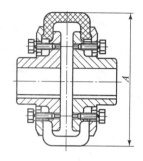

图 5 - 88　轮胎联轴器

④联轴器选用程序。

a. 选择联轴器品种、形式。在标准联轴器中了解联轴器（尤其是挠性联轴器）在传动系统中的综合功能，从传动系统总体设计考虑，选择联轴器的品种、形式。

b. 联轴器转矩计算。传动系统中功率 N、轴的转速 n 和转矩 T 存在确定的计算关系，可以得到联轴器轴的理论转矩 T，再根据工况系数 K 及其他有关关系可计算联轴器的计算转矩 $T_c = KT$。

c. 初选联轴器型号。根据计算转矩 T_c，从标准系列中可选定相近似的公称转矩 T_n，选型时应满足 $T_n \geq T_c$。初步选定联轴器型号（规格），从标准中可查得联轴器的许用转速 $[n]$ 和最大径向尺寸 D、轴向尺寸 L_0，还应满足联轴器转速 $n \leq [n]$。

d. 根据轴径调整型号。初步选定的联轴器连接尺寸，即轴孔直径 d 和轴孔长度 L，应符合主、从动端轴径的要求，否则还要根据轴径 d 调整联轴器的规格。

e. 选择连接形式。联轴器连接形式的选择取决于主、从动端与轴的连接形式，一般采用键连接，为统一键连接形式及代号，在 GB/T 3852—2017 中规定了七种键槽形式、四种无键连接，用得较多的是 A 型键。

（2）离合器

离合器在机器运转中可将转动系统随时分离或接合。对离合器的基本要求有：接合平稳，分离迅速而彻底；调节和修理方便；轮廓尺寸小；质量小；耐磨性好，有足够的散热能力；操作方便、省力。

常用的离合器类型有：

①按控制方式：手动控制和自动控制。

②按工作原理：机械式、气动式、液压式、电磁式、超越式、离心式、安全离合器。

③按接合原理：啮合式、摩擦式。

1）牙嵌离合器。如图 5 - 89 所示，牙嵌离合器主要由端面带牙的两个半离合器 1、2 组成，通过啮合的齿来传递转矩。其中半离合器 1 固装在主动轴上，半离合器 2 则利用导向平键安装在从动轴上，沿轴线移动。工作时，利用操纵杆（图中未画出）带动滑环 3 使半离合器 2 做轴向移动，从而实现离合器的接合或分离。牙嵌离合器结构简单，尺寸小，工作时无滑动，并能传递较大的转矩，故应用较多。

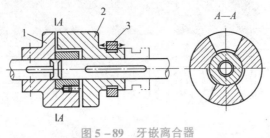

图 5 – 89 牙嵌离合器

1，2—半离合器；3—滑环

其缺点是运转中接合时有冲击和噪声，必须在两轴转速差很小或停车时进行接合或分离。

牙嵌离合器的牙型主要有矩形牙（$z = 3 \sim 15$）、梯形牙（$z = 5 \sim 11$，接合不太容易）、三角形牙（$z = 15 \sim 60$，易于接合，但承载低）、锯齿形牙（$z = 2 \sim 6$，只能单向接合）等。

2）摩擦离合器。摩擦离合器可分为单盘式、多盘式和圆锥式三类，这里只简单介绍前两种。

①单盘式摩擦离合器如图 5 – 90 所示，单盘式摩擦离合器是由两个半离合器 1、2 组成的。工作时两个半离合器相互压紧，靠接触面间产生的摩擦力来传递转矩，其接触面可以是平面［见图 5 – 90（a）］或锥面［见图 5 – 90（b）］。对于同样大小的压紧力，锥面能传递更大的转矩。半离合器 1 固装在主动轴上，半离合器 2 利用导向平键（或花键）安装在从动轴上，通过操纵杆和滑环 3 使其在轴上移动，从而实现接合和分离。这种离合器结构简单，但传递的转矩较小，实际生产中常用多盘式摩擦离合器。

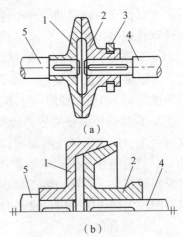

（a）

（b）

图 5 – 90 单盘式摩擦离合器

1，2—半离合器；3—滑环；
4—从动轴；5—主动轴

②多盘式摩擦离合器如图 5 – 91 所示，多盘式摩擦离合器是由外摩擦片 5、内摩擦片 6 和主动轴套筒 2、从动轴套筒 4 组成的。主动轴套筒用平键（或花键）安装在主动轴 1 上，从动轴套筒与从动轴 3 之间为动连接。当操纵杆拨动滑环 7 向左移动时，通过安装在从动轴套筒上的杠杆 8 的作用，使内、外摩擦盘压紧并产生摩擦力，使主、从动轴一起转动（图示为压紧状态）；当滑环向右移动时，则使两组摩擦片放松，从而使主、从动轴分离。压紧力的大小可通过从动轴套筒上的调节螺母来控制。多盘式摩擦离合器的优点是径向尺寸小而承载能力大，连接平稳，因此适用的载荷范围大，应用较广。

其缺点是盘数多，结构复杂，离合动作缓慢，发热、磨损较严重。

与牙嵌离合器比较，摩擦离合器的优点是：

①可以在被连接两轴转速相差较大时接合。

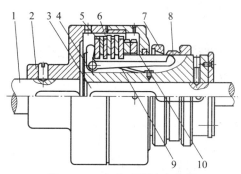

图 5 - 91　多盘式摩擦离合器

1—主动轴；2—主动轴套筒；3—从动轴；4—从动轴套筒；5—外摩擦片；
6—内摩擦片；7—滑环；8—杠杆；9—弹簧片；10—双螺母

②接合和分离的过程较平稳，可以用改变摩擦面上压紧力大小的方法调节从动轴的加速过程。

③过载时的打滑可避免其他零件损坏。

由于上述优点，故摩擦离合器应用较广。

其缺点是：

①结构较复杂，成本较高。

②可能产生滑动，不能保证被连接两轴精确地同步转动。

3）离心式离合器。

图 5 - 92 所示为离心式离合器。其工作原理是：在两个拉伸螺旋弹簧的弹力作用下，主动部分的一对闸块 2 与从动部分的鼓轮 1 脱开，当转速达到某一数值，离心力增加到能克服弹簧拉力时，便使闸块 2 绕其支点向外摆动与从动鼓轮 1 压紧，离合器即进入接合状态。当接合面上产生的摩擦力矩足够大时，主、从动轴即一起转动。闭式离心离合器的工作原理与上述相反。在正常工作条件下，闸块与鼓轮表面压紧，转速超过一定数值后，闸块在压缩弹簧的作用下与鼓轮脱离，从而脱开连接。

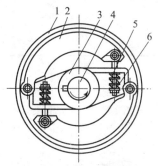

图 5 - 92　离心式离合器

1—鼓轮；2—闸块；3—转架；4—主动轴；5—导杆；6—弹簧

4）电磁离合器。

电磁离合器靠线圈的通断电来控制离合器的接合与分离。如在主动与从动件之间放置磁粉（通电前磁粉处于自由状态），则可以加强两者之间的接合力，这样的离合器称为磁粉式电磁离合器（见图 5 - 93）。

　　5）超越离合器。

　　超越离合器可实现单向超越（或接合），接合比较平稳，无噪声，主要有滚柱式超越离合器和棘轮式超越离合器（自行车后轮轴，俗称飞轮），如图 5 - 94 所示。

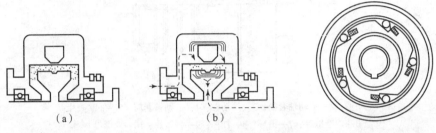

图 5 - 93　磁粉式电磁离合器　　　　图 5 - 94　超越离合器
(a) 断电分离状态；(b) 通电接合状态

4. 弹簧

（1）弹簧的功用

　　弹簧是一种弹性元件，它可以在载荷作用下产生较大的弹性变形。弹簧在各类机械中应用十分广泛，其功用如下：

　　1）控制机构的运动，如制动器、离合器中的控制弹簧，内燃机气缸的阀门弹簧等。

　　2）减振和缓冲，如汽车、火车车厢下的减振弹簧，以及各种缓冲器用的弹簧等。

　　3）储存及输出能量，如钟表弹簧、枪栓弹簧等。

　　4）测量力的大小，如测力器和弹簧秤中的弹簧等。

（2）弹簧的类型

　　1）根据性质不同可分为压缩弹簧、拉伸弹簧、扭转弹簧和弯曲弹簧。

　　2）按外形不同可分为螺旋弹簧、碟形簧、环形簧、涡卷弹簧和板簧。

弹簧的结构形式见表 5 - 19。

表 5 - 19　弹簧的结构形式

结构形式	拉伸	压缩		扭转	弯曲
	圆柱螺旋拉伸弹簧	圆柱螺旋压缩弹簧	圆锥螺旋压缩弹簧	圆柱螺旋扭转弹簧	
螺旋形					

续表

结构形式	拉伸	压缩		扭转	弯曲
其他形		环形弹簧	碟形弹簧	涡卷形盘簧	板簧

3）按弹簧的重要性和载荷性质可分为：Ⅰ类、Ⅱ类、Ⅲ类。

Ⅰ类：受变载荷作用次数在 10^6 次以上的重要弹簧（气门弹簧、制动弹簧）。

Ⅱ类：受变载荷作用次数在 $10^3 \sim 10^5$ 次以上或受冲击载荷的弹簧（调速器弹簧、车辆弹簧）。

Ⅲ类：受变载荷作用次数在 10^3 次以下（静载荷）的弹簧（安全阀弹簧、离合器弹簧）。

螺旋弹簧是用弹簧丝卷绕制而成的，由于制造简便，所以应用最广。在一般机械中，最常用的是圆柱螺旋弹簧。

（3）弹簧特性线和刚度表示

弹簧载荷与变形量之间的关系曲线称为弹簧特性线。使弹簧产生单位变形所需要的载荷称为弹簧的刚度，以 k 表示。

拉、压弹簧：

$$k = \frac{\mathrm{d}F}{\mathrm{d}\lambda} \tag{5-23}$$

扭转弹簧：

$$k_\varphi = \frac{\mathrm{d}T}{\mathrm{d}\varphi} \tag{5-24}$$

弹簧特性线呈直线的，其刚度为常数，称为定刚度弹簧；当特性线呈折线或曲线时，其刚度是变化的，称为变刚度弹簧。

（4）螺旋弹簧的结构

1）压缩弹簧两端的端面圈与邻圈并紧，不参与弹簧变形，只起支撑的作用，俗称死圈。每端至少 3/4 圈，端头厚度 $\geqslant d/8$。按端部结构分，常见的有（见图 5-95）：

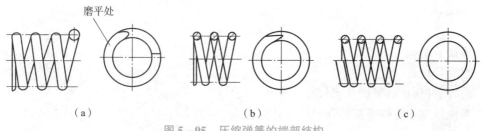

图 5-95　压缩弹簧的端部结构

（a）YⅠ型；（b）YⅡ型；（c）YⅢ型

YⅠ型：并紧并磨平（稳定性好）。

YⅡ型：加热卷绕时弹簧丝两端锻扁且与邻圈并紧。

YⅢ型：并紧不磨平。一般 $d \leqslant 0.5$ mm 可不磨平，$d > 0.5$ mm 可磨平。

2）拉伸弹簧钩环形式：LⅠ型、LⅡ型、LⅦ型、LⅧ型，如图 5 - 96 所示。

（5）弹簧的参数

1）圆柱螺旋弹簧的主要参数。

圆柱螺旋弹簧的主要参数（见图 5 - 97）如下：

弹簧丝直径 d：d 增大时，弹簧强度将提高。

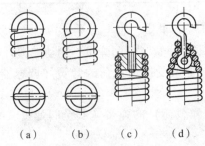

图 5 - 96 拉伸弹簧的端部结构

（a）LⅠ型；（b）LⅡ型；
（c）LⅦ型；（d）LⅧ型

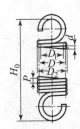

图 5 - 97 弹簧的主要参数

弹簧指数 C（又称旋绕比）：是一般弹簧圈中径与弹簧丝直径之比，$C = \dfrac{D}{d}$，一般取 $C = 4 \sim 16$，C 值小的弹簧刚度大，其推荐值见表 5 - 20。

表 5 - 20 圆柱螺旋弹簧 C 的推荐值

弹簧丝 直径 d/mm	0.2 ~ 0.4	0.5 ~ 1.0	1.1 ~ 1.2	2.5 ~ 6	7 ~ 16	18 ~ 50
弹簧指数 C	7 ~ 14	5 ~ 12	5 ~ 10	4 ~ 9	4 ~ 8	4 ~ 6

弹簧圈中径 D：

$$D = Cd$$

内径 D_1：

$$D_1 = D - d$$

外径 D_2：

$$D_2 = D + d$$

弹簧节距 p。

螺旋升角 α。

2）圆柱螺旋弹簧的几何尺寸计算。

圆柱压缩和拉伸弹簧的几何尺寸计算见表 5 - 21。

表 5 – 21　圆柱压缩和拉伸弹簧的几何尺寸计算

参数名称及代号	计算公式		备注
中径 D	$D = Cd$		取标准值
内径 D_1	$D_1 = D - d$		
外径 D_2	$D_2 = D + d$		
旋绕比 C	$C = D/d$		
压缩弹簧长细比	$b = H_0/D$		b 在 $1 \sim 5.3$ 范围内选取
自由高度或长度 H_0	两端并紧，磨平：$H_0 = pn + (1.5 - 2)d$ 两端并紧，不磨平：$H_0 = pn + (3 - 3.5)d$	$H_0 = pn + H_h$	H_h 为吊环轴向长度
有效圈数 n	有预应力的拉伸弹簧：$n = \dfrac{Gd}{8(F_{max} - F_0)G}\lambda_{max}$		$n \geqslant 2$

✖ 知识拓展

一、液压传动简介

用液体作为工作介质来实现能量传递的传动方式称为液体传动。液体传动按工作原理的不同分为两类，以液体动能进行工作的称为液力传动，以液体压力能进行工作的称为液压传动，即液压传动是以液压油作为工作介质，依靠密封容器的体积变化来传递运动，依靠液压油内部的压力传递动力。

1. 液压传动概述

（1）液压传动的工作原理

图 5 – 98 所示为一台磨床工作台的液压传动系统图。它由油箱 1、过滤器 2、液压泵 3、溢流阀 4、换向阀 5、节流阀 6、换向阀 7、液压缸 8 以及连接这些元件的油管、管接头等组成。其工作原理是：电动机驱动液压泵从油箱中吸油，将油液加压后输入管路。油液经换向阀 5、节流阀 6、换向阀 7 进入液压缸左腔，推动活塞而使工作台向右移动。这时液压缸右腔的油液经换向阀 7 和回油管①流回油箱。

如果将换向阀手柄转换成如图 5 – 98（b）所示状态，则油液经过换向阀 7 后进入液压缸右腔，推动活塞而使工作台向左移动，并使液压缸左腔的油液经换向阀 7 和回油管①流回油箱。

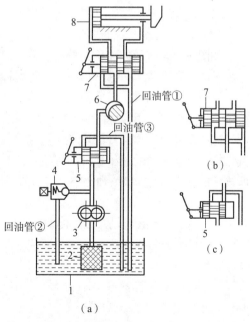

图 5 – 98　驱动机床工作台液压传动系统图
1—油箱；2—过滤器；3—液压泵；4—溢流阀；
5，7—换向阀；6—节流阀；8—液压缸

如果将换向阀手柄转换成如图 5-98（c）所示的状态，则管路中的油液将经换向阀 5 和回油管③流回油箱，这时工作台停止运动。

从上面例子中可以看到：

1）液压传动是以密封容积中的受压液体作为工作介质来传递运动和动力的。它先将机械能转换为液体的压力能，再将液体的压力能转换为机械能，所以液压传动是一个不同能量的转换过程。

2）当系统工作中需克服的负载（如重力、切削力、摩擦力等）不同时，需要的工作压力亦不同，因此，泵输出油液的压力应能调整。

3）由于液压缸活塞（执行元件）的运动速度需要改变，所以进入液压缸的液体流量也在改变。

（2）液压传动系统的组成

通过分析可知，一个完整的液压传动系统由以下几部分组成：

1）动力元件即液压泵，它是将原动机输入的机械能转换为液压能的装置，其作用是为液压系统提供压力油。

2）执行元件是指液压缸和液压马达，它是将液体的压力能转换为机械能的装置，其作用是在压力油的推动下驱动工作部件。

3）控制元件指各种阀类元件，如溢流阀、节流阀、换向阀等，它们的作用是控制液压系统中油液的压力、流量和方向，以保证执行元件完成预期的工作运动。

4）辅助元件是指除上述三个组成部分以外的其他装置，主要包括油箱、油管、管接头、滤油器、压力表、流量表等，其作用是为系统的正常工作提供条件。

5）工作介质即传动液体，通常为液压油，其作用是实现运动和动力的传递。

（3）液压传动系统的图形符号

如图 5-98 所示的液压系统中，各元件是以结构符号表示的，称为结构式原理图，其直观性强，容易理解，但绘制比较困难。在实际工作中，为了简化液压系统图，目前各国均用元件的图形符号来绘制液压系统图，这些符号只表示元件的职能及连接通路，而不表示其结构。目前我国的液压系统图采用 GB/T 786.1—2009 所规定的图形符号绘制，如图 5-99 所示。

（4）液压传动的特点

液压传动与机械传动及其他传动相比具有以下特点：

1）液压传动装置运动平稳、反应快、惯性小，能快速启动、制动和换向。

2）液压传动装置输出动力大。与其他传动相比，其体积小、质量轻、结构紧凑。

3）液压传动装置可在运行中随时进行大范围无级调速。

4）由于液压元件具有自润滑作用，因此维护简单、使用寿命长。

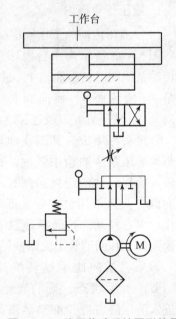

图 5-99　液压传动系统图形符号

5）操作简单方便，易于实现过载保护。

6）易于实现液压元件的自动控制，设计开发机电液一体化系统。

7）液压元件实现了标准化、系列化、通用化、集成化，便于设计、制造、使用与维修。

8）液压油容易泄漏，不仅影响传动效率，而且不宜用于要求定传动比的场合。

9）液压元件要求制造精度高，对油液污染比较敏感，因此液压系统的造价较高。

10）液压系统的压力、流量损失大，能量转换效率低。

11）液压系统在出现故障时不易找出原因。

（5）液压系统的基本参数

1）液体单位面积上所受到的法向力称为压力，通常以 p 表示。

$$p = \frac{F}{A}$$

式中，p 为液体压力（MPa）；F 为液压推力或液压作用力（N）；A 为承压面积（mm²）。

2）流量与流速

单位时间内流过管道或液压缸某一截面的液体体积称为流量，通常以 q_v 表示。

$$q_V = \frac{V}{t} = -\frac{Al}{t} = Av$$

式中，V 为进入液压缸的油液体积（m³）；t 为流过 V 体积所需的时间（s）；A 为活塞的有效作用面积（m²）；l 为油液流过的距离（m）；v 为流速（m/s）。

流量的国际单位制单位是 m³/s（立方米每秒），常用单位还有 L/min（升每分）。

由上式可得流速公式：

$$v = q_V/A$$

液压油流过不同截面积的通道时，各个截面积的流速是与通道的截面积成反比。如油液流经无分支管道时，每一横截面上通过的流量一定是相等的。流量计是用来测量流体量的计量仪器，流量计测量出来的流体量不是瞬时流量。

3）功率

功率是力在单位时间内所做的功，用 P 表示，单位为 W（瓦）或 kW（千瓦）。作用在活塞上的总压力 $F = pA$，当活塞移动距离为 L 时，如图 5-100 所示，力 F 所做的功为

$$W = Fl = pAl = pq_v t$$

故液压功率为

$$P = \frac{W}{t} = \frac{pq_V t}{t} = pq_V$$

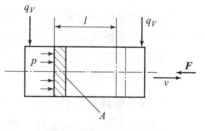

图 5-100　活塞做功与压力的关系

式中，p 为液体压力（MPa）；q_V 为液体的流量（m³/s）。

由上式可以看出，在液压传动系统中，液体压力和流量的乘积就是功率。

（6）液压油

液压油是一般液压系统的工作介质，同时也是液压元件的润滑剂，它对液压元件

的选用、液压系统的性能有着较大的影响，因此有必要了解有关液压油的性质、要求和选用方法。

1）液压油的种类。

液压传动及液压控制系统所用工作介质主要可分为石油型（矿物型）、合成型和乳化型三大类。目前，90%以上的液压设备采用石油型液压油，在要求不高的液压系统中可使用普通润滑油，在一些高温、易燃、易爆的工作场合，为安全起见，其液压系统常使用抗燃性能较好的合成型和乳化型工作介质。

2）液压油的性质。

①密度。单位体积液体的质量称为液体的密度。液压油的密度随压力的增加而增大，随温度的升高而减小，但变化很小，一般可以忽略不计。

②可压缩性。液体在压力的作用下使体积变小的性质称为液体的可压缩性。随着温度的升高，液压油体积增大的性质称为膨胀性。在一般液压传动中，液压油的可压缩性和膨胀性很小，可以忽略不计。

③黏性。液体在外力作用下流动时，分子之间由于内聚力而具有一种阻碍分子之间相对运动的内摩擦力，这一特性称为液体的黏性。液体的黏性用黏度表示，黏度大，液层间的内摩擦力就大，油液就稠，反之油液就稀。

3）液压油的选用。

在选择液压传动用油时，一般要根据液压系统的使用要求和工作环境以及综合经济性等因素确定液压油的品种。液压油的黏度主要根据液压泵的类型来确定，同时还要考虑工作压力范围、油膜承载能力、润滑性、系统温升程度、液压油与液压元件的相容性等因素。此外，还要考虑工作环境因素、液压油的成本，以及连带的液压元件成本、使用寿命、维护费用和生产效率等因素，如外界温度条件会影响液压传动系统的工作性能。

4）防止油温过高。

液压系统中防止油温过高的方法主要有以下几种：

①保持油箱中的正确油位，形成足够的循环冷却条件。

②保持液压设备的清洁，形成良好的散热条件。

③在保证系统正常工作的条件下，尽量调低油泵的压力。

④正确选择油液，黏度不易过高，并注意保持油液干净。

⑤适当采用冷却装置。

2. 常见的液压元件

液压元件包括动力元件、执行元件、控制元件和辅助元件等，下面分别介绍这几种液压元件。

（1）动力元件

液压泵作为液压系统的动力元件，将原动机输入的机械能转换成液压能输出，为执行元件提供压力油。液压泵的性能好坏直接影响到液压系统的工作性能和可靠性，在液压传动中占有相当重要的地位。

1）液压泵的工作原理与基本类型。

图 5 - 101 所示为单柱塞泵，它由偏心轮 1、柱塞 2、回程弹簧 3、缸体 4 和单向阀 5、6 组成。

柱塞 2 和缸体 4 形成密封容积。柱塞在偏心轮 1 和回程弹簧 3 的作用下，上下往复运动，当其向下运动时，密封容积扩大形成局部真空，油箱中的油液在大气压力的作用下，经过单向阀 5 被吸入缸体，这一过程称为吸油。当柱塞向上运动时，吸入的油液经过单向阀 6 被压出，这一过程称为压油。若偏心轮不停地转动，液压泵就不断地吸油和压油。这种靠密封容积的变化完成吸油、压油过程的液

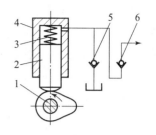

图 5 - 101　单柱塞泵工作原理

1—偏心轮；2—柱塞；

3—回程弹簧；4—缸体；

5、6—单向阀

压泵称为容积式液压泵。容积式液压泵的流量决定于密封容积的变化量以及变化频率。

由上可知，液压泵的工作过程就是吸油和压油的过程，其正常工作的必备条件如下：

①应具备密封容积；

②密封容积能交替变化，泵的输油量与密封容积变化的大小及单位时间内的变化次数成正比；

③应有配流装置，它保证在吸油过程中密封容积与油箱相通，同时关闭供油管路，压油时，密封容积与供油管路相通而与油箱切断；

④吸油过程中，油箱必须和大气相通，这是吸油的必要条件，在压油过程中，实际油压决定于输出油路中所遇到的阻力，即决定于外载，这是形成油压的条件。

液压泵种类很多，按泵的结构形式，可分为齿轮泵、叶片泵、柱塞泵、螺杆泵；按输出的流量是否可以调节，可分为定量泵和变量泵；按泵的额定压力高低，可分为低压泵、中压泵和高压泵；按泵的可输入方向，可分为单向泵和双向图泵。常见液压泵的图形符号如图 5 - 102 所示。

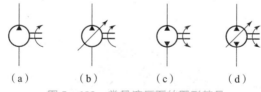

（a）　　　　　（b）　　　　　（c）　　　　　（d）

图 5 - 102　常见液压泵的图形符号

（a）单向定量泵；（b）单向变量泵；（c）双向定量泵；（d）双向变量泵

2）齿轮泵。

齿轮泵一般是单向定量泵，按结构形式可分为外啮合和内啮合两种，外啮合齿轮泵具有结构简单、紧凑，容易制造，成本低，对油液污染不敏感，工作可靠，维护方便，寿命长等优点，故广泛应用于各种低压液压系统中。

外啮合齿轮泵的工作原理如图 5 - 103 所示，齿轮泵体内装有一对模数相同、齿数相等的齿轮，当吸油口和压油口分别用油管与油箱和系统接通后，齿轮各齿槽和泵体以及齿轮前后端面（图中未表示）形成密闭工作腔，而啮合线又把它们分为互不相通

的吸油腔和压油腔。当电动机带动齿轮按图示箭头方向旋转时，由于相互啮合的轮齿逐渐脱开，右侧吸油腔的密封工作腔容积逐渐增大，形成部分真空，在大气压的作用下油箱中的油液被吸进来，并被旋转的齿轮带到左侧；左侧齿不断进入啮合，密闭容积减小，油液受压被挤出输入系统而压油。齿轮泵不断旋转，吸油、压油过程便连续进行。由此可见，齿轮泵是利用齿间密闭容积的变化来实现吸油和压油的，其输出流量的多少取决于密封工作腔容积变化的大小。

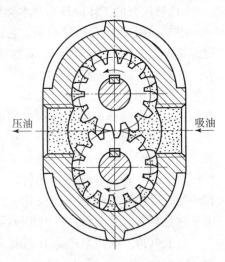

图 5 – 103　外啮合齿轮泵工作原理

3）叶片泵

叶片泵按其流量是否可以调节，分为变量叶片泵和定量叶片泵。变量泵是单作用式泵，定量泵是双作用式泵。

①单作用式叶片泵。图 5 – 104 所示为单作用式叶片泵的工作原理。转子 1 装在定子 2 内，两者有一个偏心距 e，叶片装在相对于转子旋转方向后倾的转子槽中，并可在槽中滑动，在转子两侧装有固定的配油盘 6。当传动轴 5 带动转子 1 转动时，由于离心力的作用使叶片顶部紧靠在定子内壁上，这样在定子、转子、叶片和配油盘间形成若干个密封容积。配油盘上开有两个互不相通的窗，吸油窗通吸油口，压油窗通压油口，配油盘起配流的作用。

当转子按图 5 – 104 所示方向转动时，右部叶片逐渐伸出，叶片间的密封容积逐渐增大，造成局部真空，从吸油窗吸油，这是吸油区的工作原理。当回转至左部时，叶片被定子内壁逐渐压进槽内，密封容积逐渐缩小，将油液从压油窗压出，这是压油区的工作原理。

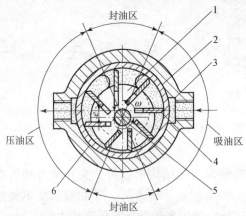

图 5 – 104　单作用式叶片泵工作原理

1—转子；2—定子；3—吸油窗；4—叶片；5—传动轴；6—配油盘

在吸油区和压油区之间，有一段封油区，把吸油区和压油区分开。这种叶片泵的转子每转一周，每个密封容积完成一次吸油和压油，因此称为单作用式叶片泵。若改变转子与定子中心的偏心距和偏心方向，则可以改变输油量和输油方向，成为变量叶片泵。

②双作用式叶片泵。双作用式叶片泵的工作原理如图 5 – 105 所示，它也是由定子 1、转子 2、叶片 3、配油盘和泵体等组成的。转子和定子中心重合，定子内表面近似椭圆形，由两段长半径为 R 的圆弧、两段短半径为 r 的圆弧和四段过渡曲线组成，两侧的配油盘各开有两个油窗。由图 5 – 105 可以看出，在转子每转一周的过程中，每个密封容积完成两次吸油和压油过程，所以称为双作用式叶片泵。由于这种泵有两个吸油区和两个压油区，并且转子及轴承所承受的径向液压力位置对称，所以作用在转子上的液压力互相平衡，因此这种泵也称为卸荷式叶片泵，可以提高工作压力。双作用式叶片泵的转子和定子是同轴的，所以不能改变输油量，是定量泵。

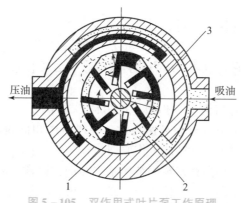

图 5 – 105　双作用式叶片泵工作原理
1—定子；2—转子；3—叶片

叶片泵具有寿命长、噪声低、流量均匀、体积小、质量轻等优点；缺点是对油液污染较敏感，自吸能力较齿轮泵差一些，结构也较复杂，工艺要求高。叶片泵一般用于中压系统，如机床等机械的液压系统。

4）柱塞泵

柱塞泵是利用柱塞在缸体内做往复运动，使密封容积发生变化而吸油和压油的。按其柱塞排列方向不同，可分为径向柱塞泵和轴向柱塞泵两类。轴向柱塞泵又分为直轴式（斜盘式）和斜轴式两种，其中直轴式应用较广。

图 5 – 106 所示为斜盘式轴向柱塞泵的工作原理。泵由斜盘 1、柱塞 2、缸体 3、配油盘 4、传动轴 5 等主要零件组成。斜盘 1 和配油盘 4 是不动的，传动轴 5 带动缸体 3、柱塞 2 一起转动，柱塞 2 靠机械装置或在低压油作用下压紧在斜盘上。当传动轴按图 5 – 106 所示方向旋转时，柱塞 2 在其自下而上回转的半周内逐渐向外伸出，使缸体内密封工作腔的容积不断增加，产生局部真空，从而将油液经配油盘 4 上的配油窗口吸入；柱塞在其自上而下回转的半周内又逐渐向里推入，使缸体内密封工作腔的容积不断减小，将油液从配油盘窗口 b 向外压出。缸体每转一周，每个柱塞往复运动一次，完成一次吸油和压油动作。改变斜盘的倾角 γ，可以改变柱塞往复行程的大小，因而也就改变了泵的排量。若改变斜盘倾角的方向，也就改变了泵吸、压油的方向，从而成为双向变量轴向柱塞泵。

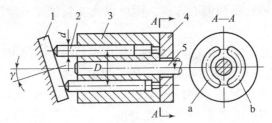

图 5 – 106　斜盘式轴向柱塞泵的工作原理
1—斜盘；2—柱塞；3—缸体；4—配油盘；5—传动轴

柱塞泵具有加工方便、配合精度高、密封性能好、容积效率高等特点，故可在高压下工作。

（2）执行元件

液动机是液压系统的执行元件，是能量转换装置，按其输出机械能的运动形式可分为两大类：一类是液压马达，它将液体的压力能转换成旋转运动或往复摆动的机械能；另一类是液压缸，它将液体的压力能转换成直线运动的机械能。

1）液压马达。

液压马达与液压泵的结构基本相似，按结构形式不同，也分为齿轮式、叶片式和柱塞式三种；按速度的大小可分为高速马达、中速马达和低速马达三大类。现以轴向柱塞液压马达为例，说明液压马达的工作原理。

轴向柱塞液压马达与轴向柱塞泵的结构基本相同，通常具有可逆性。图 5 – 107 所示为斜盘式轴向柱塞液压马达的工作原理。斜盘 1 和配油盘 4 固定不动，柱塞 2 可在回转缸体 3 的孔内移动。斜盘中心线与回转缸体中心线间的倾角为 γ。高压油经配油盘窗口进入回转缸体中的柱塞孔时，处在高压腔中的柱塞被顶出，压在斜盘上。斜盘对柱塞的反作用力 F 可分解为与柱塞上液压力平衡的轴向分力 F_x 和作用在柱塞上的垂直分力 F_y。垂直分力使回转缸体产生转矩，带动液压马达轴转动。

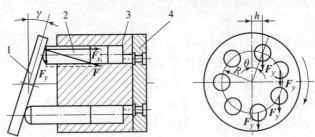

图 5 – 107　斜盘式轴向柱塞液压马达工作原理
1—斜盘；2—柱塞；3—回转缸体；4—配油盘

因为液压马达需要正反转，其配油盘必须在构造和安装位置上对称，因此并不是所有型号的轴向柱塞泵都能作为液压马达使用。

2）液压缸。

液压缸是液压系统中应用最广的执行元件之一，与液压马达一样，其也是将液体的压力能转变为机械能的能量转换装置，只不过液压缸是带动工作机做直线往复运动。

若要改变油缸的运动速度，只要改变流入液压缸中油液的流量即可。液压缸结构简单、工作可靠，与杠杆、连杆、齿轮齿条、棘轮棘爪、凸轮等机构配合，能实现多种机械运动，其应用比液压马达更为广泛。液压缸按结构形式可分为活塞式、柱塞式和组合式三大类；按作用方式可分为单作用式和双作用式两种。单作用液压缸的压力油只从缸的一侧输入，液压缸只能实现一个方向的运动，反向运动（回油）则需借助于弹簧力、重力等外力。双作用液压缸的压力油可以从缸两侧交替或同时输入，液压缸可以实现两个方向的往复运动。当液压缸活塞所受的外力恒定时，活塞的截面积越大，其所受的压力就越小。

（3）控制元件

液压系统中，控制元件的作用是控制液压系统的液流方向、压力和流速，从而实现控制执行元件的运动方向、作用力、运动速度及动作顺序等。

1）方向控制阀。

方向控制阀的作用是通、断油路或控制油液的方向，以控制执行元件的启动、停止和运动方向。方向控制阀按其用途可分为单向阀和换向阀。

①单向阀。普通单向阀的作用是只允许油液往一个方向流动，不允许其反向流动，简称单向阀。对单向阀的要求为正向液流通过时压力损失小，反向截止时密封性能好。单向阀只允许油液沿一特定方向流动而反向截止，故又称止回阀。图5－108所示为普通单向阀的结构简图和图形符号，它主要由阀体1、阀芯2和弹簧3等组成，阀的连接形式为螺纹连接。当压力油从左端油口A流入时，油液推力克服弹簧3作用在阀芯2上的力，使阀芯向右移动，打开阀口，并通过阀芯上的径向孔a、轴向孔b，从阀体右端油口B流出。当压力油从右端油口流入时，液压力和弹簧力方向相同，使阀芯压紧在阀体1的阀座上，若阀口关闭，油液则无法通过。

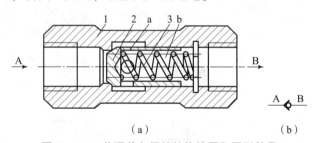

（a）　　　　　　　　　　（b）

图5－108　普通单向阀的结构简图和图形符号

（a）结构简图；（b）图形符号

1—阀体；2—阀芯；3—弹簧

单向阀常被安装在泵的出口，防止系统的压力冲击影响泵的正常工作，或在泵不工作时防止系统油液经泵倒流回油箱。如油压千斤顶为确保起重物体不回落，避免发生安全事故，在进油路中必须装单向阀。单向阀还被用来分隔油路以防止干扰，并与其他阀并联组合成复合阀，如单向减压阀、单向节流阀等。单向阀的安装具有方向性，但对其压差大小有具体规定。

液控单向阀是一种加液压控制信号后可反向导通的单向阀，其结构及图形符号如图5－109所示。当控制口K不通压力油时，压力油只能从通口A流向通口B，不能反向流动，此时与普通单向阀相同；当控制油口 K 通压力油时，活塞 1 右移，通过顶杆 2 顶开阀芯 3，使通口 A 和 B 接通，油液可以双向自由流动。需要指出的是：控制压力油油口不工作时，应使其通回油箱，否则控制活塞难以复位，单向阀反向不能截止液流。

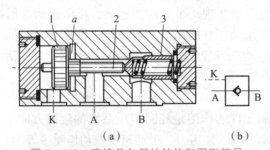

图 5－109 液控单向阀的结构和图形符号

(a) 结构简图；(b) 图形符号

1—活塞；2—顶杆；3—阀芯

②换向阀。换向阀的作用是利用阀芯与阀体相对位置的变动，改变阀体上各油口的通断状态，从而控制油路连通、切断或改变液压系统中油液的流动方向。

换向阀的用途十分广泛，种类也很多，按阀芯相对于阀体运动的方式分，有转阀式换向阀和滑阀式换向阀两类；按操纵方式分，有手动、机动、电磁、电液动等多种；按阀芯在阀体内工作位置的数目分，有二位阀、三位阀等；按阀体上主油口的数目分，有二通阀、三通阀、四通阀和五通阀。

阀体和阀芯是滑阀式换向阀的主体结构，阀体上有多个油口，各油口之间的通、断取决于阀芯的不同工作位置，阀芯在外力作用下移动，可以停留在不同的工作位置上，控制方式如图 5－110 所示。

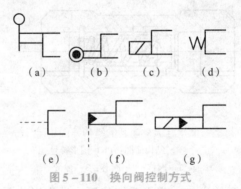

图 5－110 换向阀控制方式

(a) 手动；(b) 机动；(c) 电磁动；(d) 弹簧复位；(e) 液动；(f) 液动外控；(g) 电液动

三位换向阀的阀芯在中间位置时，各油口间有不同的连通方式，可满足不同的使用要求，这种连通方式称为换向阀的中位机能。中位机能不同，换向阀对系统的控制性能也不同。

2）压力控制阀

压力控制阀简称压力阀，它的作用是控制液压系统的压力，或利用压力控制其他元件的动作。压力控制阀按其功能和用途不同，可分为溢流阀、减压阀、顺序阀和压力继电器等。这类阀的共同特点是利用作用在阀芯上的液压力和弹簧力相平衡的原理来工作。

①溢流阀。溢流阀主要起溢流和稳压的作用，以保证系统在安全保护状态下工作（又称安全阀）。溢流阀一般安装在液压泵出口的油路上，根据结构可分为直动式和先导式两类。直动式一般用于低压系统，先导式用于中、高压系统。液压系统中的溢流阀用以控制液压缸的最大工作压力，其图形符号如图 5-111 所示。

②减压阀。减压阀是一种利用液流流过缝隙产生压力损失，使其出口压力低于进口压力的压力控制阀。减压阀的用途是降低液压系统中某一部分的压力。缝隙越小，压力损失越大，减压作用越强。减压阀按调节要求不同有：用于保证出口压力为定值的定值减压阀；用于保证进、出口压力差不变的定差减压阀；用于保证进、出口压力成比例的定比减压阀。其中定值减压阀应用最广，简称减压阀。按调压方式不同分为直动式减压阀和先导式减压阀两类。

减压阀的图形符号如图 5-112 所示。

图 5-111　溢流阀的图形符号　　　　　图 5-112　减压阀的图形符号
（a）直动式；（b）先导式　　　　　　　（a）直动式；（b）先导式

③顺序阀。顺序阀利用油路的压力来控制液压系统中多个执行元件的先后顺序。顺序阀在调压方式上也分为直动式和先导式两种，一般先导式用于压力较高的液压系统中。

3）压力继电器。

压力继电器是利用液体压力来启闭电气触点的液压电气转换元件，其作用是根据液压系统的压力变化，通过压力继电器内的微动开关，自动接通或断开电器线路，实现执行元件的顺序控制或安全保护。

压力继电器按结构特点可分为柱塞式、弹簧管式和膜片式等。压力继电器的图形符号如图 5-113 所示。

4）流量控制阀。

流量控制阀通过调节阀口通流面积的大小来控制通过阀的流量，从而改变执行元件（液压缸或液压马达）的运动速度。常用的流量阀有节流阀和调速阀等。

①节流阀。节流阀是一个最简单、最基本的流量控制阀，其实质相当于一个可变节流口，借助于控制机构使阀芯相对于阀体孔运动，从而改变阀口的过流面积。如液压机是采用节流阀来控制液压缸活塞移动的快慢的。

②调速阀。调速阀是由定差减压阀和节流阀串联而成的组合阀。

调速阀多用于工作速度稳定性要求比较高的机械，如金属切削机床。因为节流调速能量损失较大，故在对速度稳定性要求高，且压力较高的机械中应用较少。

节流阀和调速阀的图形符号如图 5－114 所示。

图 5－113　压力继电器　　　　图 5－114　节流阀和调速阀的图形符号
　　　　　的图形符号　　　　　　　　（a）节流阀；（b）调速阀

（4）辅助元件

液压系统的辅助元件有密封装置、过滤器、蓄能器、管件和油箱等。

1）密封装置。

对密封装置的基本要求是：有良好的密封性能，装配和加工工艺简单，互换性好，在油液中有良好的稳定性，寿命长，密封处的摩擦阻力小，因此，常用的密封件材料是耐油橡胶，其次是聚氨酯。

2）过滤器。

液压系统所用的油液必须经过过滤，并在使用过程中保持清洁。

过滤器可以安装在液压泵的吸油口、出油口以及重要元件的前面。通常情况下，泵的吸油口装粗过滤器，泵的出油口或在重要元件之前安装精过滤器。

3）蓄能器。

蓄能器是一种能够蓄存液体压力能，并在需要时把它释放出来的能量储存装置。当液压系统的工作平稳性要求较高时，可在冲击源和脉动源附近设置蓄能器。蓄能器的类型主要有弹簧式和充气式两种。

4）管件。

①油管。油管的作用是连接液压元件和输送油液。液压传动中常用的油管有钢管、铜管、橡胶软管、尼龙管和塑料管等，须按照安装位置、工作环境和工作压力来正确选用。钢管和铜管用于固定元件之间的连接，软管一般用于有相对运动的元件之间的连接。

②管接头。管接头是油管与油管、油管与液压件之间的可拆式连接件，它必须具有装拆方便、连接牢固、密封可靠、外形尺寸小、通流能力大、压降小和工艺性好等各项条件。按连接油管的材质分为钢管管接头、金属软管管接头和胶管管接头等，其规格、品种可查阅有关手册。

5）油箱。

油箱用来储油、散热、分离油中的空气和杂质。一般要求油箱散热好、易维护、清理方便且能减少油箱发热及液压源振动对主机工作精度和性能的影响。

⊗ 知识归纳整理

一、知识点梳理

通过前面课程的学习，我们了解了带、链、齿轮、蜗轮等机械传动以及液压传动的基础知识和各自形式的优缺点；掌握了典型机械零部件（螺纹连接，键、花键及销连接，铆接、焊接和胶接，蜗杆，轴承，轴，联轴器、离合器、弹簧等）的结构设计参数。在工程上，其根据各自的优缺点都有极广泛的应用。为了大家对所学知识能有更好的理解和掌握，利用树图形式归纳如下，仅供参考。

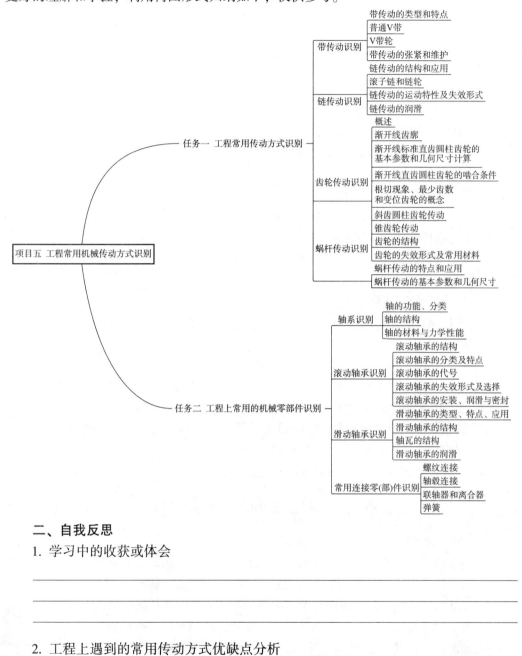

二、自我反思

1. 学习中的收获或体会

_____

_____

_____

2. 工程上遇到的常用传动方式优缺点分析

_____

_____

_____

自测题

任务一　工程常用传动方式识别

一、填空题

1. 机械传动分为摩擦传动和_____传动两大类型。

2. 三角带不宜做改变方向的_____传动。

3. 齿轮分度圆直径等于齿数乘以_____。

4. 蜗轮蜗杆传动的传动效率比齿轮传动_____。

5. 在机械传动中，输出功率与输入功率之比称为_____。

6. 渐开线齿轮的分度圆啮合角（压力角）为_____。

7. 啮合圆（节圆）直径与齿数之比称为齿轮_____。

8. 齿轮副传动比等于被动齿轮与主动齿轮_____之比。

9. 直齿圆柱齿轮的正确啮合条件是：两齿轮的_____相等，两齿轮分度圆上的压力角相等。

10. 齿轮传动可传递动力，改变_____和方向。

11. 带传动是利用传动带与带轮之间的_____来传递运动和动力的，适用于两轴中心距较大的传动。

12. 带传动中，带在带轮上的包角不能小于_____。

13. V带传动中，主动轮和从动轮的轮槽对称中心平面应_____。

14. 链条装配后，过紧会增加负载，加剧_____。

15. 链条装配后，过松容易产生振动或_____。

16. 蜗杆传动机构装配后，蜗杆轴线和蜗轮轴线应_____。

17. 蜗杆传动机构装配后，蜗杆曲线应在蜗轮轮齿的_____内。

任务二　工程上常用的机械零部件识别

一、填空题

1. 轴承按承受载荷的方向可分为推力轴承、_____和向心推力轴承三种。

2. 轴承按工作元件摩擦性质分，可分为_____和滚动轴承。

3. 滚动轴承的结构，一般由外圈、内圈、_____和保持架组成。

4. 滚动轴承按滚动体种类分为_____轴承、球轴承和滚针轴承。

5. 轴承产生点蚀主要是_____通过轴承滚动摩擦工作面所致。

6. 根据轴所受载荷不同，可将轴分为心轴、转轴和_____三类。

7. 滑动轴承和滚动轴承是按工作组件的_____来划分的。

8. 滑动轴承获得液体摩擦状态可采用_____两种润滑方法。

9. 测绘螺纹前应先确定螺纹的旋向、公称直径、牙型、_____。

10. 销在装配中起定位和_____等作用。

11. 键在连接中主要起_____的作用。

12. 螺纹按截面形状不同可分为三角形、_____、锯齿形以及其他特殊形状。

13. 螺纹按用途可分为_____和传动螺纹。

14. 螺纹连接是一种可拆卸的固定连接，分为_____和特殊螺纹连接。

15. 螺纹防松的目的就是防止摩擦力矩_____和螺母回转。

16. 普通平键连接适用于高精度、传递_____、冲击及双向扭矩的场合。

17. 花键连接适用于载荷较大和_____要求较高的连接。

18. 在螺纹连接中，安装弹簧垫圈是为了_____。

参 考 文 献

[1] 刘钢. 机械基础 [M]. 北京：机械工业出版社，2010.

[2] 石岚. 机械基础 [M]. 上海：复旦大学出版社，2012.

[3] 蔡广新. 机械基础 [M]. 北京：化学工业出版社，2012

[4] 柴鹏飞. 工程力学与机械设计 [M]. 北京：机械工业出版社，2013.

[5] 吕烨，许德珠. 机械工程材料 [M]. 北京：高等教育出版社，2014.

[6] 王纪安. 工程材料与成型工艺基础 [M]. 北京：高等教育出版社，2009.

[7] 李芝. 液压传动 [M]. 北京：高等教育出版社，2013.

[8] 周超梅，王淑君. 机械工程材料 [M]. 北京：机械工业出版社，2013.